清华大学能源动力系列教材

工程热力学精要与题解

Engineering Thermodynamics Summaries, Problems and Solutions

吴晓敏　编著

清华大学出版社

北　京

内 容 简 介

本书是清华大学国家级精品课"工程热力学"的教学材料之一,可作为主教材《工程热力学(第2版)》的教学参考用书,也可单独使用。为了便于与主教材对照参考,本书各章的排序与主教材基本相同。每章内容包括主要要求、内容精要、思考题和习题的详细解答以及解题中易出现的问题和相关提示等。内容安排循序渐进,注重引导读者清晰理解和掌握基本概念、基本定律及基本定理,明确重点和难点,培养从热力学的角度抽象和解决实际问题的思维和能力。

本书适宜读者对象:能源、动力、工程热物理、制冷与低温、化工及核工程等专业学生、教师及工程技术人员等。

图书在版编目(CIP)数据

工程热力学精要与题解/吴晓敏编著.--北京:清华大学出版社,2012.9(2024.7重印)
(清华大学能源动力系列教材)
ISBN 978-7-302-29086-5

Ⅰ.①工… Ⅱ.①吴… Ⅲ.①工程热力学-高等学校-教学参考资料 Ⅳ.①TK123

中国版本图书馆 CIP 数据核字(2012)第 130370 号

责任编辑:杨 倩
封面设计:常雪影
责任校对:王淑云
责任印制:杨 艳

出版发行:清华大学出版社
      网 址:https://www.tup.com.cn, https://www.wqxuetang.com
      地 址:北京清华大学学研大厦 A 座 邮 编:100084
      社 总 机:010-83470000 邮 购:010-62786544
      投稿与读者服务:010-62776969, c-service@tup.tsinghua.edu.cn
      质量反馈:010-62772015, zhiliang@tup.tsinghua.edu.cn
印 装 者:北京建宏印刷有限公司
经 销:全国新华书店
开 本:185mm×230mm 印 张:13.5 字 数:293 千字
版 次:2012 年 9 月第 1 版 印 次:2024 年 7 月第 14 次印刷
定 价:38.00 元

产品编号:044299-04

　　能源危机和环境污染是制约世界经济和人类社会发展的重要问题。在我国,此问题则更加突出:我国人均占有能源量仅为世界平均水平的1/2,且能源利用率低下。为此,节能是我们的基本国策。而工程热力学是研究热能与其他形式能量转换规律的一门学科,是节能的理论基础,是能源、动力、制冷与低温、化工及核工程等专业的重要的专业技术基础课。

　　笔者多年从事工程热力学的一线教学工作,教学实践中发现,一些同学感觉工程热力学的基本概念、基本定律和基本定理似乎并不难,但在解答具体问题时常常不知如何着手,还有一些同学在解答问题中逻辑不清、推导不够规范等,为此在教学中时常为同学提供习题解答参考,同学们反映习题解答参考对他们的学习帮助很大。为了给更多的同学及相关人员在工程热力学的学习中提供更多的帮助与参考,特对习题解答参考进行了全面整理与完善,另外针对同学们反映的工程热力学内容略显庞杂难以抓住重点等问题,提炼了内容精要,明确了基本要求,从而形成本书。

　　为了便于与主教材对照参考,本书各章的排序与主教材基本相同。各章内容包括主要要求、内容精要、思考题和习题的详细解答以及同学们做题中易出现的问题和相关提示等。内容安排循序渐进,注重引导读者清晰理解和掌握基本概念、基本定律及基本定理,明确重点和难点,培养从热力学的角度抽象和解决实际问题的思维和能力。

　　本书适宜读者对象:能源、动力、工程热物理、制冷与低温、化工及核工程等专业学生、教师及工程技术人员等。

　　本书编写过程中吸取了清华大学工程热物理研究所及兄弟院校同仁们丰富的教学经验及成果,并参考了一些国外教材的内容,在此一并致谢。由衷地感谢给予笔者关心、支持和帮助的各位前辈、各位同仁、助教以及清华大学出版社的相关工作人员。

　　书中若有错误或不妥之处,请读者不吝指正。

作　者

2012 年于清华大学

目 录

CONTENTS

主要符号表

拉 丁 字 母

A	截面积
a	声速
A_n, a_n	总㶲；比㶲
C, c	热容,临界点；比热容,速度
c_p, c_V	比定压热容；比定容热容
C'	容积热容
C_m	摩尔热容
d	比湿度,汽耗率
E, e	总能；比能
E_k, E_p	动能；位能
E_x, E_{xm}, e_x	总㶲；摩尔㶲；比㶲
F, f	亥姆霍兹函数；比亥姆霍兹函数
G, G_m, g	吉布斯函数；摩尔吉布斯函数,比吉布斯函数
$\overline{g}_f^{\circ}$	标准生成吉布斯函数
H, H_m, h	总焓；摩尔焓；比焓
$\overline{h}_f^{\circ}$	标准生成焓
$[-\Delta H_f^l], [-\Delta H_f^h]$	低发热量；高发热量
i	分子运动自由度
K_p, K_x	平衡常数
k	比热比,绝热指数
M	摩尔质量
Ma	马赫数
$m, \dot{m}$	质量；质量流率
n	摩尔数,准静态功的数目,多变指数
P	功率
p	压力
p_b, p_g, p_v	大气压力；表压力；真空度
Q, q	传热量,反应热；单位质量的传热量

Q_p	定压过程传热量,定压热效应
Q_V	定容过程传热量,定容热效应
r	汽化潜热
R,R_m	气体常数;摩尔气体常数
S,S_m,s	总熵;摩尔熵;比熵
$S_m^\circ,S_m^\circ(T)$	标准状态的绝对熵;$T\,K$,101.325 kPa 下的绝对熵
T,t	热力学温度;摄氏温度
U,U_m,u	总热力学能(亦称总内能);摩尔热力学能(亦称摩尔内能);比热力学能(亦称比内能)
V,V_m,v	容积;摩尔容积;比容
W,w	容积变化功,闭口系统净功;比容积变化功,闭口系统比净功
W_{net},w_{net}	开口系统净功;开口系统比净功
W_s,w_s	轴功;比轴功
W_t,w_t	技术功;比技术功
x	干度
x_i	摩尔成分
Z	压缩因子
z	高度

希 腊 字 母

α	抽汽量,离解度
α_v,α_p	弹性系数;定压热膨胀系数
β_T,β_s	定温压缩系数;绝热压缩系数
γ_i	容积成分
ε	制冷系数,内燃机压缩比,反应度
ε'	供热系数
η,η_t	效率,热效率
η_{oi}	相对内效率
η_V	压气机容积效率
λ	内燃机定容增压比
μ	化学势
μ_J	焦-汤系数
ν_{cr}	临界压力比
π	单位质量工质做功能力损失或㶲损失,燃气轮机循环增压比

ρ	密度,内燃机定压预胀比
σ	回热度,表面张力
τ	时间,燃气轮机循环增温比
φ	相对湿度,速度系数
ω_i	质量成分
ζ	能量损失系数

下 标

a	干空气
c	卡诺循环,临界状态,冷凝器;压气机
c.v	开口系统或控制容积
d	露点
ex	㶲(亦称有效能)
f	燃料,(熵)流
g	(熵)产,气体
i	第 i 种组元
in	进口条件
iso	孤立系统
IR	不可逆机
l	液体
m	混合加热内燃机循环
max	最大
min	最小
mix	混合
n	多变过程
opt	最佳
out	出口条件
p	定压,定压加热内燃机循环
P	生成物,水泵
Q,q	热量
Q_o	冷量
R	可逆循环,朗肯循环,反应物
RG,RH	回热循环;再热循环
r	热源,对比状态

rev	可逆
s	饱和状态，定熵
T	定温
T	燃气轮机、汽轮机
tu	管道
U,u	内能
V,v	定容；水蒸气，定容加热内燃机循环
w	湿球
0	死态，环境
1,2	状态 1 与 2，瞬时 1 与 2

上　标

$',''$	饱和液；饱和气
$*$	滞止状态
—	平均
·	单位时间的物理量
°	环境参数，标准态

基本概念

1-1 处理工程热力学问题的一般方法

工程热力学的问题主要是围绕热能与功之间转换的问题。充分理解和掌握热力学的基本概念、基本定律以及工质性质与过程特点等是求解工程热力学问题的基础。求解工程热力学问题的一般方法和步骤如下。

1. **明确题意** 仔细审题,弄清题意。有些问题(特别是热力学第二定律的问题)可画出示意框图,这样可使热力关系变得直观清晰,便于分析。例如习题 4-3 等。

2. **巧选系统** 系统的选择具有随意性,同一问题,可以选择不同的系统,如开口系统或闭口系统及孤立系统等。选定系统后沿边界找出系统与外界传递的质量、功及热量。系统选得巧,则便于分析和解决问题。

3. **明确工质、用对处理方法** 针对不同的工质,如理想气体、理想气体混合物、湿空气、过热蒸气、湿蒸气、饱和蒸气及液体,采用相应的处理方法,例如理想气体状态方程或查图表及用软件等。

另外,一般理想气体的比热容取为常数;过冷液的焓值可视为同温下饱和液的焓值。

4. **画热力过程图** 根据需要,将理想气体的热力过程画在 p-v 图、T-s 图上,蒸汽动力循环画在 p-v 图、T-s 图及 h-s 图上,制冷或热泵循环画在 T-s 图、$\ln p$-h 图上,湿空气过程画在 h-d 图上。并注意可逆及准静态过程用实线表示。用好过程特征及过程方程。

5. **质量守恒定律** 有时需要。

6. **用对热力学第一定律表达式** 针对选定的系统,如开口系统、闭口系统及稳定流动系统等,使用相应的热力学第一定律表达式。

另外,工程热力学对某些过程的常规处理方法列举如下:

① 快速进行的过程,可视为绝热过程;

② 透热缓慢进行的过程,可认为系统的温度随时与外界相同;

③ 绝热刚性容器放气,容器内的理想气体满足 $pv^k =$ 常数。

7. **巧用热力学第二定律表达式** 热力学第二定律的表达式有多个,其中孤立系熵增公式应用最广;但卡诺循环及卡诺逆循环的热与功及冷热源温度的关系式用于处理可逆循环问题更简单而方便,例如习题 4-16、习题 4-18

等；而熵变与传热量关系式有时更便于处理涉及熵变与传热量的问题。

另外，系统能做最大功、达到最高压力或消耗最小功，则一定是可逆过程。

8. 最后要强调的是，解题时尽量推导到**最终的最简表达式**，之后再进行数值计算。这样不仅可以减少计算量、避免计算错误和误差，更重要的是由最简表达式可直观明确各参数间的因果关系，有助于对物理过程及概念的理解。

1-2　本章主要要求

理解和掌握热力学基本概念：热力系、平衡态、准静态过程、可逆过程、状态参数、状态量、过程量、功量、热量、熵、$p\text{-}v$ 图和 $T\text{-}s$ 图、循环及其评价指标。

1-3　本章内容精要

1-3-1　热力系统

热力学系统（系统、热力系或体系）：人为地划定一个或多个任意几何面所围成空间的物质，作为热力学研究的对象。

外界：系统之外的一切物质的统称。

边界：系统与外界的边界面。真实的或想象的，固定的或移动的界面都可作边界面。系统与外界通过边界进行能量及物质的传递。

闭口系统：与外界没有物质交换的系统，又叫做控制质量系统。

开口系统：与外界有物质交换的系统，又称为控制容积系统。

稳定流动系统：如果开口系统内工质的质量与参数均不随时间变化，则称为稳定流动系统，否则为不稳定流动开口系统。

简单压缩系统：与外界之间只交换热量及一种准静态功的系统。工程热力学中讨论的大部分系统都是简单可压缩系统。

孤立系统：与外界之间既无物质交换又无能量交换的系统。绝对的孤立系统不存在的，但是可以认为任何非孤立系统＋相关的外界＝孤立系统。

1-3-2　状态和状态参数

状态参数：用以描述系统内工质所处状态的一些宏观物理量。工质状态参数的变化量只取决于给定的初状与终态，而与变化过程中的状态或路径无关。

状态参数的积分特性：当系统由初态 1 变化到终态 2 时，状态参数 z 的变化量与初态和终态相关，而与路径无关，即

$$\Delta z = \int_{1,a}^{2} \mathrm{d}z = \int_{1,b}^{2} \mathrm{d}z = z_2 - z_1 \qquad (1\text{-}1)$$

当系统经历一系列状态变化而又回复到初态时,其状态参数的变化为零,即它的循环积分为零,

$$\oint \mathrm{d}z = 0 \qquad (1\text{-}2)$$

状态参数的微分特性:状态参数的微分是全微分。设状态参数 z 是另外两个变量 x 和 y 的函数,则

$$\mathrm{d}z = \left(\frac{\partial z}{\partial x}\right)_y \mathrm{d}x + \left(\frac{\partial z}{\partial y}\right)_y \mathrm{d}y \qquad (1\text{-}3)$$

在数学上的充要条件为

$$\frac{\partial^2 z}{\partial x \partial y} = \frac{\partial^2 z}{\partial y \partial x} \qquad (1\text{-}4)$$

如果某物理量具有上述数学特征,则该物理量一定是状态参数。

强度参数:与系统内所含物质的数量无关的状态参数,例如压力、温度、密度等。

广延参数:与系统内所含物质的数量有关的状态参数,例如容积、内能、焓等。

比参数:单位物理量的广延参数。比参数具有强度参数的性质,例如比容、比内能、比焓等。比参数用相应的小写字母表示,而且为了书写方便,把除比容以外的其他比参数的"比"字省略。

1-3-3　基本状态参数

基本状态参数:压力、比容和温度是三个可以测量而且又常用的状态参数。其他的状态参数可依据这些基本状态参数之间的关系(详见第 10 章)间接地导出。

(1) **压力**(**又称压强**):流体单位面积上所作用力的法向分量。

绝对压力 p:工质真实的压力。

表压力 p_g:绝对压力高于环境压力($p > p_b$)时,压力计指示的数值。

真空度 p_v:绝对压力低于环境压力($p < p_b$)时,压力计指示的读数。

三者的关系:

$$p = p_g + p_b \qquad (1\text{-}5)$$

$$p = p_b - p_v \qquad (1\text{-}6)$$

关于压力注意以下两点:

① 只有工质绝对压力是状态参数;

② 压力与流体高度及密度的关系,$p = \rho g h$。

(2) **温度**:描述处于同一热平衡状态各系统的宏观特性的状态参数。

热力学第零定律:与第三个系统处于热平衡的两个系统,彼此也处于热平衡。

热力学温度 T 与摄氏温度 t 的关系:$t/\mathbb{C} = T/K - 273.15$。

（3）**比容 v**：单位质量工质所占的容积，单位是 m^3/kg。

密度：单位容积内所包含的工质的质量。是比容的倒数。

1-3-4 平衡状态及状态参数坐标图

平衡状态：在不受外界影响（重力场除外）的条件下，状态参数不随时间变化的状态。平衡状态下系统的状态可用确定的状态参数来描述。

$$\text{实现平衡的充要条件}\begin{cases}\text{热平衡，系统内无温差；}\\ \text{力学平衡，系统内无压力差。}\end{cases}$$

对于有相变及化学反应的情况，将存在化学势差，当这种势差消失时达到相应的相平衡或化学平衡。

状态公理：

描述热力系统状态的独立参数数目 N ＝不平衡势差数

＝能量转换方式的数目

＝各种功的方式＋热量 ＝$n+1$

简单可压缩系统的独立状态参数只有两个。

状态方程：基本状态参数 p,v,T 之间的关系

$$v = f(p,T) \quad \text{或} \quad f(p,v,T) = 0$$

状态方程的具体形式取决于工质的性质。理想气体的状态方程 $pv=RT$ 最为简单。其他工质的状态方程将在第 10 章介绍。

状态参数坐标图

简单可压缩系统的独立状态参数只有两个，可以表示在平面坐标图上。常用的坐标图有 $p\text{-}v$ 图，如图 1-1 所示，纵轴表示状态参数 p，横轴表示状态参数 v。

1-3-5 准静态过程与可逆过程

准静态过程：使系统状态改变的不平衡势差无限小，以致该系统在任意时刻均无限接近于某个平衡态的过程。在 $p\text{-}v$ 图上就可以在 1、2 点之间用实线表示，如图 1-1 所示，而非准静态过程要用虚线表示。大多数实际工程的过程都可看作准静态过程。建立准静态过程概念的意义：既可以进行热功转换，又可以用确定的状态参数描述过程。

耗散效应：通过摩擦、电阻、磁阻等使功变热的效应。耗散效应并不影响准静态过程的实现。

可逆过程：系统经历一个过程后，如令过程逆行而能使系统与外界同时恢复到初始状态而不留下任何痕迹的过程。无耗散的准静态过程就是可逆过程。

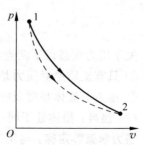

图 1-1 准静态与非准静态过程

1-3-6　功

功：系统与外界交换能量的一种方式，其唯一效果可归结为外界举起了一个重物。
准静态过程的容积变化功（准静态功）

$$W = \int_1^2 p\,\mathrm{d}V \tag{1-7}$$

如图 1-2 所示，在 $p\text{-}V$ 图中是过程曲线与横坐标围成的面积，因此
$p\text{-}V$ 图或 $p\text{-}v$ 图又称为**示功图**。

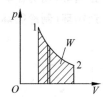

　　若过程不同，则容积变化功不相同，所以功是过程量。
　　气体膨胀，功量为正，气体对外做功。
　　气体被压缩，功量为负，外界对气体做功。
　　式（1-7）同样适用于可逆过程，但不能用于非准静态过程。

图 1-2　$p\text{-}V$ 图（示功图）

单位质量气体准静态或可逆过程中的比容积变化功

$$\delta w = \frac{1}{m} p\,\mathrm{d}V = p\,\mathrm{d}v \tag{1-8}$$

$$w = \int_1^2 p\,\mathrm{d}v \tag{1-9}$$

1-3-7　热量与熵

　　热量：系统与外界之间依靠温差传递的能量。这是与功不同的另一种能量传递方式。
规定系统吸热时热量取正值，放热时取负值。
　　熵的定义：
　　系统在微元可逆过程中与外界交换的热量 δQ_{rev} 除以传热时系统的热力学温度 T 所得
的商，即为系统熵的微小增量

$$\mathrm{d}S = \frac{\delta Q_{\mathrm{rev}}}{T} \tag{1-10}$$

可逆过程传热量的计算式为

$$Q_{\mathrm{rev}} = \int T\,\mathrm{d}S \tag{1-11}$$

比熵（也常简称为熵）

$$\mathrm{d}s = \frac{\delta q_{\mathrm{rev}}}{T} \tag{1-12}$$

　　熵是广延参数，具有可加性，均匀系统 m kg 工质的熵为
$S = m \cdot s$
　　熵的单位为 J/K，比熵的单位为 J/(kg·K)。
　　$T\text{-}S$ 图：由于 $\delta Q_{\mathrm{rev}} = T\mathrm{d}S$，如图 1-3 所示，1-2 可逆过程
中系统与外界交换的热量 Q_{rev} 可以用过程线 12 下的面积代
表。$T\text{-}S$ 或 $T\text{-}s$ 图又称**示热图**。

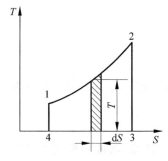

图 1-3　$T\text{-}S$ 图（示热图）

1-3-8 热力循环

热力循环(循环):工质从初始状态经历某些过程之后又回复到初始状态的过程。

可逆循环:全部由可逆过程组成的循环。在 p-v 图或 T-s 图上,用闭合实线表示。

不可逆循环:含有不可逆过程的循环,在 p-v 图或 T-s 图上,不可逆过程用虚线表示。

正循环(动力循环,热机循环):工质吸热,对外做出功量,如图 1-4 所示。

逆循环(制冷循环,热泵循环):消耗功量,工质放热,如图 1-5 所示。

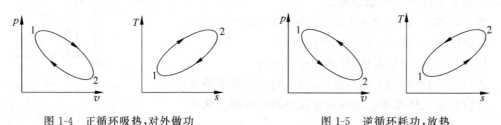

图 1-4 正循环吸热,对外做功   图 1-5 逆循环耗功,放热

三类循环的经济性指标:

热机循环的热效率 η_t,

$$\eta_t = \frac{W_{net}}{Q_1} \tag{1-13}$$

式中,Q_1 是从高温热源吸收的热量,W_{net} 是循环对外做的净功。

制冷循环的制冷系数 ε,

$$\varepsilon = \frac{Q_2}{W_{net}} \tag{1-14}$$

式中,W_{net} 是耗费的功量,Q_2 是从低温热源(冷库)取出的热量。

热泵循环的供热系数 ε',

$$\varepsilon' = \frac{Q_1}{W_{net}} \tag{1-15}$$

式中,W_{net} 是耗费的功量,Q_1 是向高温热源(供暖的房间)提供的热量。

1-4 思考题及解答

1-1 进行任何热力分析是否都要选取热力系统?

答:是。热力分析首先应明确研究对象,即根据所研究的问题人为地划定一个或多个任意几何面所围成的空间内的物质。

1-2 引入热力平衡态解决了热力分析中的什么问题?

答:解决了系统状态的描述问题。即若系统处于热力平衡状态,则该系统就可以用一组具有确定数值的状态参数来描述其状态。

1-3　平衡态与稳定态的联系与差别。不受外界影响的系统稳定态是不是平衡态?

答：平衡态和稳定态的共同点在于系统状态不随时间变化；两者的差别在于平衡态的本质是不平衡势差为零，而稳定态允许不平衡势差的存在，如稳定导热。可见，平衡必稳定；反之，稳定未必平衡。

根据平衡态的定义，不受外界影响的稳定态就是平衡态。

在不受外界影响(重力场除外)的条件下，如果系统的状态参数不随时间变化，则该系统所处的状态称为平衡状态。

1-4　表压力或真空度为什么不能当作工质的压力? 工质的压力不变化，测量它的压力表或真空表的读数是否会变化?

答：因为表压力和真空度都是相对压力，而只有绝对压力才是工质的真实压力。表压力 p_g 及真空度 p_v 与绝对压力 p 的关系为

$$p = p_b + p_g$$
$$p = p_b - p_v$$

其中 p_b 为压力表所处环境的压力。

由上面两个关系式可见，虽然工质的绝对压力不变化，但如果环境压力变化，测量它的压力表或真空表的读数也会变化。

1-5　准静态过程如何处理"平衡状态"又有"状态变化"的矛盾?

答：准静态过程是不平衡势差无限小条件下的状态变化过程。即系统既有状态变化，同时在任意时刻又均无限接近于某个平衡态。

1-6　准静态过程的概念为什么不能完全表达可逆过程的概念?

答：可逆过程的充分必要条件为：(1)该过程为准静态过程；(2)过程中不存在耗散效应，即"无耗散"的准静态过程才是可逆过程，因此准静态过程的概念不能完全表达可逆过程的概念。

1-7　有人说，不可逆过程是无法恢复到起始状态的过程。这种说法对吗?

答：不对。系统经历不可逆过程后是可以恢复到起始状态的，只是系统恢复到起始状态后，外界却无法同时恢复到起始状态，即外界的状态发生了变化。

1-8　$w = \int p dv, q = \int T ds$ 可以用于不可逆过程吗?为什么?

答：$w = \int p dv$ 是准静态过程容积变化功的计算式，当然也适用于准静态但不可逆的过程。$q = \int T ds$ 不能用于不可逆过程，因为熵的定义式：$ds = \dfrac{\delta q_{rev}}{T}$，只针对于可逆过程。

1-5　习题详解及简要提示

1-1　试将 1 物理大气压表示为下列液体的液柱高(mm)：

(1) 水；

（2）酒精；

（3）液态钠。

已知它们的密度分别为 1 000 kg/m³，789 kg/m³ 和 860 kg/m³。

解法一：利用压力 p 与液柱高度 h 的关系：$p = \rho g h$

因为

$$1 \text{ atm} = 760 \text{ mmHg} = 760 \times 133.3 \text{ Pa}$$

故有

$$h = \frac{p}{\rho g} = \frac{760 \times 133.3}{\rho g}$$

对于水：

$$h_{H_2O} = \frac{760 \times 133.3}{10^3 \times 9.81} = 10.327 \text{ m}$$

对于酒精：

$$h_{酒精} = \frac{760 \times 133.3}{789 \times 9.81} = 13.089 \text{ m}$$

对于液态钠：

$$h_{液态钠} = \frac{760 \times 133.3}{860 \times 9.81} = 12.008 \text{ m}$$

解法二：由 $\rho_{Hg} \cdot g \cdot h_{Hg} = \rho_水 \cdot g \cdot h_水$

则

$$h_水 = \frac{\rho_{Hg}}{\rho_水} h_{Hg} = \frac{13.6 \times 10^3}{10^3} \times 760 = 10\ 336 \text{ mm} = 10.336 \text{ m}$$

同理

$$h_{酒精} = \frac{13.6 \times 10^3}{789} \times 760 = 13\ 100 \text{ mm} = 13.100 \text{ m}$$

$$h_{液态钠} = \frac{13.6 \times 10^3}{860} \times 760 = 12\ 019 \text{ mm} = 12.019 \text{ m}$$

1-2 如图 1-6 所示，管内充满密度 $\rho_l = 900$ kg/m³ 的流体，用 U 形管压力计去测量该流体的压力，U 形管中是密度为 1 005 kg/m³ 的水。已知 $h_l = 15$ cm，$h_m = 54$ cm，大气压是 1.01×10^5 Pa。试求在管内 E 处流体的压力为多少 mmHg？已知水银的密度是 13 600 kg/m³。

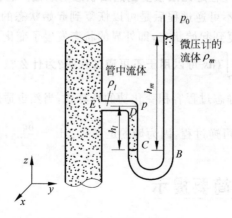

图 1-6 习题 1-2 图

解：依题意有，$p_E + \rho_l \cdot g \cdot h_l = p_0 + \rho_m \cdot g \cdot h_m$

$$p_E = p_b + \rho_m \cdot g \cdot h_m - \rho_l \cdot g \cdot h_l$$

$$= 1.01 \times 10^5 + 1\,005 \times 9.81 \times 0.54 - 900 \times 9.81 \times 0.15$$

$$= 1.049\,9 \times 10^5 \text{ Pa} = \frac{1.049\,9 \times 10^5}{133.3} \text{ mmHg} = 787.6 \text{ mmHg}$$

1-3　用如图 1-7 所示的水银斜管微压计去测量管中水的压力。斜管与水平夹角为 15°，斜管中水银柱长度为 77 mm，而垂直管中水银柱为 8 mm 且水银柱上面的水柱为 60 cm。试求管中水的压力。大气压为 763 mmHg。

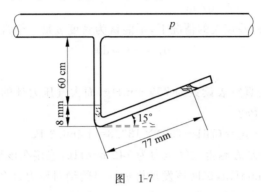

图　1-7

解：依题意，有

$$p = p_b + 77\sin 15° - 8 - 600 \times \frac{\rho_水}{\rho_{水银}}$$

$$= 763 + 77 \times 0.258\,8 - 8 - 600 \times \frac{1\,000}{13\,600}$$

$$= 730.8 \text{ mmHg}$$

1-4　人们假定大气环境的空气压力和密度之间的关系是 $p = c\rho^{1.4}$，c 为常数。在海平面上空气的压力和密度分别为 1.013×10^5 Pa 和 1.177 kg/m³，如果在某山顶上测得大气压为 5×10^4 Pa。试求山的高度。重力加速度为常量，即 $g = 9.81$ m/s²。

解：利用已知的海平面的压力和密度求 c，

即
$$c = \frac{p_0}{\rho_0^{1.4}} = \frac{1.013 \times 10^5}{1.177^{1.4}} = 8.06 \times 10^4$$

则山顶密度
$$\rho_H = \sqrt[1.4]{\frac{p_H}{c}} = \sqrt[1.4]{\frac{5 \times 10^4}{8.06 \times 10^4}} = 0.711 \text{ kg/m}^3$$

如图 1-8 所示，取海平面为基准，对海平面上 h 米处 dh 厚的空气薄层进行受力分析：

$$(p + dp) + \rho g\, dH = p$$

可得

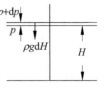

图　1-8

$$\mathrm{d}p = -\rho g\,\mathrm{d}H$$

将题中所给 p 和 ρ 的关系式 $p = c\rho^{1.4}$ 代入上式可得

$$1.4c\rho^{0.4}\,\mathrm{d}\rho = -\rho g\,\mathrm{d}H$$

对上式整理积分可得

$$H = \frac{-1.4c}{g}\int_{\rho_0}^{\rho_H}\rho^{-0.6}\,\mathrm{d}\rho = \frac{1.4c}{0.4g}(\rho_0^{0.4} - \rho_H^{0.4})$$

$$= \frac{1.4 \times 8.06 \times 10^4}{0.4 \times 9.81}(1.177^{0.4} - 0.711^{0.4})$$

$$= 5\ 607\ \mathrm{m}$$

提示：注意在高度相差较大的情况下，不能认为密度 ρ 是一个常数，而需要利用

$$\mathrm{d}p = -\rho g\,\mathrm{d}h$$

积分进行计算。

1-5　某冷凝器上的真空表读数为 750 mmHg，而大气压力计的读数为 761 mmHg，试问冷凝器的压力为多少 Pa？

解：依题意，$p = p_b - p_v = (761 - 750) \times 133.3 = 1\ 466.3\ \mathrm{Pa}$

1-6　在山上的一个地方测得大气压力为 742 mmHg，连接在该地一汽车发动机进气口的真空表的读数为 510 mmHg，试问该发动机进气口的绝对压力是多少 mmHg？多少 kPa？

解：$p = p_b - p_v = 742 - 510 = 232\ \mathrm{mmHg} = 30.9\ \mathrm{kPa}$

1-7　如图 1-9 所示的一圆筒容器，表 A 的读数为 360 kPa；表 B 读数为 170 kPa，表示 Ⅰ 室压力高于 Ⅱ 室的压力。大气压力为 760 mmHg。试求：(1)真空室以及 Ⅰ 室和 Ⅱ 室的绝对压力；(2)表 C 的读数；(3)圆筒顶面所受的作用力。

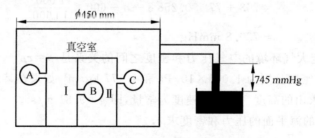

图 1-9　习题 1-7 图

解：p_v 表示真空室压力，p_b 表示大气压力，p_σ 表示水银柱压力。

(1)　　　　　$p_v = p_b - p_\sigma = 760 - 745 = 15\ \mathrm{mmHg} = 1.999\ \mathrm{kPa}$

$$p_\mathrm{I} = p_\mathrm{A} + p_v = 360 + 1.999 = 362\ \mathrm{kPa}$$

$$p_\mathrm{II} = p_\mathrm{I} - p_\mathrm{B} = 362 - 170 = 192\ \mathrm{kPa}$$

(2)　　　　　$p_\mathrm{C} = p_\mathrm{II} - p_v = 192 - 1.999 = 190\ \mathrm{kPa}$

(3) 圆筒顶面所受的作用力

$$F = (p_b - p_v) \cdot S = (1.013 \times 10^5 - 2 \times 10^3) \times \pi \times \left(\frac{0.450}{2}\right)^2 = 1.58 \times 10^4 \text{ N}$$

1-8 若某温标的冰点为20°,沸点为75°,试导出这种温标与摄氏温标的关系(一般为线性关系)。

解: 设该温标为$t/°\text{m}$,摄氏温标为$t/℃$。

由题意该温标与摄氏温标为线性关系,即

$$t/°\text{m} = k \cdot t/℃ + b$$

由已知条件有

$$75 = 100k + b$$
$$20 = 0k + b$$

可解得

$$k = 0.55, b = 20$$

故

$$t/°\text{m} = 0.55t/℃ + 20$$

1-9 一种新的温标,其冰点为$100°\text{N}$,沸点为$400°\text{N}$。试建立这种温标与摄氏温标的关系。如果氧气处于$600°\text{N}$,试求出为多少 K?

解: 设新温标°N 与摄氏温标℃呈线性关系,即

$$t/°\text{N} = a \cdot t/℃ + b$$

由已知条件有

$$100 = b$$
$$400 = 100a + b$$

可解得

$$a = 3, b = 100$$

故

$$t/°\text{N} = 3t/℃ + 100$$

氧气处于$600°\text{N}$ 时

$$t/℃ = \frac{600 - 100}{3} = 166.67$$

$$T/\text{K} = t/℃ + 273.15 = 439.82$$

1-10 若用摄氏温度计和华氏温度计测量同一个物体的温度。有人认为这两种温度计的读数不可能出现数值相同的情况,对吗? 若可能,读数相同的温度应是多少?

解: 按关系式

$$t/℃ = \frac{5}{9}(t/℉ - 32)$$

设

$$t/℃ = t/℉ = t$$

则

$$t\left(1 - \frac{5}{9}\right) = -\frac{5}{9} \times 32$$

解上式有

$$t = -\frac{5}{4} \times 32 = -40$$

即可出现相同数值的情况,此时温度为$-40℃$和$-40℉$。

1-11 有人定义温度作为某热力学性质 z 的对数函数关系,即

$$t^* = a\ln z + b$$

已知 $t_i^* = 0°$ 时 $z = 6$ cm；$t_S^* = 100°$ 时 $z = 36$ cm。试求当 $t^* = 10°$ 和 $t^* = 90°$ 时的 z 值。

解：依题意有

$$0 = a\ln6 + b$$

$$100 = a\ln36 + b$$

解得

$$a = \frac{100}{\ln6}, \quad b = -100$$

所以

$$t^* = \frac{100}{\ln6}\ln z - 100$$

$t^* = 10$，则

$$\ln z = \frac{110\ln6}{100} = 1.1\ln6 = \ln6^{1.1}$$

$$z = 6^{1.1} = 7.18 \text{ cm}$$

$t^* = 90$，则

$$\ln z = \frac{190\ln6}{100} = 1.91\ln6 = \ln6^{1.9}$$

$$z = 6^{1.9} = 30 \text{ cm}$$

1-12 铂金丝的电阻在冰点时为 10.000 Ω，在水的沸点时为 14.247 Ω，在硫的沸点 (446℃)时为 27.887 Ω。试求出温度 $t/℃$ 和电阻 $R/Ω$ 关系式 $R = R_0(1 + At + Bt^2)$ 中的常数 A, B 的数值。

解：依题意，可得

$$10 = R_0$$

$$14.247 = R_0(1 + 100A + 10^4 B)$$

$$27.887 = R_0(1 + 446A + 1.989 \times 10^5 B)$$

由以上三式可得

$$R_0 = 10 \text{ Ω}$$

$$A = 4.32 \times 10^{-3} \text{ 1/℃}$$

$$B = -6.83 \times 10^{-7} \text{ 1/(℃)}^2$$

1-13 气体初态为 $p_1 = 0.5$ MPa，$V_1 = 0.4$ m³，在压力为定值的条件下膨胀到 $V_2 = 0.8$ m³，求气体膨胀所做的功。

解：对于容积变化功，有

$$W = \int_{V_1}^{V_2} p\, dV = p_1(V_2 - V_1) = 0.5 \times 10^6 \times (0.8 - 0.4) = 2 \times 10^5 \text{ J} = 200 \text{ kJ}$$

1-14 一系统发生状态变化，压力随容积的变化关系为 $pV^{1.3} = $ 常数。若系统初态压力为 600 kPa，容积为 0.3 m³，求系统容积膨胀至 0.5 m³ 时对外所做的膨胀功。

解：依题意，

$$pV^{1.3} = C = p_1 V_1^{1.3}$$

可得

$$p = \frac{p_1 V_1^{1.3}}{V^{1.3}}$$

所以

$$W = \int p\, dV = \int_{V_1}^{V_2} \frac{p_1 V_1^{1.3}}{V^{1.3}}\, dV = p_1 V_1^{1.3} \int_{V_1}^{V_2} \frac{dV}{V^{1.3}}$$

$$= \frac{p_1 V_1^{1.3}}{0.3}(V_1^{-0.3} - V_2^{-0.3}) = \frac{p_1 V_1}{0.3}\left[1 - \left(\frac{V_1}{V_2}\right)^{0.3}\right]$$

$$= \frac{600 \times 0.3}{0.3}\left[1 - \left(\frac{0.3}{0.5}\right)^{0.3}\right] = 85.25 \text{ kJ}$$

对外做出膨胀功 85.25 kJ。

1-15 气球直径为 0.3 m，球内充满压力为 150 kPa 的空气。由于加热，气球直径可逆地增大到 0.4 m，并且空气压力正比于气球直径而变化。试求该过程空气对外做功量。

解：依题意，$p = aD$

$$a = \frac{p}{D} = \frac{150}{0.3} = 500 \text{ kPa/m}$$

而，$dV = d\left(\frac{\pi}{6}D^3\right) = \frac{\pi}{2}D^2 dD$。

本可逆过程对外做功量：

$$W = \int p dV = \int_{0.3}^{0.4} aD \cdot \frac{\pi}{2}D^2 dD = a \times \frac{\pi}{2} \times \int_{0.3}^{0.4} D^3 dD$$

$$= 500 \times \frac{\pi}{2} \times \frac{1}{4}(0.4^4 - 0.3^4) = 3.436 \text{ kJ}$$

1-16 1 kg 气体经历如图 1-10 所示的循环，A 到 B 为直线变化过程，B 到 C 为定容过程，C 到 A 为定压过程。试求循环的净功量。如果循环为 A-C-B-A，则净功量有何变化？

解：由做功定义 $w = \int p dv$，题图中循环 A-B-C-A 的净功量 w（对外做功），即为该循环所包围的面积：

$$w = \frac{1}{2}\overline{AC} \cdot \overline{CB} = \frac{1}{2}(v_2 - v_1)(p_2 - p_1)$$

如果循环为 A-C-B-A，则（被做功）

$$w' = \frac{1}{2}(v_1 - v_2)(p_2 - p_1)$$

提示：有些同学分别计算每段的做功然后相加，而其中 A-B 段要用到积分，较为繁琐。简单的方法是根据做功的定义 $w = \int p dv$，循环 A-B-C-A 的净功量就是该循环所包围的三角形面积。

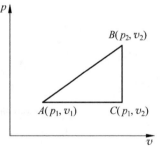

图 1-10 习题 1-16 图

CHAPTER 2

热力学第一定律

2-1　本章主要要求

深刻理解并掌握内能和焓的概念。掌握容积变化功、推进功、轴功和技术功的区别与联系。熟练掌握热力学第一定律的各种表达式,并能灵活应用。

2-2　本章内容精要

2-2-1　主要概念

1. 内能(也称热力学能、热能):储存于系统内部的能量。

内能与工质内部粒子微观运动及粒子的空间位置有关:

$$
内能\begin{cases} 分子动能\begin{cases} 移动动能 \\ 转动动能 \\ 振动动能 \end{cases} \\ 分子位能 \\ 化学能 \\ 核能 \end{cases}
$$

其中,分子动能是温度的函数;分子位能是比容和温度的函数。一般的热力过程不涉及化学反应和核反应,故不考虑化学能及核能。

内能 U 是状态参数,单位为 J;u 比内能(简称内能),单位是 J/kg。

宏观动能:因宏观运动速度而具有的能量,简称动能,

$$
E_k = \frac{1}{2}mc^2
$$

重力位能:系统由于重力场的作用而具有的能量,简称位能,

$$
E_p = mgz
$$

系统的宏观动能和重力位能是系统本身所储存的机械能。

系统的总储存能(简称总能):内能、宏观动能和重力位能之和,

$$
E = U + E_k + E_p \tag{2-1}
$$

$$
e = u + e_k + e_p = u + \frac{c^2}{2} + gz \tag{2-2}
$$

系统总能的变化量可写成

$$\left.\begin{array}{l} dE = dU + dE_k + dE_p \\ \Delta E = \Delta U + \Delta E_k + \Delta E_p \end{array}\right\} \tag{2-3}$$

2. 推进功(流动功)：因工质出、入开口系统而传递的功，

$$w_f = p \cdot v \tag{2-4}$$

3. 焓：内能与推进功的总和。是由于工质流动而携带的、取决于热力状态参数的能量，

$$h = u + pv \tag{2-5}$$

$$H = U + PV \tag{2-6}$$

是状态参数，单位为 J 或 kJ，比焓的单位为 J/kg 或 kJ/kg。

2-2-2 热力学第一定律及各种系统的能量方程

对于任何系统，各项能量之间的平衡关系可一般地表示为

进入系统的能量－离开系统的能量＝系统储存能量的变化

1. 闭口系统能量方程

$$Q = \Delta U + W \tag{2-7}$$

$$\delta Q = \Delta U + \delta W \tag{2-8}$$

$$\oint \delta Q = \oint \delta W \tag{2-9}$$

2. 开口系统的能量方程

$$\delta Q = dE_{c,v} + \left(h + \frac{c^2}{2} + gz\right)_{out} \delta m_{out} - \left(h + \frac{c^2}{2} + gz\right)_{in} \delta m_{in} + \delta W_{net} \tag{2-10}$$

以传热率、功率等形式表示的开口系统能量方程为

$$\dot{Q} = \frac{dE_{c,v}}{\delta \tau} + \dot{m}_{out}\left(h + \frac{c^2}{2} + gz\right)_{out} - \dot{m}_{in}\left(h + \frac{c^2}{2} + gz\right)_{in} + \dot{W}_{net} \tag{2-11}$$

倘若进、出开口系统的工质有若干股，则

$$\dot{Q} = \frac{dE_{c,v}}{\delta \tau} + \sum \dot{m}_{out}\left(h + \frac{c^2}{2} + gz\right)_{out} - \sum \dot{m}_{in}\left(h + \frac{c^2}{2} + gz\right)_{in} + \dot{W}_{net} \tag{2-12}$$

对于具体问题可对以上一般形式进行简化。

3. 稳定流动能量方程

一般工程热力设备除了起动、停止或加减负荷外，常处在稳定状态，即系统内任何一点工质的状态参数均不随时间改变，故满足以下条件：$\frac{dE_{c,v}}{d\tau} = 0$，$\dot{m}_{out} = \dot{m}_{in} = \dot{m}$，$\dot{Q} = \dot{m}q$ 和 $\dot{W}_{net} = \dot{m}w_s$ 不变。则其能量方程为

$$q = \Delta h + \frac{1}{2}\Delta c^2 + g\Delta z + w_s \tag{2-13}$$

$$\delta q = \mathrm{d}h + \frac{1}{2}\mathrm{d}c^2 + g\mathrm{d}z + \delta w_s \qquad (2\text{-}14)$$

$$Q = \Delta H + \frac{1}{2}m\Delta c^2 + mg\Delta z + W_s \qquad (2\text{-}15)$$

其中，**轴功** W_s（或 w_s）：系统通过转动的轴与外界交换的机械功。

技术功 W_t（或 w_t）：工程技术上可利用的能量，

$$W_t = \frac{1}{2}m\Delta c^2 + mg\Delta z + W_s$$

或

$$w_t = \frac{1}{2}\Delta c^2 + g\Delta z + w_s \qquad (2\text{-}16)$$

利用技术功将稳定流动能量方程写成下列形式：

$$q = \Delta h + w_t \qquad (2\text{-}17)$$

$$\delta q = \delta h + \delta w_t \qquad (2\text{-}18)$$

或

$$Q = \Delta H + W_t \qquad (2\text{-}19)$$

$$\delta Q = \mathrm{d}H + \delta W_t \qquad (2\text{-}20)$$

稳定流动过程中几种功的关系

$$w = \Delta(pv) + \frac{1}{2}\Delta c^2 + g\Delta z + w_s$$

$$w_t = \frac{1}{2}\Delta c^2 + g\Delta z + w_s$$

$$w = \Delta(pv) + w_t$$

$$w_t = w - \Delta(pv)$$

准静态条件下的技术功：

$$w_t = \int_1^2 p\mathrm{d}v - (p_2v_2 - p_1v_1) = \int_1^2 p\mathrm{d}v - \int_1^2 \mathrm{d}pv = -\int_1^2 v\mathrm{d}p \qquad (2\text{-}21)$$

根据式(2-21)，准静态过程的技术功在 $p\text{-}v$ 图上可以用过程线与纵坐标围成的面积表示，如图 2-1 所示的面积 $12ba1$。而容积变化功是过程线与横坐标围成的面积。

若 $\mathrm{d}p < 0, w_t > 0$，对外界做功，例如蒸汽机、汽轮机和燃气透平；

若 $\mathrm{d}p > 0, w_t < 0$，外界对工质做功，例如风机、压气机和泵等。

准静态条件下热力学第一定律的两个解析式

$$q = \Delta h - \int_1^2 v\mathrm{d}p \qquad (2\text{-}22)$$

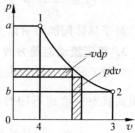

图 2-1 技术功与容积变化
功关系图

$$q = \Delta u + p_2 v_2 - p_1 v_1 - \int_1^2 v \, dp = \Delta u + \int_1^2 p \, dv \tag{2-23}$$

既适用于闭口系统准静态过程,又适用于开口系统准静态稳定流动过程。

2-2-3 常用热力设备的能量方程

1. 热交换器

$$q = h_2 - h_1$$

若 q 为正值,即工质吸收的热量等于焓的增量。如果 q 为负值,则说明工质放出的热量等于焓的减量。

2. 动力机械

动力机械:利用工质膨胀而获得机械功的热力设备,如燃气涡轮,汽轮机等。其能量方程可简化为

$$w_s = h_1 - h_2$$

即动力机械对外做出的轴功是依靠工质的焓降转变而来的。

3. 压缩机械

压缩机械:对工质做功,使其被压缩,压力升高的机械,如泵、风机、压气机等。其能量方程可简化为

$$w_s = h_2 - h_1$$

即工质在压缩机械中被压缩时外界所做的轴功等于工质焓的增加。

倘若压气机的散热量不能忽略,则

$$w_s = h_1 - h_2 + q$$

4. 绝热节流

在忽略动、位能变化的绝热节流过程中,

$$h_1 = h_2$$

即节流前后工质的焓值相等。但需注意在缩口附近,流速变化很大,焓值并不处处相等,即不能把此绝热节流过程理解为定焓过程。

本章介绍的各种能量方程适用于任意工质的可逆过程或不可逆过程。

2-3 思考题及解答

2-1 工质膨胀时是否必须对工质加热?工质边膨胀边放热可能否?工质边被压缩边吸入热量可以否?工质吸热后内能一定增加?对工质加热,其温度反而降低,有否可能?

答:由闭口系统热力学第一定律关系式:

$$Q = \Delta U + W$$

规定吸热 $Q > 0$,对外做功 $W > 0$。

（1）不一定。工质膨胀对外做功，即 $W>0$，由于可以使 $\Delta U<0$，因此可能出现 $Q<0$，即对外放热。该过程是消耗内能对外做功并放热，例如汽轮机膨胀做功的同时还放热。

（2）可能。工质膨胀，即 $W>0$，当 $\Delta U<0$，则可能出现 $Q<0$，即放热，如上例。

（3）可以。工质被压缩，即 $W<0$ 由于可以使 $\Delta U>0$，因此可能出现 $Q>0$，即吸入热量。

（4）不一定。工质吸热，$Q>0$，由于可以使 $W>0$，即工质对外做功，因此可能出现 $\Delta U<0$，即工质内能减少。

（5）可能。对工质加热，$Q>0$，由于可以使 $W>0$，即工质对外做功，因此可能出现 $\Delta U<0$，对于理想气体，其内能仅为温度的单值函数，故其温度降低。

2-2 一绝热刚体容器，用隔板分成两部分，左边储有高压理想气体（内能是温度的单值函数），右边为真空。抽去隔板时，气体立即充满整个容器。问工质内能、温度将如何变化？如该刚体容器为绝对导热的，则工质内能、温度又如何变化？

答：以气体为对象，由闭口系统热力学第一定律：$Q=\Delta U+W$，对于绝热刚体容器内气体自由膨胀，由于容器绝热，则 $Q=0$；且右边为真空，气体没有对外做功对象，即自由膨胀，有 $W=0$。所以：$\Delta U=0$，即工质的内能不发生变化。如果工质为理想气体，因为理想气体的内能只是温度的单值函数，所以其温度也不变；如果工质为实际气体，则温度未必不变。

绝对导热刚体容器内气体，自由膨胀，$W=0$，绝对导热，则工质温度始终与外界相等，如此过程环境不变，则工质温度不变，所以 $Q=\Delta U$。如果工质为理想气体，其温度不变则内能也不变，$\Delta U=0$，所以 $Q=0$；如果工质为实际气体，则 $Q=\Delta U$，无法再进一步推测。

2-3 图 2-2 中，过程 1—2 与过程 1—a—2 有相同的初、终点，试比较 W_{12} 与 W_{1a2}、ΔU_{12} 与 ΔU_{1a2}、Q_{12} 与 Q_{1a2}。

答：根据图 2-2，由于是 p—v 图，因此有：$0<W_{12}<W_{1a2}$（对外做功）；$\Delta U_{12}=\Delta U_{1a2}$；由闭口系统热力学第一定律，$Q=\Delta U+W$，有 $0<Q_{12}<Q_{1a2}$（吸热）。

2-4 推进功与过程有无关系？

答：推进功是因工质出、入开口系统而传递的取决于工质状态的能量。并且只有在工质处于流动态时才有意义，推进功与过程无关。

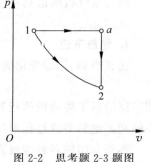

图 2-2　思考题 2-3 题图

2-5 你认为"任何没有体积变化的过程就一定不对外做功"的说法是否正确？

答：错误。体积变化产生容积变化功。除了容积变化功外，还有推进功、技术功、电功等等，这些功不一定需要体积发生变化。

2-6 说明下述说法是否正确：

（1）气体膨胀时一定对外做功。

（2）气体压缩时一定消耗有用功。

答：热力学中的功分为有用功和无用功，有用功是指可以利用的功。而大气做的功是无用功,即不能被利用。(1)气体膨胀时不一定对外做功,如气体的自由膨胀,由于气体没有做功对象,因此气体对外做功为零;(2)不一定。例如带有活塞的气缸中的气体冷却时,被外界大气压缩,就不消耗有用功,因为大气做的功是无用功。

2-7　下列各式是否正确:

$$\delta q = \mathrm{d}u + \delta w \tag{1}$$

$$\delta q = \mathrm{d}u + p\mathrm{d}v \tag{2}$$

$$\delta q = \mathrm{d}u + \mathrm{d}(pv) \tag{3}$$

各式的适用条件是什么?

答:三个式子都针对 1 kg 工质的微元过程。式(1)是针对闭口系统的能量方程,且忽略闭口系统的位能和动能变化,δw 为闭口系统与外界交换的净功。式(2)是针对简单可压缩系统准静态过程(或可逆过程)的能量方程,$p\mathrm{d}v$ 为系统与外界交换的容积变化功。式(3)是针对技术功为零的稳定流动能量方程,即 $\delta q = \mathrm{d}h = \mathrm{d}u + \mathrm{d}(pv)$,且 $\delta w_\mathrm{t} = 0$。

2-8　试写出表 2-1 内所列四种过程的各种功计算式。

表　2-1

过 程 种 类	w	$\Delta(pv)$	w_t
液体的流动过程($v \approx \mathrm{const}$)			
气体的定压流动过程($p = \mathrm{const}$)			
液体的定压流动过程($p = \mathrm{const}, v \approx \mathrm{const}$)			
低压气体的定温流动过程($pv = \mathrm{const}$)			

答:

过 程 种 类	w	$\Delta(pv)$	w_t
液体的流动过程($v \approx \mathrm{const}$)	0	$-w_\mathrm{t}$	$-v\Delta p$
气体的定压流动过程($p = \mathrm{const}$)	$q - \Delta u$	$p\Delta v$	$q - \Delta u - p\Delta v$
液体的定压流动过程($p = \mathrm{const}, v \approx \mathrm{const}$)	0	0	0
低压气体的定温流动过程($pv = \mathrm{const}$)	q	0	q

注:低压气体可以认为是理想气体,且内能仅为温度的单值函数。

计算依据:

(1) $q = \Delta u + w$

(2) $q = \Delta h + w_\mathrm{t}$

(3) $\Delta h = \Delta u + \Delta(pv)$

(4) $w = \Delta(pv) + w_\mathrm{t}$

2-4 习题详解及简要提示

2-1 某电厂的发电量为 25 000 kW,电厂效率为 27%。已知煤的发热量为 29 000 kJ/kg,试求：

(1) 该电厂每昼夜要消耗多少吨煤；

(2) 每发一度电要消耗多少千克煤。

解：(1) 每昼夜(24 h)的电功为：$N = 2\,500 \times 36 \times 10^3 \times 24$ kJ

为此要消耗的煤量：

$$\frac{25\,000 \times 3.6 \times 10^3 \times 24}{29\,000 \times 27\%} = 276\,000 \text{ kg} = 276 \text{ t}$$

(2) 每度电(1 kW · h)耗煤：

$$\frac{276\,000/24}{25\,000} = 0.46 \text{ kg}$$

2-2 水在 760 mmHg 下定压汽化,温度为 100℃,比容从 0.001 m³/kg 增加到 1.763 m³/kg,汽化潜热为 2 250 kJ/kg。试求工质在汽化期间：

(1) 内能的变化；

(2) 焓的变化。

解：(1) 由 $q = w + \Delta u$ 得

$$\begin{aligned}
\Delta u &= q - w = r - p(v_2 - v_1) \\
&= 2\,250 - 1.013 \times 10^5 \times (1.763 - 0.001) \times 10^{-3} \\
&= 2\,250 - 178.49 \\
&= 2\,071.5 \text{ kJ/kg}
\end{aligned}$$

(2) 焓的变化为

$$\Delta h = \Delta(u + pv) = \Delta u + p\Delta v = q = r = 2\,250 \text{ kJ/kg}$$

2-3 定量工质,经历了一个由四个过程组成的循环,试填充下表中所缺的数据,并写出根据。

过程	Q/kJ	W/kJ	ΔU/kJ
12		0	1 390
23	0	395	
34		0	−1 000
41	0		

解：12 $Q_{12} = \Delta U_{12} + W_{12} = 1\,390 + 0 = 1\,390$ kJ

23 $Q_{23} = \Delta U_{23} + W_{23} \Rightarrow \Delta U_{23} = -W_{23} = -395$ kJ

34 $Q_{34} = \Delta U_{34} + W_{34} = -1\,000 + 0 = -1\,000$ kJ

41 对于循环，$\oint \delta Q = \oint \delta w$，

即 $Q_{12} + Q_{23} + Q_{34} + Q_{41} = W_{12} + W_{23} + W_{34} + W_{41}$

所以 $W_{41} = (1\,390 + 0 - 1\,000 + 0) - (0 + 395 + 0) = -5$ kJ

而 $\Delta U_{41} = Q_{41} - W_{41} = 5$ kJ

所以，

过程	Q/kJ	W/kJ	ΔU/kJ
12	1 390	0	1 390
23	0	395	-395
34	$-1\,000$	0	$-1\,000$
41	0	-5	5

2-4 某车间，在冬季每小时经过墙壁和玻璃窗等传给外界环境的热量为 3×10^5 kJ。已知该车间各种工作机器所消耗动力中有 50 kW 将转化为热量，室内经常亮着 50 盏 100 W 的电灯。问该车间在冬季为了维持合适的室温，还是否需要外加采暖设备？要多大的外供热量？

解：维持车间为一稳定室温，则 $\Delta U = 0$，且 $W = 0$，

由 $Q = \Delta U + W$，则 $Q = 0$

即 $Q_{采暖} + Q_{产热} - Q_{散热} = 0$

故 $Q_{采暖} = Q_{散热} - Q_{产热} = 3 \times 10^5 - (50 + 100 \times 10^{-3} \times 50) \times 3\,600 = 1.02$ kJ

所以，为维持合适室温，必须外加采暖设备，其供热量为每小时 1.02×10^5 kJ。

2-5 1 kg 空气由 $p_1 = 1.0$ MPa，$t_1 = 500℃$ 膨胀到 $p_2 = 0.1$ MPa，$t_2 = 500℃$，得到的热量 506 kJ，做膨胀功 506 kJ。又在同一初态及终态间作第二次膨胀仅加入热量 39.1 kJ。求：

(1) 第一次膨胀中空气内能增加多少；

(2) 第二次膨胀中空气做了多少功；

(3) 第二次膨胀中空气内能增加多少。

解：(1) 依题意，$Q_1 = 506$ kJ，$W_1 = 506$ kJ，则由 $Q_1 = \Delta U_1 + W_1$

得 $\Delta U_1 = 0$ kJ

(2) 依题意，$Q_2 = 39.1$ kJ，$\Delta U_2 = \Delta U_1 = 0$ kJ，则由 $Q_2 = \Delta U_2 + W_2$

得 $W_2 = 39.1$ kJ

(3) $\Delta U_2 = 0$ kJ

2-6 图 2-3 所示的气缸内充以空气。气缸截面积为 100 cm²，活塞距底面高度为 10 cm，活塞及其上负载的总质量为 195 kg，当地大气压为 771 mmHg，环境温度 $t_0 = 27℃$，气缸内气体恰与外界处于热力平衡。倘使把活塞上的负载取去 100 kg，活塞将突然上升，最后重新达到热力平衡。设活塞与气缸壁之间无摩擦，气体可通过气缸壁充分和外界换热，求活塞上升的距离和气体的换热量。

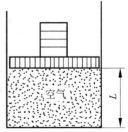

图 2-3 习题 2-6 图

（设空气的内能只与 T 有关）。

解：

$$p_b = \frac{771}{760} \times 1.013 \times 10^5 = 1.028 \times 10^5 \ \text{Pa}$$

$$p_1 = \frac{195 \times 9.8}{0.01} + p_b = 1.911 \times 10^5 + 1.028 \times 10^5 = 2.94 \times 10^5 \ \text{Pa}$$

$$p_2 = \frac{95 \times 9.8}{0.01} + p_b = 0.931 \times 10^5 + 1.028 \times 10^5 = 1.96 \times 10^5 \ \text{Pa}$$

空气为理想气体，且与外界充分换热，则 $T_2 = T_1 = 300 \ \text{K}$

所以 $p_1 V_1 = p_2 V_2$

则 $\quad V_2 = \dfrac{p_1}{p_2} V_1 = \dfrac{p_1}{p_2} L_1 A$

且 $V_2 = L_2 A$

所以 $\quad (L_2 - L_1) = \left(\dfrac{p_1}{p_2} - 1 \right) L_1$

$$= \left(\frac{2.94 \times 10^5}{1.96 \times 10^5} - 1 \right) \times 10 = 5 \ \text{cm}$$

而 $T_1 = T_2$，则 $\Delta U = 0$，由 $Q = \Delta U + W$

可得 $\quad Q = W = p_2 \times A \times \Delta L = 1.96 \times 10^5 \times 100 \times 10^{-4} \times 5 \times 10^{-2} = 98 \ \text{J}$

即活塞上升 5 cm，从外界吸热 98 J。

2-7 上题中若气缸壁和活塞都是绝热的，但两者之间不存在摩擦，此时活塞上升距离如何？气体的最终状态又如何？已知 $\Delta u = c_V \Delta T$，空气的 $c_V = 0.71 \ \text{kJ/(kg · K)}$。

解： 假设活塞上升 x cm，

由题意及上题知 $p_1 = 2.94 \times 10^5 \ \text{Pa}$，$p_2 = 1.96 \times 10^5 \ \text{Pa}$，$T_1 = 300 \ \text{K}$，且气体质量未变，则

$$T_2 = \frac{p_2 V_2}{p_1 V_1} T_1 = \frac{p_2 A L_2}{p_1 A L_1} T_1 = \frac{p_2 L_2}{p_1 L_1} T_1$$

$$= \frac{1.96 \times 10^5 \times (10 + x)}{2.94 \times 10^5 \times 10} \times 300 = 20(10 + x)$$

另，由题意，$\quad \Delta U = m c_V \Delta T = m c_V (T_2 - T_1) = \dfrac{p_1 V_1}{R T_1} c_V (T_2 - T_1)$

$$= \frac{p_1 V_1}{R T_1} c_V \left(\frac{p_2 L_2}{p_1 L_1} T_1 - T_1 \right) = p_1 V_1 \frac{c_V}{R} \left(\frac{p_2 L_2}{p_1 L_1} - 1 \right)$$

而 $W = p_2 \Delta V = p_2 A x$

由 $Q = \Delta U + W$，且 $Q = 0$

得 $\Delta U + W = 0$

即

$$p_1 V_1 \frac{c_V}{R} \left(\frac{p_2 (L_1 + x)}{p_1 L_1} - 1 \right) + p_2 A x = 0$$

$$\frac{p_1 AL_1}{p_2 A}\frac{c_V}{R}\left(\frac{p_2(L_1+x)}{p_1 L_1}-1\right)+x=0$$

所以

$$x=\frac{p_1/p_2-1}{1+R/c_V}L_1=\frac{\dfrac{2.94\times10^5}{1.96\times10^5}-1}{1+\dfrac{0.287}{0.71}}\times10=3.56\text{ cm}$$

$$T_2=20(10+3.56)=271.2\text{ K}$$

即活塞上升 3.56 cm,气体温度降为 271.2 K。

2-8　有一储气罐,设其内部为真空,现连接于输气管道进行充气。已知输气管内气体状态始终保持稳定,其焓为 h,若经过 τ 时间的充气后,储气罐内气体的质量为 m,而罐内气体的内能为 u',如忽略充气过程中气体的宏观动能及重力位能的影响,而且认为管路与储气罐是绝热的。试证:$u'=h$。

证明:取储气罐作为系统,则其为开口系统,能量方程为

$$\delta Q = \mathrm{d}E_{\mathrm{c,v}}+\left(h+\frac{c^2}{2}+gz\right)_{\mathrm{out}}\delta m_{\mathrm{out}}-\left(h+\frac{c^2}{2}+gz\right)_{\mathrm{in}}\delta m_{\mathrm{in}}+\delta W_{\mathrm{net}}$$

按题意,$\delta Q=0$,$\delta W_{\mathrm{net}}=0$,$\delta m_{\mathrm{out}}=0$,且忽略宏观动位能的影响,故有

$$\mathrm{d}E_{\mathrm{c,v}}=h\delta m_{\mathrm{in}}$$

对其积分,

$$\int_0^{mu'}\mathrm{d}E_{\mathrm{c,v}}=\int_0^m h\delta m_{\mathrm{in}}=h\int_0^m \delta m_{\mathrm{in}}$$

所以

$$mu'=mh$$

$$u'=h$$

2-9　若题 2-8 中的储气罐原有气体质量为 m_0,内能为 u_0。经 τ 时间充气后储气罐内气体质量为 m,内能变为 u',则此 u' 与 h 又有什么关系?

解:仍取开口系,

$$\delta Q = \mathrm{d}E_{\mathrm{c,v}}+\left(h+\frac{1}{2}c^2+gz\right)_{\mathrm{out}}\delta m_{\mathrm{out}}-\left(h+\frac{1}{2}c^2+gz\right)_{\mathrm{in}}m_{\mathrm{in}}+\delta W_{\mathrm{net}}$$

依题意,$\delta Q=0$,$\delta W_{\mathrm{net}}=0$,$\delta m_{\mathrm{out}}=0$,忽略宏观动位能的影响,则

$$\int_{m_0 u_0}^{mu'}\mathrm{d}E_{\mathrm{c,v}}=\int_0^\tau h\dot m_{\mathrm{in}}\mathrm{d}\tau=h\int_0^\tau m_{\mathrm{in}}\mathrm{d}\tau=(m-m_0)h$$

即

$$mu'-m_0 u_0=(m-m_0)h$$

得

$$u'=\frac{(m-m_0)h+m_0 u_0}{m}$$

2-10　若已知题 2-9 中输气管内的气体压力为 p,温度为 T,并且认为充气过程中它们维持不变。储气罐中原有气体压力为 p_0,温度为 T_0,经 τ 时间充气后罐内气体质量为 m 时,压力变为 p',温度变为 T'。设气体为理想气体,其焓和内能可用 $h=c_p T$ 和 $u=c_V T$ 表示。试证:

$$T'=\frac{kT_0 p'T}{T_0 p'-p_0 T_0+kTp_0}$$

式中 k 为比热比，即 $k=\dfrac{c_p}{c_V}$，请对此结果进行分析，说明 T' 与哪些因素有关？若储气罐内原为真空，此时 T' 又如何？

解：对于理想气体
$$m=\frac{p'V_0}{RT'}, \quad m_0=\frac{p_0V_0}{RT_0}$$

代入题 2-9 结论
$$mu'-m_0u_0=(m-m_0)h$$

$$\frac{p'V_0}{RT'}c_VT'-\frac{p_0V_0}{RT_0}c_VT_0=\frac{V_0}{R}\left(\frac{p'}{T'}-\frac{p_0}{T_0}\right)c_pT$$

$$p'c_V-p_0c_V=\left(\frac{p'}{T'}-\frac{p_0}{T_0}\right)c_pT$$

$$p'-p_0=kT\left(\frac{p'T_0-p_0T'}{T_0T'}\right)$$

得
$$T'=\frac{kT_0p'T}{T_0p'-T_0p_0+kTp_0}$$

由上式可见 T' 与 T、T_0、p'/p_0 及 k 相关。

若原为真空，即 $p_0 \to 0$，则 $T'=kT$。

注意：$T'=kT>T$，即温度升高了，为什么呢？建议认真思考。

2-11 若题 2-10 中储气罐改为一气球，充气前气球内气体压力 p_0，温度 T_0 与大气相平衡，质量仍为 m_0。充气后气球内质量变为 m 后关闭阀门，并等到与大气充分换热后，求这一过程中气球内气体与大气交换的热量 Q。忽略气球的弹力，设管道阀门仍绝热。

解：以气球为对象，则为一开口系
$$\delta Q=\mathrm{d}E_{c,v}+\left(\frac{1}{2}c^2+gz+h\right)_{\text{out}}\delta m_{\text{out}}-\left(\frac{1}{2}c^2+gz+h\right)_{\text{in}}\delta m_{\text{in}}+\delta W_{\text{net}}$$

依题意，$\delta m_{\text{out}}=0$，忽略宏观动位能的影响，且又因与大气充分换热，故 $T'=T_0$，$u'=u_0$，则
$$\int_0^Q\delta Q=\int_{m_0u_0}^{mu'}\mathrm{d}E_{c,v}-h\int_0^{m-m_0}\delta m_{\text{in}}+\int_0^{W_{\text{net}}}\delta W_{\text{net}}$$

得
$$Q=(mu'-m_0u_0)-(m-m_0)h+W_{\text{net}}$$
$$=(mu'-m_0u_0)-(m-m_0)h+p'(V'-V_0)$$
$$=(mu'-m_0u_0)-(m-m_0)h+p'(mv'-m_0v_0)$$
$$=(m-m_0)(u_0-h)+p'(mv'-m_0v_0)$$

由于 $p'=p_0$　$T'=T_0$　得 $v'=v_0$

故
$$Q=(m-m_0)(u_0-h)+p_0(mv_0-m_0v_0)$$
$$=(m-m_0)(h_0-h)$$

2-12 $1\ \mathrm{m}^3$ 容器内的空气，压力为 p_0，温度为 T_0。高压管路(p,T)与之相通，使容器内压力达到 p 时关上阀门。设高压管路、阀门与容器均绝热，但有一冷却水管通过容器。若欲在充气过程中始终维持容器中的空气保持 T_0，求需向冷却水放出的热量 Q 的表达式。已知空气的 R，c_p 和 c_V。

解：取容器为系统，则为开口系统

$$\delta Q = \delta W_{net} + dE_{c,v} + \left(\frac{1}{2}c^2 + gz + h\right)_{out} \delta m_{out} - \left(\frac{1}{2}c^2 + gz + h\right)_{in} \delta m_{in}$$

依题意，$\delta W_{net} = 0$，$\delta m_{out} = 0$，忽略宏观动位能，

得

$$\int_0^Q \delta Q = \int_{m_0 u_0}^{mu'} dE_{c,v} - h\int_0^{m-m_0} \delta m_{in}$$

$$Q = (mu' - m_0 u_0) - (m - m_0)h$$

又

$$T' = T_0, \quad u' = u_0$$

故

$$Q = (m - m_0)(u_0 - h) = -\left(\frac{pV_0}{RT_0} - \frac{p_0 V_0}{RT_0}\right)(c_p T - c_V T_0)$$

$$= -\frac{V_0}{RT_0}(p - p_0)c_V(kT - T_0)$$

2-13　一台锅炉给水泵，将冷水压力由 $p_1 = 6$ kPa 升高至 $p_2 = 2.0$ MPa，若冷凝水（水泵进口）流量为 2×10^5 kg/h，水密度 $\rho_{H_2O} = 1\,000$ kg/m³。假定水泵效率为 0.88，问带动此水泵至少要多大功率的电机。

解：水升压需要的压缩功率

$$W_t = \dot{m}v(p_2 - p_1) = \frac{\dot{m}}{\rho}(p_2 - p_1) = \frac{2 \times 10^5}{1\,000} \times (2 - 0.006) \times 10^6$$

$$= 3.988 \times 10^5 \text{ J/h} = 110.78 \text{ kW}$$

需要的电机功率：

$$W'_t = W_t / \eta_{oi} = \frac{110.78}{0.88} = 125.88 \text{ kW}$$

2-14　一燃气轮机装置如图 2-4 所示。空气由 1 进入压气机升压后至 2，然后进入回热器，吸收从燃气轮机排出的废气中的一部分热量后，经 3 进入燃烧室。在燃烧室中与油泵送来的油混合并燃烧，产生的热量使燃气温度升高，经 4 进入燃气轮机（透平）做功。排出的废气由 5 送入回热器，最后由 6 排至大气。其中压气机、油泵、发电机均由燃气轮机带动。

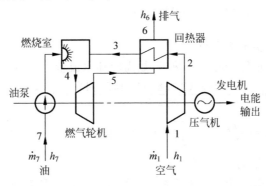

图 2-4　习题 2-14 图

（1）试建立整个系统的能量平衡式；

（2）若空气质量流量 $\dot{m}_1 = 50$ t/h，进口焓 $h_1 = 12$ kJ/kg，燃油流量 $\dot{m}_7 = 700$ kg/h，燃油进口焓 $h_7 = 42$ kJ/kg，油发热量 $q = 41\,800$ kJ/kg，排出废气焓 $h_6 = 418$ kJ/kg，求发电机发出的功率。

解：取整个燃气轮机组为对象，是开口系统，工质经稳定流动过程，忽略动能、位能变化时，

$$\dot{m}_7 q = (\dot{m}_1 + \dot{m}_7)h_6 - (\dot{m}_1 h_1 + \dot{m}_7 h_7) + P$$

则发电机发出的功率为

$$P = \dot{m}_7 q - (\dot{m}_1 + \dot{m}_7)h_6 + (\dot{m}_1 h_1 + \dot{m}_7 h_7)$$

$$= \frac{1}{3\,600}[700 \times 41\,800 - (50 \times 10^3 + 700) \times 418 + (50 \times 10^3 \times 12 + 700 \times 42)]$$

$$= 2\,416 \text{ kW}$$

2-15 某电厂一台国产 50 000 kW 汽轮发电机组，锅炉蒸汽量为 200 t/h，汽轮机进口处压力表上的读数为 10.0 MPa，温度为 540℃。汽轮机出口处真空表的读数为 715.8 mmHg。当时当地的大气压为 760 mmHg，汽轮机进、出口的蒸汽焓各为 3 483.4 kJ/kg 和 2 386.5 kJ/kg。试求：

（1）汽轮机发出的轴功率为多少千瓦？

（2）若考虑到汽轮机进口处蒸汽速度为 70 m/s，出口处速度为 140 m/s，则对汽轮机功率的计算有多大影响？

（3）如已知凝汽器出口的凝结水的焓为 146.54 kJ/kg，而 1 kg 冷却水带走 41.87 kJ 的热量，则每小时需多少吨冷却水？是蒸汽量的几倍？

解：（1）汽轮机单位质量工质轴功 $w_s = h_1 - h_2$

轴功率 $\dot{W}_s = \dot{m}_{汽}(h_1 - h_2) = \frac{220 \times 10^3}{3\,600} \times (3\,483.4 - 2\,386.5) = 67\,033$ kW

（2）$\Delta E_k = \frac{1}{2}\dot{m}_{汽}\Delta c^2 = \frac{1}{2}\frac{220 \times 10^3}{3\,600 \times 10^3} \times (140^2 - 70^2) = 449.2$ kW

$$\frac{\Delta E_k}{\dot{W}_s} = \frac{449.2}{67\,033} = 0.006\,7 = 0.67\%$$

可见动能对轴功影响很小。

（3）蒸汽凝结放热量等于冷水吸热量，故需冷却水流量

$$\dot{m}_{水} = \frac{220 \times (2\,386.5 - 146.54)}{41.87} = 11\,770 \text{ t/h}$$

$$n = \frac{\dot{m}_{水}}{\dot{m}_{汽}} = \frac{11\,770}{220} = 53.5 \text{ 倍}$$

即冷却水量是蒸汽量的 53.5 倍。

2-16 空气在某压气机中被压缩，压缩前空气的参数为 $p_1 = 0.1$ MPa，$v_1 = 0.845$ m³/kg；压缩后为 $p_2 = 0.8$ MPa，$v_2 = 0.175$ m³/kg。若在压缩过程中每千克空气的

内能增加 146.5 kJ,同时向外界放出热量 50 kJ;压气机每分钟生产压缩空气 10 kg。试求:

(1) 压缩过程中对 1 kg 空气所做的压缩功;

(2) 每生产 1 kg 压缩空气所需的轴功;

(3) 带动此压气机所需功率至少要多少千瓦?

解:(1) 已知 $q=-50$ kJ/kg,$\Delta u=146.5$ kJ/kg,根据热力学第一定律

$$q=\Delta u+w$$

得
$$w=q-\Delta u=-50-146.5=-196.5 \text{ kJ/kg}$$

即压缩过程中对 1 kg 空气所做的压缩功为 196.5 kJ。

(2) 由 $q=\Delta h+w_t$ 有

$$\begin{aligned}
w_t &= q-\Delta h=q-\Delta u-\Delta(pv) \\
&= q-\Delta u-(p_2 v_2-p_1 v_1) \\
&= -50-146.5-(0.8\times 0.175\times 10^3-0.1\times 0.845\times 10^3) \\
&= -252 \text{ kJ/kg}
\end{aligned}$$

即每生产 1 kg 压缩空气需轴功为 252 kJ。

(3) 压气机所需功率 $\quad \dot{m}\times(-w_t)=\dfrac{10}{60}\times 252=42$ kW

2-17 空气以 260 kg/(m²·s)的质量流率在一等截面管道内作稳定绝热流动,已知某一截面上的压力为 0.5 MPa,温度为 300℃,下游另一截面上的压力为 0.2 MPa。若比定压热容 $c_p=1.005$ kJ/(kg·K),且空气的焓 $h=c_p T$,试求下游截面上空气的流速是多少?

解:依题意,有

$$\Delta h=h_2-h_1=c_p(T_2-T_1)=1.005\times 10^3\times[T_2-(300+273)]$$

$$c_1=\dot{m}v_1=\dot{m}\frac{RT_1}{p_1}=260\times\frac{287\times(300+273)}{5\times 10^5}=85.5$$

$$c_2=\dot{m}v_2=\dot{m}\frac{RT_2}{p_2}=260\times\frac{287 T_2}{2\times 10^5}=0.373 T_2$$

对于绝热稳流管道,由热力学第一定律有

$$\Delta h+\frac{1}{2}\Delta c^2=0$$

即
$$1\,005\times(T_2-573)+\frac{1}{2}(0.373^2 T_2^2-85.5^2)=0$$

解得
$$T_2=555.2 \text{ K}$$
$$c_2=207.1 \text{ m/s}$$

2-18 某燃气轮机装置如图 2-5 所示。已知压气机进口处空气的焓 $h_1=290$ kJ/kg,经压缩后,空气升温使比焓增为 $h_2=580$ kJ/kg,在截面 2 处与燃料混合,以 $c_2=20$ m/s 的速度进入燃烧室,在定压下燃烧,使工质吸入热量 $q=670$ kJ/kg。燃烧后燃

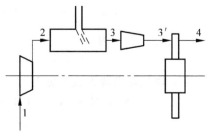

图 2-5 习题 2-18 图

气经喷管绝热膨胀到状态 $3'$，$h_{3'}=800$ kJ/kg，流速增至 $c_{3'}$，燃气再进入动叶片，推动转轮回转做功。若燃气在动叶片中热力状态不变，最后离开燃气轮机速度为 $c_4=100$ m/s。

(1) 若空气流量为 100 kg/s，则压气机消耗的功率为多少？

(2) 若燃料发热量 $q_f=43\,960$ kJ/kg，则燃料耗量为多少？

(3) 燃气在喷管出口处的流速 $c_{3'}$ 是多少？

(4) 燃气透平 ($3'4$ 过程) 的功率为多少？

(5) 燃气轮机装置的净功率为多少？

解：

(1) 压气过程绝热，$q=0$，且 $\frac{1}{2}\Delta c^2=0$，$g\Delta z=0$，则有绝热稳定流动能量方程：

$$0 = \Delta h + w_t$$

故

$$w_t = -\Delta h = h_1 - h_2 = 290 - 580 = -290 \text{ kJ/kg}$$

则压气机消耗的功率

$$N_c = \dot{m}(-w_t) = 100 \times 290 = 2.9 \times 10^4 \text{ kW}$$

(2) 燃料耗量

$$B = \frac{\dot{m}q}{q_f} = \frac{100 \times 670}{43\,960} = 1.52 \text{ kg/s}$$

(3) 以燃烧室和喷管为系统，稳流，且 $w_{net}=0$，故

$$q = (h_{3'} - h_2) + \frac{1}{2}(c_{3'}^2 - c_2^2)$$

所以，

$$
\begin{aligned}
c_{3'} &= \sqrt{2[q - (h_3' - h_2)] + c_2^2} \\
&= \sqrt{2[670 - (800 - 580)] \times 10^3 + 20^2} \\
&= 949 \text{ m/s}
\end{aligned}
$$

(4) 由题意，燃气在动叶中热力状态不变，即 $h_4=h_{3'}$，透平内为稳流过程，其能量方程

$$q = \Delta h + \frac{1}{2}(c_4^2 - c_{3'}^2) + w_{net}$$

且 $q=0$，$\Delta h=0$，所以

$$w_{net} = \frac{1}{2}(c_{3'}^2 - c_4^2) = \frac{1}{2} \times (949^2 - 100^2) = 445.3 \text{ kJ/kg}$$

透平功率为

$$N_t = \dot{m}w_{net} = 100 \times 445.3 = 4.453 \times 10^4 \text{ kW}$$

(5) 燃气轮机装置的净功率

$$N = N_t - N_c = 4.453 \times 10^4 - 2.9 \times 10^4 = 1.553 \times 10^4 \text{ kW}$$

理想气体的性质与过程

3-1　本章主要要求

　　理解理想气体模型；熟练使用理想气体状态方程；熟练掌握理想气体比热、内能、焓、熵的特点和计算；熟练掌握理想气体四个典型过程的过程方程、功及热的计算，以及在 p-v 图和 T-s 图上的表示；掌握压气机热力过程的分析方法。

3-2　本章内容精要

3-2-1　比定容热容和比定压热容

1. 比热容的定义和单位

比热容：单位物量的物质温度升高 1 K（或 1℃）所需要的热量。

质量比热容，

$$c = \frac{\delta q}{\mathrm{d} T} \quad \text{J/(kmol · K) 或 kJ/(kmol · K)} \tag{3-1}$$

摩尔热容 C_{m}，单位为 J/(kmol · K) 或 kJ/(kmol · K)

容积热容 C'，单位为 J/(m³ · K) 或 kJ/(m³ · K)

三者的关系

$$C_{\mathrm{m}} = Mc = 22.414 C' \tag{3-2}$$

2. 比定容热容和比定压热容

常用的是比定容热容（定容过程的比热容）和比定压热容（定压过程的比热容）。

比定容热容

$$c_V = \left(\frac{\partial u}{\partial T} \right)_v \tag{3-3}$$

是定容条件下内能对温度的偏导数。也可理解为单位物量的物质在定容过程中温度变化 1 K 时内能的变化量。

比定压热容

$$c_p = \left(\frac{\partial h}{\partial T} \right)_p \tag{3-4}$$

是在压力不变的条件下,焓对温度的偏导数。也可理解为单位物量的物质在定压过程中温度变化 1 K 时焓的变化量。

c_V 与 c_p 这两个量都是状态参数。但热容是过程量。

3-2-2　理想气体概念及状态方程

理想气体是一种假想的气体,其分子本身不占容积,分子之间没有相互作用力。理想气体状态方程:

$$pv = RT \quad (\text{对 1 kg 气体}) \tag{3-5}$$

$$pV_m = R_m T \quad (\text{对 1 kmol 气体}) \tag{3-5a}$$

$$pV = mRT = nR_m T \quad (\text{对 mkg 或 nkmol 气体}) \tag{3-5b}$$

$V_m^\circ = 22.414 \text{ m}^3/\text{kmol}$,是理想气体的摩尔容积;$R_m = 8\,314 \text{ J/(kmol·K)}$,是**通用气体常数**;$R = R_m/M$,是**气体常数**。

使用理想气体状态方程时的注意事项:

(1) 必须采用绝对压力;

(2) 必须使用绝对温度;

(3) p,V,V_m,T,M 等的单位必须与 R_m 或 R 的单位协调一致。

实际气体分子本身具有体积,分子之间存在相互作用力。一般而言,温度不太低、压力不太高时(例如常温下压力不超过 7 MPa),氧、氮、氢、一氧化碳、空气等单原子或双原子气体可作为理想气体处理。因此常用工质,例如空气、燃气一般视为理想气体。

3-2-3　理想气体比热容、内能、焓及熵的计算

1. 理想气体内能和焓的特性

理想气体的内能和焓分别仅是温度的单值函数,且

$$du = c_V dT \tag{3-6}$$

$$dh = c_p dT \tag{3-7}$$

上述公式适用于理想气体的一切过程。

2. 理想气体比热容的特性与计算

迈耶方程

$$c_p - c_V = R \tag{3-8}$$

$$c_{p,m} - c_{V,m} = R_m \tag{3-9}$$

比热比,

$$k = \frac{c_p}{c_V} = \frac{c_{p,m}}{c_{V,m}} \tag{3-10}$$

$$c_p = \frac{k}{k-1}R \tag{3-11}$$

$$c_V = \frac{k}{k-1}R \tag{3-12}$$

理想气体比热容的计算

(1) 理想气体比定容热容及比定压热容分别是温度的单值函数。

(2) 工程上,常用平均比热容

$$c_p \Big|_{t_1}^{t_2} = \frac{c_p \Big|_0^{t_2} \cdot t_2 - c_p \Big|_0^{t_1} \cdot t_1}{t_2 - t_1} \tag{3-13}$$

$$c_V \Big|_{t_1}^{t_2} = \frac{c_V \Big|_0^{t_2} \cdot t_2 - c_V \Big|_0^{t_1} \cdot t_1}{t_2 - t_1} \tag{3-14}$$

其中,公式右侧常用气体 0℃~t 之间平均比热容值可从附表 3-附表 6 中查得。

(3) 近似地看作定值(一般,无特别说明时取定值):

$$c_{V,\mathrm{m}} = \frac{\mathrm{d}U_\mathrm{m}}{\mathrm{d}T} = \frac{i}{2}R_\mathrm{m}$$

$$c_{p,\mathrm{m}} = \frac{\mathrm{d}H_\mathrm{m}}{\mathrm{d}T} = \frac{\mathrm{d}U_\mathrm{m}}{\mathrm{d}T} + R_\mathrm{m} = \frac{i+2}{2}R_\mathrm{m}$$

理想气体摩尔热容和比热比列于表 3-1。

表 3-1 理想气体摩尔热容和比热比

	单原子气体	双原子气体	多原子气体
$C_{V,\mathrm{m}}$	$\frac{3}{2}R_\mathrm{m}$	$\frac{5}{2}R_\mathrm{m}$	$\frac{7}{2}R_\mathrm{m}$
$C_{p,\mathrm{m}}$	$\frac{5}{2}R_\mathrm{m}$	$\frac{7}{2}R_\mathrm{m}$	$\frac{9}{2}R_\mathrm{m}$
k	1.67	1.4	1.29

3. 理想气体内能和焓的计算

可根据要求选择相应的方法计算。

(1) 按定比热容求算;

$$\Delta u = c_V(T_2 - T_1), \quad \Delta h = c_p(T_2 - T_1)$$

(2) 按真实比热容求算;

$$\Delta u = \int_{T_1}^{T_2} c_V \mathrm{d}T, \quad \Delta h = \int_{T_1}^{T_2} c_p \mathrm{d}T$$

(3) 按平均比热容求算

$$\Delta h_{12} = \Delta h_{02} - \Delta h_{01} = c_p \Big|_0^{t_2} \cdot t_2 - c_p \Big|_0^{t_1} \cdot t_1 \tag{3-15}$$

$$\Delta u_{12} = \Delta u_{02} - \Delta u_{01} = c_V \Big|_0^{t_2} \cdot t_2 - c_V \Big|_0^{t_1} \cdot t_1 \tag{3-16}$$

(4) 按气体热力性质表(附表2)中所列的 u 和 h 计算。

4. 理想气体熵的计算

根据所给的参数不同,可选择以下不同公式。

$$ds = c_V \frac{dT}{T} + R \frac{dv}{v} \tag{3-17}$$

$$s_2 - s_1 = c_V \ln \frac{T_2}{T_2} + R \ln \frac{v_2}{v_1} \quad \text{(定比热容)} \tag{3-17a}$$

$$ds = c_p \frac{dT}{T} - R \frac{dp}{p} \tag{3-18}$$

$$s_2 - s_1 = c_p \ln \frac{T_2}{T_1} - R \ln \frac{p_2}{p_1} \quad \text{(定比热容)} \tag{3-18a}$$

$$ds = c_V \frac{dp}{p} + c_p \frac{dv}{v} \tag{3-19}$$

$$s_2 - s_1 = c_V \ln \frac{p_2}{p_1} + c_p \ln \frac{v_2}{v_1} \quad \text{(定比热容)} \tag{3-19a}$$

3-2-4 理想气体绝热过程的分析

1. 热力过程分析的一般内容和步骤

(1) 确定过程中状态参数的变化规律,即过程方程

$$p = f(v), \quad T = f(p), \quad T = f(v)$$

(2) 根据已知参数以及过程方程,确定未知参数;

(3) 在 $p\text{-}v$ 图和 $T\text{-}s$ 图上表示过程中状态参数的变化,以便进行定性分析;

(4) 根据理想气体特点,确定过程中的 $\Delta u = c_V \Delta T$ 和 $\Delta h = c_p \Delta T$;

(5) 根据准静态和可逆过程的特征,计算容积变化功和技术功;

(6) 运用热力学第一定律的能量方程或比热容计算过程中的热量。

2. 定比热理想气体可逆绝热过程的过程方程

$$pv^k = 定值 \tag{3-20}$$

$$\left(\frac{p_2}{p_1}\right) = \left(\frac{v_1}{v_2}\right)^k \tag{3-20a}$$

$$\frac{T_2}{T_1} = \left(\frac{v_1}{v_2}\right)^{k-1} \tag{3-21}$$

$$\frac{T_2}{T_1} = \left(\frac{p_2}{p_1}\right)^{\frac{k-1}{k}} \tag{3-21a}$$

其中比热容比 k,此时又称为**绝热指数**。

可见,当气体绝热膨胀($v_2 > v_1$)时,p 与 T 均降低;当气体被绝热压缩($v_2 < v_1$)时,p 与 T 均增高,即绝热过程中压力与温度的变化趋势是一致的。

3. 绝热过程中的能量转换

（1）内能和焓的变化

$$\mathrm{d}h = c_p \mathrm{d}T, \quad \mathrm{d}u = c_V \mathrm{d}T$$

（2）热量

$$q = 0$$

（3）膨胀功

$$w = -\Delta u = u_1 - u_2$$

对于定比热容理想气体的绝热过程：

$$w = c_V(T_1 - T_2) = \frac{R}{k-1}(T_1 - T_2) = \frac{1}{k-1}(p_1 v_1 - p_2 v_2) \tag{3-22}$$

对于定比热容理想气体的可逆绝热过程：

$$w = \frac{k}{k-1}RT_1 \left[1 - \left(\frac{p_2}{p_1} \right)^{\frac{k-1}{k}} \right] \tag{3-22a}$$

（4）技术功，由于 $q=0$，故

$$w_t = -\Delta h = h_1 - h_2$$

对于定比热容理想气体的绝热过程：

$$w_t = c_p(T_1 - T_2) = \frac{k}{k-1}R(T_1 - T_2) = \frac{k}{k-1}(p_1 v_1 - p_2 v_2) \tag{3-23}$$

对于定比热容理想气体的可逆绝热过程：

$$w_t = \frac{k}{k-1}RT_1 \left[1 - \left(\frac{p_2}{p_1} \right)^{\frac{k-1}{k}} \right] \tag{3-23a}$$

技术功与膨胀功的关系

$$w_t = k \cdot w \tag{3-24}$$

3-2-5　理想气体典型热力过程的综合分析

1. 多变过程

满足 $pv^n = $ 定值　的过程为多变过程。

四种典型过程是多变过程的四个特例：

$n=0, p=$ 定值，为定压过程；

$n=1, pv=$ 定值，为定温过程；

$n=k, pv^k=$ 定值，为绝热过程；

$n=\pm\infty, v=$ 定值，为定容过程。

2. 多变过程的分析

（1）状态参数的变化规律

$$pv^n = \text{定值}, \quad \left(\frac{p_2}{p_1} \right) = \left(\frac{v_1}{v_2} \right)^n \tag{3-25}$$

$$Tv^{n-1} = 定值, \quad \frac{T_2}{T_1} = \left(\frac{v_1}{v_2}\right)^{n-1} \tag{3-26}$$

$$\frac{T}{p^{\frac{n-1}{n}}} = 定值, \quad \frac{T_2}{T_1} = \left(\frac{p_2}{p_1}\right)^{\frac{n-1}{n}} \tag{3-27}$$

$\Delta u, \Delta h$ 和 Δs,可按理想气体的有关公式计算。

(2) 过程中的能量转换

(a) 膨胀功

$$w = \int_1^2 p\mathrm{d}v$$

当 $n \neq 1$ 时,

$$w = \frac{1}{n-1}(p_1 v_1 - p_2 v_2) = \frac{1}{n-1}R(T_1 - T_2) \tag{3-28}$$

当 $0 \neq n \neq 1$ 时,

$$w = \frac{1}{n-1}RT_1 \left[1 - \left(\frac{p_2}{p_1}\right)^{\frac{n-1}{n}}\right] \tag{3-28a}$$

当 $n = 1$ 时,

$$w = RT\ln\frac{v_2}{v_1} = RT\ln\frac{p_1}{p_2} \tag{3-28b}$$

(b) 技术功

$$w_t = -\int v\mathrm{d}p$$

当 $n \neq \infty$ 时,

$$w_t = n\int p\mathrm{d}v = n \cdot w \tag{3-29}$$

当 $n = \infty$ 时,

$$w_t = -v \cdot \Delta p \tag{3-29a}$$

(c) 热量

当 $n = 1$ 时,

$$q = w \tag{3-30}$$

当 $n \neq 1$ 时,取定比热容则

$$q = \frac{n-k}{n-1}c_V(T_1 - T_2) = c_n(T_1 - T_2) \tag{3-30a}$$

式中,$c_n = \frac{n-k}{n-1}c_V$,称为**多变比热容**,显然,

$$n = 0, \ c_n = c_p$$
$$n = 1, \ c_n = \infty$$

$$n = k, \quad c_n = 0$$
$$n = \infty, \quad c_n = c_V$$

为便于参考,将四种典型热力过程和多变过程公式汇总在表 3-2 中。

表 3-2 气体的四种典型热力过程

过程	过程方程式	初、终状态参数间的关系	功量交换/(J/kg)		热量交换[2] q/(J/kg)
			w	w_t [1]	
定容	$v=$定值	$v_2 = v_1$；$\dfrac{T_2}{T_1} = \dfrac{p_2}{p_1}$	0	$v(p_1 - p_2)$	$c_V(T_2 - T_1)$
定压	$p=$定值	$p_2 = p_1$；$\dfrac{T_2}{T_1} = \dfrac{v_2}{v_1}$	$p(v_2 - v_1)$ 或 $R(T_2 - T_1)$	0	$c_p(T_2 - T_1)$
定温	$pv=$定值	$T_2 = T_1$；$\dfrac{p_2}{p_1} = \dfrac{v_1}{v_2}$	$p_1 v_1 \ln \dfrac{v_2}{v_1}$	w	w
绝热	$pv^k=$定值	$\dfrac{p_2}{p_1} = \left(\dfrac{v_1}{v_2}\right)^k$ $\dfrac{T_2}{T_1} = \left(\dfrac{v_1}{v_2}\right)^{k-1}$ $\dfrac{T_2}{T_1} = \left(\dfrac{p_2}{p_1}\right)^{\frac{k-1}{k}}$	$\dfrac{p_1 v_1 - p_2 v_2}{k-1}$ 或 $\dfrac{R}{k-1}(T_1 - T_2)$	kw	0
多变	$pv^n=$定值	$\dfrac{p_2}{p_1} = \left(\dfrac{v_1}{v_2}\right)^n$ $\dfrac{T_2}{T_1} = \left(\dfrac{v_1}{v_2}\right)^{n-1}$ $\dfrac{T_2}{T_1} = \left(\dfrac{p_2}{p_1}\right)^{\frac{n-1}{n}}$	$\dfrac{p_1 v_1 - p_2 v_2}{n-1}$ 或 $\dfrac{R}{n-1}(T_1 - T_2)$	nw [3]	$c_n(T_2 - T_1)$ $= \left(c_V - \dfrac{R}{n-1}\right)$ $\times (T_2 - T_1)$

① 忽略流动工质的动能变化时的计算式。
② 如果需要精确地考虑比热容不是常量,可以用平均比热容代替表内 c_V 或 c_p。
③ $n = \infty$ 时除外。

3. 四种典型过程在 *p-v* 图与 *T-s* 图上的相对关系

在 *p-v* 图与 *T-s* 图上,从同一个初态出发的四种典型热力过程的过程线的相对位置如图 3-1 所示。

$n = 0$,为定压线;

$n = 1$,为定温线;

$n = k$,为定熵线;

$n \to \pm\infty$,为定容线。

过程中膨胀功 w(以过起点的定容线为分界)、技术功 w_t(以过起点的定压线为分界)、热量 q(以过起点的定熵线为分界)、Δu 及 Δh(以过起点的定温线为分界)的正负区域也示于图中。

$u\uparrow, h\uparrow(T\uparrow)$ $w>0(v\uparrow)$ $w_t>0(p\downarrow)$ $q>0(s\uparrow)$

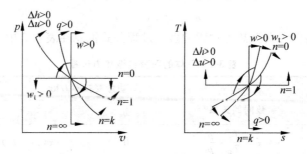

图 3-1   四种典型过程的过程线在 $p\text{-}v$ 图和 $T\text{-}s$ 图上的表示

3-2-6   活塞式压气机压气过程的分析

1. 压气机理论压气功

压气机在可逆过程中压送气体所消耗的技术功称为理论压气功 w_t。

可能的三种压气过程：

（1）过程进行得很快，与外界来不及交换热量或交换热量甚微，可视为绝热压缩过程，$n=k$；

（2）过程进行得十分缓慢，并且散热条件良好，气体温度始终不变，可视为定温压缩过程，$n=1$；

（3）一般压缩过程，气体既向外散热，气体温度又升高，$1<n<k$。

图 3-2 为上述绝热、定温和多变三种压缩过程在 $p\text{-}v$ 和 $T\text{-}s$ 图上的表示，由图可见，

$$|w_{t,s}|>|w_{t,n}|>|w_{t,T}|$$

$$T_{2s}>T_{2n}>T_{2T}$$

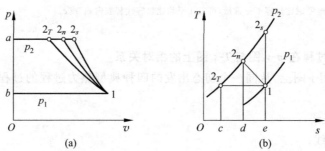

图 3-2   可能的三种压缩过程在 $p\text{-}v$ 和 $T\text{-}s$ 图上的表示

2. 分级压缩、中间冷却与最佳增压

分级压缩、中间冷却是节省压气功的一种有效措施。图 3-3 为两级压缩（1-2 压缩和 3-4 压缩）、中间冷却（2-3）过程的 $p\text{-}v$ 和 $T\text{-}s$ 图。

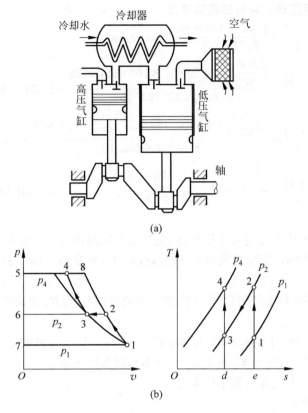

图 3-3　两级压缩、中间冷却过程的 $p\text{-}v$ 和 $T\text{-}s$ 图

分级压缩的压气机耗功等于各级耗功的总和。对于两级压缩,使总耗功量最小的增压比(**最佳增压比**)为

$$p_2 : p_1 = p_4 : p_3 = \sqrt{\dfrac{p_4}{p_1}}$$

3. 活塞式压气机的余隙影响

为避免活塞式压气机的活塞与气缸盖的撞击以及便于安排进、排气阀等,当活塞处于上死点时,活塞顶面与缸盖之间必须留有一定的空隙。

有余隙容积时,虽然单位质量气体理论压气功不变,但进气量减小,气缸容积不能充分利用,而且这一有害的余隙影响还随增压比的增大而增加。所以应该尽量减小余隙容积。

3-3　思考题及解答

3-1　容积为 **1 m³** 的容器中充满 N_2,其温度为 **20℃**,表压力为 **1 000 mmHg**,当时当地大气压为 **760 mmHg**。为了确定其质量,不同的人分别采用了下列几种计算式并得出了结果,请判断它们是否正确? 若有错误请改正。

(1) $m=\dfrac{p \cdot V \cdot M}{R_{\mathrm{m}} \cdot T}=\dfrac{1\,000 \times 1.0 \times 28}{8.314\,3 \times 20}=168.4 \text{ kg}$

(2) $m=\dfrac{p \cdot V \cdot M}{R_{\mathrm{m}} \cdot T}=\dfrac{\dfrac{1\,000}{735.6} \times 0.980\,665 \times 10^5 \times 1.0 \times 28}{8.314\,3 \times 293.15}=1\,531.5 \text{ kg}$

(3) $m=\dfrac{p \cdot V \cdot M}{R_{\mathrm{m}} \cdot T}=\dfrac{\left(\dfrac{1\,000}{735.6}+1\right) \times 0.980\,665 \times 10^5 \times 1.0 \times 28}{8.314\,3 \times 293.15}=2\,658 \text{ kg}$

(4) $m=\dfrac{p \cdot V \cdot M}{R_{\mathrm{m}} \cdot T}=\dfrac{\left(\dfrac{1\,000}{760}+1\right) \times 1.013 \times 15^5 \times 1.0 \times 28}{8.314\,3 \times 293.15}=2\,695 \text{ kg}$

答:

(1) 错误。①不应直接用表压计算,应先转化为绝对压力;②压力应转换为以 Pa 为单位,1 mmHg=133.3 Pa;③R_{m} 应该用 8314 J/kmol·K,因为 Pa·m³=J;④温度的单位应该用 K。

(2) 错误。①不应直接用表压计算,应先转化为绝对压力;②R_{m} 应该用 8314 J/(kmol·K),因为 Pa·m³=J。

(3) 错误。①1 at=1 kgf/cm²=9.806\,65×10⁴Pa≠1 atm,因此这里计算绝对压力时,取错大气压力;②R_{m} 应该用 8314 J/(kmol·K),因为 Pa·m³=J。

(4) 错误。压力与气体常数单位未统一。

正确结果:2.695。

3-2 理想气体的 c_p 与 c_V 之差及 c_p 与 c_V 之比值是否在任何温度下都等于一个常数?

答:根据比定压热容和比定容热容的定义,以及理想气体状态方程可以推导出,$c_p-c_V=R$,即两者之差为常数。

同时,定义 $k=\dfrac{c_p}{c_V}$

对于理想气体,当不考虑分子内部的振动时,内能与温度呈线性关系,从而根据定压和比定容热容的定义,推导出定压和比定容热容均为定值。但这通常只适用于温度不太高,温度范围较窄,计算精度要求不高,或者为了分析问题方便的情况下。实际上 c_p 和 c_V 分别是温度的单值函数,两者之比在较宽的温度范围内是随温度变化的,不是一个常数。

3-3 知道两个独立参数可确定气体的状态。例如已知压力和比容就可确定内能和焓。但理想气体的内能和焓只决定于温度,与压力,比容无关,前后有否矛盾,如何理解?

答:不矛盾。理想气体内能和焓只决定于温度,这是由于理想气体本身特性决定的。因为理想气体的分子之间没有相互作用力,也就不存在分子之间的内位能。所以理想气体的内能只包含分子的内动能,即只与温度有关。实际上,已知压力和比容,利用理想气体状态方程便可确定温度,从而确定其内能。而对于焓,由于 $h=u+pv=u+RT$,当然也只与温度相关。

3-4　热力学第一定律的数学表达式可写成

$$q = \Delta u + w \tag{1}$$

或

$$q = c_V \Delta T + \int_1^2 p \mathrm{d}v \tag{2}$$

两者有何不同?

答:式(1)为闭口系统热力学第一定律方程的通式;式(2)适用于比定热容理想气体只做容积变化功,且经历准静态过程。

3-5　如果比热容 c 是温度 t 的单调递增函数,当 $t_2 > t_1$ 时,平均比热容 $c|_0^{t_1}$、$c|_0^{t_2}$、$c|_{t_1}^{t_2}$ 中哪一个最大? 哪一个最小?

答:由于比热容 c 是温度 t 的单调递增函数,且由平均比热容的定义:

$$c \mid_{t_1}^{t_2} = \frac{\int_{t_1}^{t_2} c \mathrm{d}t}{t_2 - t_1}$$

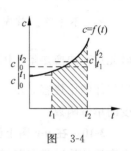

图 3-4

由图 3-4 可以清楚地看出,$c|_0^{t_1}$ 最小,$c|_{t_1}^{t_2}$ 最大。

3-6　如果某种工质的状态方程遵循 $pv = RT$,这种物质的比热容一定是常数吗? 这种物质的比热容仅仅是温度的函数吗?

答:工质状态方程遵循 $pv = RT$,则该物质为理想气体。理想气体的比定压热容和比定容热容都只是温度的单质函数,且为状态量。而题中所述比热容并没指明是否为定容或比定压热容,故,无法判断该比热容的特点。

3-7　理想气体的内能和焓为零的起点是以它的压力值、还是以它的温度值、还是压力和温度一起来规定的?

答:由于理想气体的内能和焓都仅为温度的单值函数,与压力无关,因此理想气体的内能和焓为零的起点是以它的温度值(热力学温度值)来规定的。

3-8　若已知空气的平均摩尔定压热容公式为 $C_{p,m}|_0^t = 6.949 + 0.000\,576t$,现要确定 $80 \sim 220\,℃$ 之间的平均摩尔定压热容,有人认为 $C_{p,m}|_{80}^{220} = 6.949 + 0.000\,576 \times (220 + 80)$,但有人认为 $C_{p,m}|_{80}^{220} = 6.949 + 0.000\,576 \times \left(\dfrac{220 + 80}{2}\right)$,你认为哪个正确?

答:第一个是正确的。由平均摩尔定压热容的定义:

$$C_p \mid_{t_1}^{t_2} = \frac{\int_{t_1}^{t_2} C_p \mathrm{d}t}{t_2 - t_1}$$

当 $C_{p,m}|_0^t = a + bt$,则

$$C_{p,m} \mid_{t_1}^{t_2} = \frac{C_{p,m} \mid_0^{t_2} \times t_2 - C_{p,m} \mid_0^{t_1} \times t_1}{t_2 - t_1} = \frac{(a + bt_2) \cdot t_2 - (a + bt_1) \cdot t_1}{t_2 - t_1}$$

$$= a + b(t_2 + t_1)$$

故,第一个计算式正确。

由上可见,在平均摩尔定压热容的表达式与温度成线性关系时,可以得到较简便的任意温度间的平均比容热计算式。

3-9 有人从熵和热量的定义式 $ds=\dfrac{\delta q_{rev}}{T}$,$\delta q_{rev}=cdT$,以及理想气体比热容 c 是温度的单值函数等条件出发,导得 $ds=\dfrac{cdT}{T}=f(T)$,于是他认为理想气体的熵应是温度的单值函数。判断是否正确?为什么?

答:不正确。首先 $\delta q_{rev}=cdT$ 是错误的。由 $c=\dfrac{\delta q}{dT}$,可得 $cdT=\delta q$,但这里的 δq 是任意微元过程的换热量。因此将此式代入仅适用于可逆过程的 $ds=\dfrac{\delta q_{rev}}{T}$ 是不正确的。其次,理想气体的比热容 c 并非一定是温度的单值函数,只有理想气体的定容和比定压热容才是温度的单值函数。

3-10 在 u-v 图上画出定比热容理想气体的可逆定容加热过程,可逆定压加热过程,可逆定温加热过程和可逆绝热膨胀过程。

答:(1)可逆定容加热过程

由热力学第一定律:$q=\Delta u+w$

因定容,$dv=0$,故上式为 $q=\Delta u$。

因加热,即 $q>0$,所以 $\Delta u>0$。该过程在 u-v 图上如图 3-5 所示的 ⓥ 加热过程。

(2)可逆定压加热过程

过程线斜率

$$\left(\frac{du}{dv}\right)_p=c_V\left(\frac{dT}{dv}\right)_p$$

由 $pv=RT$

可得:$\left(\dfrac{du}{dv}\right)_p=c_V\left(\dfrac{dT}{dv}\right)_p=c_V\dfrac{p}{R}$,斜率为正的过程线。

由热力学第一定律

$$q=\Delta h+w_t$$

定压过程,故技术功为零,$w_t=0$。加热 $q>0$,故 $\Delta h>0\Rightarrow\Delta T>0\Rightarrow\Delta u>0$

故其为一条斜率为 $c_V\dfrac{p}{R}$ 的直线,其方向沿 u 增大方向,在 u-v 图上如图 3-5 所示的 ⓟ 加热过程。

(3)可逆定温加热过程

热力学第一定律:

$$q=\Delta u+w$$

定温过程,故 $\Delta u=0$,故 u-v 图中为一水平直线。

加热,则 $q>0$,所以 $w>0$,即膨胀做功,故 $\Delta v>0$,故直线方向指向 v 增大的方向,在 u-v 图上如图 3-5 所示的 ⓣ 加热过程。

(4)可逆绝热膨胀过程

$$0 = \mathrm{d}u + p\mathrm{d}v$$

$$\mathrm{d}u = -p\mathrm{d}v$$

所以,过程线斜率

$$\left(\frac{\mathrm{d}u}{\mathrm{d}v}\right)_s = -p$$

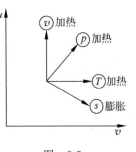

图 3-5

可逆绝热膨胀,v 增大,则 p 减小,故在 u-v 图上为一条随着 v 的增大其斜率绝对值逐渐减小的曲线,如图 3-5 所示的 ⓢ 膨胀过程。

3-11 试求在定压过程中加给空气的热量有多少是用来做功的?有多少是用来改变内能的?

答:空气为理想气体,定压过程中加给空气的热量用于做功和改变内能的分别为

$$w = \int_1^2 p\mathrm{d}v = p(v_2 - v_1) = R(T_2 - T_1)$$

$$\Delta u = c_V \Delta T = c_V(T_2 - T_1)$$

而加给空气的总热量为

$$q\Delta u + w = c_V(T_2 - T_1) + R(T_2 - T_1) = c_p(T_2 - T_1) = \Delta h$$

3-12 将满足下列要求的多变过程表示在 **p-v** 图和 **T-s** 图上(工质为空气):

(1)工质又升压、又升温,又放热;

(2)工质又膨胀、又降温,又放热;

(3)$n=1.6$ 的膨胀过程,判断 $q,w,\Delta u$ 的正负;

(4)$n=1.3$ 的压缩过程,判断 $q,w,\Delta u$ 的正负。

答:(1)如图 3-6 所示。

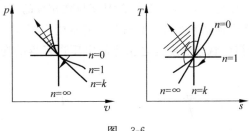

图 3-6

(2)如图 3-7 所示。

(3)如图 3-8 所示。由图可见,$q<0,w>0,\Delta u<0$。

(4)过程如(3)图 3-8 中线 1—4 所示。由图可见,$q<0,w<0,\Delta u>0$。

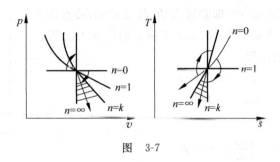

图　3-7

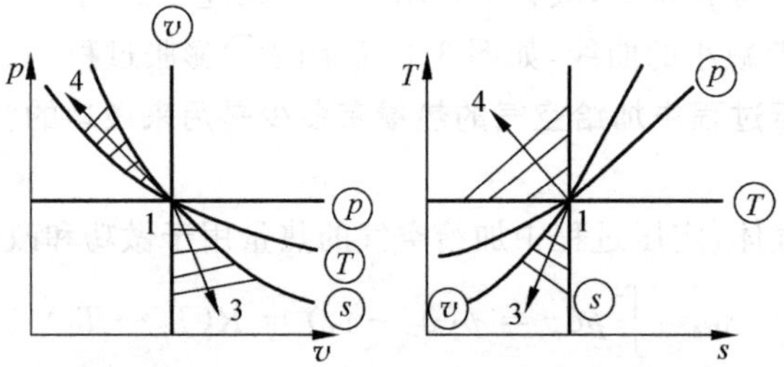

图　3-8

3-13 对于定温压缩的压气机,是否需要采用多级压缩?为什么?

答:对于定温压缩的压气机,不需要采用多级压缩。因为采用多级压缩,就是为了改善绝热或多变压缩过程,使其尽量趋紧与定温压缩,一方面减少功耗;另一方面降低压缩终了气体的温度。而对于定温压缩来说,压气机的耗功最省,压缩终了的气体温度最低。

3-14 在 **T-s** 图上,如何将理想气体任意两状态间的内能变化和焓的变化表示出来?

答:由热力学第一定律:$q = \Delta u + w$

对于理想气体准静态过程:$q = \Delta u + \int p \mathrm{d}v$

任意两状态间内能的变化 Δu_{21} 等于初终态温度与之相等的定容过程内能的变化 $\Delta u_{2'1}$,而后者即为该过程与外界交换的热量 q。如图 3-9 所示阴影部分。

同理,焓的变化等于初终状态温度与之相等的定压过程焓的变化,如图 3-10 所示阴影部分。

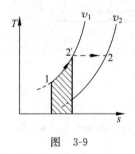

图　3-9

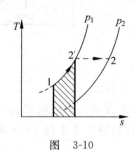

图　3-10

3-15 有人认为理想气体组成的闭口系统吸热后,温度必定增加,你的看法如何? 在这种情况下,你认为哪一种状态参数必定增加?

答:温度未必一定增加。因为根据闭口系统能量方程,$Q=\Delta U+W$,系统吸热,系统可以对外做功,而保持内能不变。对于理想气体,内能仅为温度的单值函数,因此温度不变。当系统做功量大于系统吸热量,则内能减小,温度降低。

在系统吸热的情况下,系统的熵必定增加。因为有热量传入系统,就意味着熵流大于零,即使对于可逆过程(熵产为零),系统的熵也会增大。

3-4 习题详解及简要提示

3-1 容量为 0.027 m³ 的刚性储气筒,装有 7×10^5 Pa,20℃的空气,筒上装有一排气阀,压力达到 8.75×10^5 Pa 时就开启,压力降为 8.4×10^5 Pa 时才关闭。若由于外界加热的原因造成阀门的开启。

(1) 当阀门开启时,筒内温度为多少?

(2) 因加热而失掉多少空气? 设筒内空气温度在排气过程中保持不变。

解:

(1) 因为是刚性容器,所以加热过程比容不变,故

$$T_2 = T_1\frac{p_2}{p_1} = (273+20)\times\frac{8.75\times10^5}{7\times10^5} = 366.3 \text{ K}$$

(2) 等温排气过程失掉的气体

$$\Delta m = m_2 - m_3 = \frac{V}{RT_2}(p_2 - p_3)$$

$$= \frac{0.027}{287\times366.3}\times(8.75\times10^5 - 8.4\times10^5) = 0.008\ 99 \text{ kg}$$

3-2 压气机在大气压力为 1×10^5 Pa,温度为 20℃时,每分钟吸入空气为 3 m³。如经此压气机压缩后的空气送入容积为 8 m³ 的储气筒,问需多长时间才能使筒内压力升高到 $7.845\ 6\times10^5$ Pa? 设筒内空气的初温、初压与压气机的吸气状态相同,筒内空气温度在空气压入前后无变化。

解: 依题意,$p_1=1\times10^5$ Pa,$p_2=7.845\ 6\times10^5$ Pa,$T_1-T_2=T=293$ K,$V=8$ m³

压气前储气筒的气量: $$m_1 = \frac{p_1 V}{RT_1}$$

压气后储气筒的气量: $$m_2 = \frac{p_2 V}{RT_2}$$

压入气量: $$\Delta m = m_2 - m_1 = \frac{V}{RT}(p_2 - p_1)$$

压气机每分钟吸入气量: $$\dot{m} = \frac{p_1\dot{V}}{RT}$$

所需时间：
$$\tau = \frac{\Delta m}{\dot{m}} = \frac{(p_2 - p_1)V}{p_1 \dot{V}} = \frac{V}{\dot{V}} \cdot \frac{p_2 - p_1}{P_1}$$

$$= \frac{8}{3} \times \frac{7.845\ 6 - 1}{1} = 18.25\ \text{min}$$

3-3 一绝热刚体气缸，被一导热的无摩擦的活塞分成两部分。最初活塞被固定在某一位置，气缸的一侧储有 0.4 MPa，30℃ 的理想气体 0.5 kg，而另一侧储有 0.12 MPa，30℃ 的同样气体 0.5 kg。然后放松活塞任其自由移动，最后两侧达到平衡。设比热容为定值，试求：

(1) 平衡时的温度；

(2) 平衡时的压力。

解：(1) 以气体为系统，绝热刚性，故有 $Q = 0, W = 0$，所以 $\Delta U_{A+B} = 0$

即 $\qquad m_A c_V (T_{A2} - T_{A1}) + m_B c_V (T_{B2} - T_{B1}) = 0$

因为 $\qquad T_{1A} = T_{1B} = T_1 = 273 + 30 = 303\ \text{K}$，且 $m_A = m_B = m$

所以 $\qquad T_{A2} - T_1 + T_{B2} - T_1 = 0$，即 $T_{A2} + T_{B2} = 2T_1$

又导热，故 $\qquad T_{A2} = T_{B2}$

所以 $\qquad T_{A2} = T_{B2} = T_{A1} = T_{B1} = 303\ \text{K}$

(2) 对于 A、B 腔气体

初态 $\qquad p_{A1} V_{A1} = p_{B1} V_{B1} = mRT$

所以 $\qquad V_{A1} = V_{B1} \dfrac{p_{B1}}{p_{A1}}$

终态 $\qquad p_{A2} = p_{B2} = p_2$

则 $\qquad p_2 V_{A2} \quad p_2 V_{B2}$

所以 $\qquad V_{A2} = V_{B2} = \dfrac{1}{2}(V_{A1} + V_{B1}) = \dfrac{1}{2}\left(\dfrac{p_{B1}}{p_{A1}} V_{B1} + V_{B1}\right) = \dfrac{V_{B1}}{2}\left(1 + \dfrac{p_{B1}}{p_{A1}}\right)$

对于 A 腔气体，$T_{A2} = T_{A1}$，质量未变，

$$p_2 V_{A2} = p_{A1} V_{A1}$$

所以 $\qquad p_2 = p_{A1} \dfrac{V_{A1}}{V_{A2}} = p_{A1} \dfrac{V_{B1} \dfrac{p_{B1}}{p_{A1}}}{\dfrac{V_{B1}}{2}\left(1 + \dfrac{p_{B1}}{p_{A1}}\right)}$

$$= p_{A1} \frac{2}{1 + p_{A1}/p_{B1}} = 0.4 \frac{2}{1 + 0.4/0.12}$$

$$= 0.185\ \text{MPa}$$

3-4 发电机发出的电功率为 6 000 kW，发电机效率为 95%。试求为了维持发电机正常运行所必需的冷却空气流量。假定空气温度为 20℃，空气终温不得超过 55℃，并设空气平均比定压热容可取为 $c_p = 1$ kJ/(kg·K)(设发电机损失全部变为热量，由冷却空气带走)。

解：电机发电时的发热速率 $\dot{Q} = \dfrac{W}{\eta}(1-\eta)$

该热量由空气带出，则需空气流量

$$\dot{m} = \frac{\dot{Q}}{c_p(t_2-t_1)} = \frac{\dfrac{6\,000}{95\%}(1-95\%)}{1 \times (55-20)} = 9.0 \text{ kg/s} = 32\,400 \text{ kg/h}$$

3-5　被封闭在气缸中的空气在定容下被加热，温度由 360℃升高到 1 700℃，试计算每千克空气需吸收的热量。

（1）用平均比热容表数据计算；

（2）用理想气体理论定摩尔热容计算；

（3）比较（2）的结果与（1）的结果的偏差。

解：

（1）查表确定两个温度下的平均定容比热：

$$t_1 = 360℃, \quad c_V\big|_0^{t_1} = 0.732 + \frac{360-300}{400-300} \cdot (0.741-0.732) = 0.737\,4 \text{ kJ/(kg·K)}$$

$$t_2 = 1\,700℃, \quad c_V\big|_0^{t_2} = 0.857 \text{ kJ/kg·K}$$

故　$q_1 = \Delta u = c_V\big|_0^{t_2} \cdot t_2 - c_V\big|_0^{t_1} \cdot t_1 = 0.857 \times 1\,700 - 0.737\,4 \times 360 = 1\,191 \text{ kJ/kg}$

（2）按定比热容（双原子气体）计算：$c_V = \dfrac{5}{2}R = 2.5 \times 0.287\,1 = 0.717\,8 \text{ kJ/(kg·K)}$

$$q_2 = \Delta u = c_V(t_2 - t_1) = 0.717\,8 \times (1\,700-360) = 961.9 \text{ kJ/kg}$$

（3）$\delta = \dfrac{q_2-q_1}{q_1} = 19.2\%$

提示：可见按比定热容表数据计算要偏小近 20%，这是因为（1）中的比定热容小于（2）中的平均比热容。

3-6　在空气加热器中，空气流量为 108 000 m³/h（标准大气压和 0℃下），使在 $p = 830$ mmHg 的压力下从 $t_1 = 20℃$ 升高到 $t_2 = 270℃$，试求空气在加热器出口处的容积流量和每小时需提供的热量。

（1）用平均比热容表数据计算；

（2）用理想气体理论定摩尔热容值计算。

解：空气的质量流率：

$$\dot{m} = \frac{p\dot{V}_0}{RT_0} = \frac{1.013 \times 10^5 \times 1.08 \times 10^5}{287.1 \times 273} = 1.396 \times 10^5 \text{ kg/h}$$

出口状态 p_2, T_2 下的容积流量

$$\dot{V}_2 = \frac{p_0 T_2}{p_2 T_0}\dot{V}_0 = \frac{760}{830} \times \frac{270+273}{273} \times 1.08 \times 10^5 = 1.967 \times 10^5 \text{ m}^3/\text{h}$$

(1) 用平均比定压热容计算热流量

$t_1 = 20℃$ $c_p \big|_0^{t_1} = 0.2 \times (1.006 - 1.004) + 1.004 = 1.004\,4 \text{ kJ/(kg} \cdot \text{K)}$

$t_1 = 270℃$ $c_p \big|_0^{t_2} = 0.7 \times (1.019 - 1.012) + 1.012 = 1.016\,9 \text{ kJ/(kg} \cdot \text{K)}$

$$\dot{Q} = \Delta h = \dot{m}(c_p \big|_0^{t_2} \cdot t_2 - c_p \big|_0^{t_1} \cdot t_1)$$

$$= 1.396 \times 10^5 \times (1.016\,9 \times 270 - 1.004\,4 \times 20)$$

$$= 355.2 \times 10^5 \text{ kJ/h}$$

(2) 用定比热容计算热流量

$$c_p = \frac{7}{2}R = \frac{7}{2} \times 0.287\,1 = 1.005 \text{ kJ/(kg} \cdot \text{K)}$$

$$\dot{Q} = \Delta h = \dot{m}c_p(t_2 - t_1) = 1.396 \times 10^5 \times 1.005 \times (270 - 20) = 350.7 \times 10^5 \text{ kJ/h}$$

3-7 如图 3-11 所示,为了提高进入空气预热器的冷空气温度,采用再循环管。已知冷空气原来的温度为 20℃,空气流量为 90 000 m³/h(标准状态下),从再循环管出来的热空气温度为 350℃。若将冷空气温度提高至 40℃,求引出的热空气量(标准状态下 m³/h)。用平均比热容表数据计算,设过程进行中压力不变。

又若热空气再循环管内空气表压力为 150 mmH₂O,流速为 20 m/s,当地的大气压为 750 mmHg,求再循环管的直径。

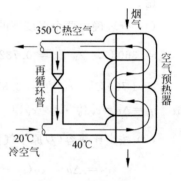

图 3-11 习题 3-7 图

解: 冷空气的质量流量 $\dot{m}_{冷} = \dfrac{p_0 V_{冷0}}{R T_0} = \dfrac{1.013 \times 10^5 \times 9 \times 10^4}{287.1 \times 273} = 1.163 \times 10^5 \text{ kg/h}$

冷-热空气绝热定压混合,由热力学第一定律,$\Delta H = 0$

设热空气流率为 $\dot{m}_{热}$,冷空气、热空气及混合后的空气状态分别用下标 1、2、3 表示,则:

$$\dot{m}_{热}(h_3 - h_2) + \dot{m}_{冷}(h_3 - h_1) = 0, \qquad \dot{m}_{热} = \dot{m}_{冷}\frac{h_3 - h_1}{h_2 - h_3}$$

查平均比热容数据表,有 $t_1 = 20℃$, $c_p \big|_0^{t_1} = 1.004\,4 \text{ kJ/(kg} \cdot \text{K)}$

$t_2 = 350℃$, $c_p \big|_0^{t_2} = 1.023\,5 \text{ kJ/(kg} \cdot \text{K)}$

$t_3 = 40℃$, $c_p \big|_0^{t_3} = 1.004\,8 \text{ kJ/(kg} \cdot \text{K)}$

所以 $\dot{m}_{热} = \dot{m}_{冷} \dfrac{c_p \big|_0^{t_3} \cdot t_3 - c_p \big|_0^{t_1} \cdot t_1}{c_p \big|_0^{t_2} \cdot t_2 - c_p \big|_0^{t_3} \cdot t_3} = 1.163 \times 10^5 \times \dfrac{40 \times 1.004\,8 - 20 \times 1.004\,4}{350 \times 1.023\,5 - 40 \times 1.004\,8}$

$$= 7.352 \times 10^3 \text{ kg/h}$$

热空气标准状态下容积流量:

$$\dot{V}_{热0} = \frac{\dot{m}_{热} R T_0}{p_0} = \frac{7.352 \times 10^3 \times 287.1 \times 273}{1.013 \times 10^5} = 5\,688.4 \text{ m}^3/\text{h}$$

$$p_2 = 750 \times 133.3 + 150 \times 9.81 = 1.014\,5 \times 10^5 \text{ Pa}$$

$$\dot{V}_2 = \frac{\dot{m}_2 R T_2}{p_2} = \frac{7.352 \times 10^3 \times 287.1 \times (350 + 273)}{1.014\,5 \times 10^5}$$

$$= 1.296\,2 \times 10^4 \text{ m}^3/\text{h} = 3.56 \text{ m}^3/\text{s}$$

由 $\dot{V}_2 = \pi \left(\dfrac{D}{2}\right)^2 u$，得所需管径

$$D = 2 \cdot \sqrt{\frac{\dot{V}_2}{\pi u}} = 2\sqrt{\frac{3.56}{3.14 \times 20}} = 0.479 \text{ m}$$

3-8 有 5 g 氩气，经历一内能不变的过程，初态为 $p_1 = 6.0 \times 10^5$ Pa，$t_1 = 600$ K，膨胀终了的容积 $V_2 = 3V_1$，氩气可视为理想气体，且假定比热容为定值，求终温、终压及总熵变量，已知 Ar 的 $R = 0.208$ kJ/(kg·K)。

解：对于理想气体，内能不变则温度不变，即

$$T_2 = T_1 = 600 \text{ K}$$

所以

$$p_2 = \frac{V_1}{V_2} \times p_1 = \frac{1}{3} \times 6.0 \times 10^5 = 2 \times 10^5 \text{ Pa}$$

$$\Delta S = m\Delta s = m\left(c_p \ln\frac{T_2}{T_1} - R\ln\frac{p_2}{p_1}\right) = -mR\ln\frac{p_2}{p_1}$$

$$= -0.005 \times 0.208 \times \ln\frac{2}{6} = 1.14 \times 10^{-3} \text{ kJ/K}$$

3-9 3 kg 空气，$p_1 = 1.0$ MPa，$T_1 = 900$ K，绝热膨胀到 $p_2 = 0.1$ MPa，试按气体热力性质表计算：

(1) 终态参数 v_2 和 T_2；

(2) 膨胀功和技术功；

(3) 内能和焓的变化。

解法一：

(1) 查空气热力性质表，$T_1 = 900$ K 时，

$$h_1 = 932.93 \text{ kJ/kg}, \quad u_1 = 674.58 \text{ kJ/kg}, \quad p_{r1} = 75.29$$

而

$$p_{r2} = \frac{p_2}{p_1} p_{r1} = \frac{0.1}{1} \times 75.29 = 7.529$$

以下插值确定 p_{r2} 所对应的温度 T_2，查空气热力性质表得：

$$480 \text{ K}: p_r = 7.268, h = 482.49 \text{ kJ/kg}, u = 344.70 \text{ kJ/kg}$$

$$490 \text{ K}: p_r = 7.824, h = 492.74 \text{ kJ/kg}, u = 352.08 \text{ kJ/kg}$$

所以 $T_2 = 480 + \dfrac{7.529 - 7.268}{7.824 - 7.268} \times (490 - 480) = 484.7$ K

则 $v_2 = \dfrac{R T_2}{p_2} = \dfrac{287.1 \times 484.7}{1 \times 10^5} = 1.39$ m³/kg

(2) $u_2 = 344.70 + \dfrac{484.7 - 480}{490 - 480} \times (352.08 - 344.70) = 348.17 \text{ kJ/kg}$

$h_2 = 482.49 + \dfrac{484.7 - 480}{490 - 480} \times (492.74 - 482.49) = 487.31 \text{ kJ/kg}$

$W = m(u_1 - u_2) = 3 \times (674.58 - 348.17) = 979.2 \text{ kJ}$

$W_t = m(h_1 - h_2) = 3 \times (932.93 - 487.31) = 1\,336.9 \text{ kJ}$

(3) $\Delta U = -W = -979.2 \text{ kJ}$

$\Delta H = -W_t = -1\,336.9 \text{ kJ}$

解法二：按平均温度计算

(1) 对于绝热过程，有 $s^{\circ}_{T_2} - s^{\circ}_{T_1} - R\ln\dfrac{p_2}{p_1} = 0$

而由 $T_1 = 900 \text{ K}$ 查得 $s^{\circ}_{T_1} = 2.848\,56 \text{ kJ/kg} \cdot \text{K}$，

$$R\ln\frac{p_2}{p_1} = 0.287 \times \ln\frac{1}{10} = -0.661 \text{ kJ/(kg} \cdot \text{K)}$$

所以 $\qquad s^{\circ}_{T_2} = 2.848\,56 - 0.661 = 2.187\,56 \text{ kJ/(kg} \cdot \text{K)}$

则可查得：$T_2 = 484.7 \text{ K}$

由 T_2 查得：$h_2 = 487.1 \text{ kJ/kg}$，$u_2 = 348 \text{ kJ/kg}$

由 T_1 查得：$h_1 = 932.93 \text{ kJ/kg}$，$u_1 = 674.58 \text{ kJ/kg}$

故 $\qquad w_t = h_1 - h_2 = 932.93 - 487.1 = 445.83 \text{ kJ/kg}$

$W_t = mw_t = 3 \times 445.83 = 1\,337 \text{ kJ}$

$W = mw = 3 \times (674.58 - 348) = 979.7 \text{ kJ}$

3-10 某理想气体(其 M 已知)由同一初态 p_1，T_1 经历如下两过程，一是定熵压缩到状态 2，其压力为 p_2；二是由定温压缩到状态 3，但其压力也为 p_2，且两个终态的熵差为 Δs，试推导 p_2 的表达式。

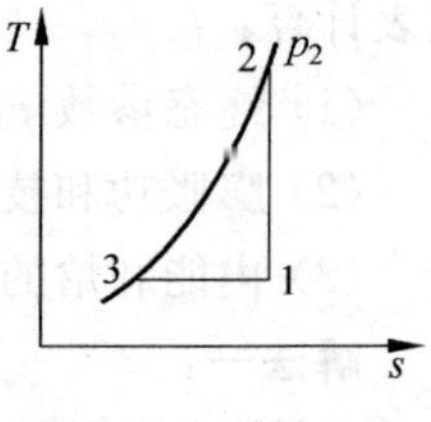

解：依题意，将两过程示于图 3-12。

由于 $\qquad\qquad\qquad s_2 = s_1$

所以 $\qquad \Delta s = \Delta s_{32} = \Delta s_{31} = S_1 - S_3$

图 3-12 习题 3-10

$$= c_p\ln\frac{T_1}{T_3} - R\ln\frac{p_1}{p_2} = R\ln\frac{p_2}{p_1} = \frac{R_m}{M}\ln\frac{p_2}{p_1}$$

则 $\qquad\qquad\qquad p_2 = p_1 e^{\frac{\Delta s_{32}}{R_m/M}}$

图 3-13 习题 3-11 图

3-11 图 3-13 所示的两室，由活塞隔开。开始时两室的体积均为 0.1 m^3，分别储有空气和 H_2，压力均为 $0.980\,7 \times 10^5 \text{ Pa}$，温度均为 $15℃$，若对空气侧壁加热，直到两室内气体压力升高到 $1.961\,4 \times 10^5 \text{ Pa}$ 为止，求空气终温及外界加入的 Q，已知 $c_{V,a} = 715.94 \text{ J/(kg} \cdot \text{K)}$，$k_{H_2} = 1.41$，活塞不导热，且与气缸间无摩擦。

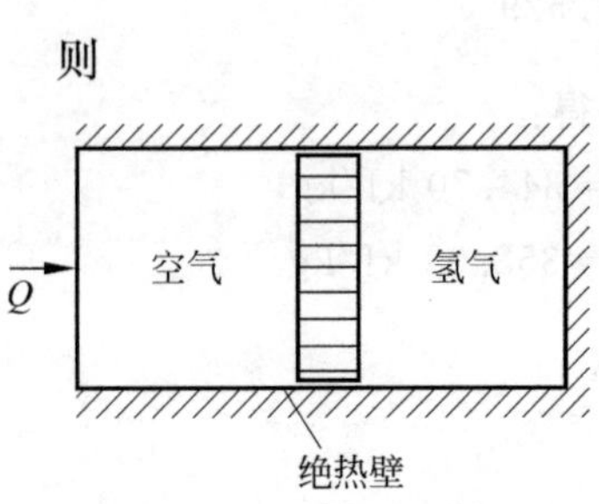

解：

氢气被等熵压缩，故有

$$V_{H_2} = V_1 \left(\frac{p_1}{p_2}\right)^{\frac{1}{k_{H_2}}} = 0.1 \times \left(\frac{0.980\ 7 \times 10^5}{1.961\ 4 \times 10^5}\right)^{\frac{1}{1.41}} = 0.061\ 2\ \text{m}^3$$

$$W_{H_2} = \frac{1}{k-1}(p_1 V_1 - p_2 V_2)$$

$$= \frac{1}{0.41}(0.980\ 7 \times 0.1 - 1.961\ 4 \times 0.061\ 2) \times 10^5 = -5.358\ \text{kJ}$$

对于空气，体积增加了 $(V_1 - V_{H_2})$，

$$V_{a_2} = V_1 + (V_1 - V_{H_2}) = 0.1 + 0.1 - 0.061\ 2 = 0.138\ 8\ \text{m}^3$$

而质量不变，故有

$$T_{a_2} = T_{a_1} \frac{p_{a_2} V_{a_2}}{p_{a_1} V_{a_1}} = (273 + 15) \times \frac{1.961\ 4 \times 10^5 \times 0.138\ 8}{0.980\ 7 \times 10^5 \times 0.1} = 799.5\ \text{K}$$

因为活塞与气缸间无摩擦，所以 $W_a = -W_{H_2} = 5.358\ \text{kJ}$

对于空气，根据热力学第一定律：

$$Q = \Delta U_a + W_a$$

$$= m_a c_{V,a}(T_{a_2} - T_{a_1}) + W_a = \frac{c_{V,a}}{R_a}(p_{a_2} V_{a_2} - p_{a_1} V_{a_1}) + W_a$$

$$= \frac{715.94}{287}(1.961\ 4 \times 10^5 \times 0.138\ 8 - 0.980\ 7 \times 10^5 \times 0.1) + 5.358$$

$$= 48.8\ \text{kJ}$$

提示： 首先由氢气的等熵压缩过程，获得氢气末态体积，于是可得空气末态体积。然后利用克拉贝龙方程计算空气终温，最后计算加入热量。如果先取空气为系统，则空气内能以及空气对活塞做功两部分均未知；如果取空气＋氢气为系统，则内能为两者内能增加的总和。

3-12 6 kg 空气由初态 $p_1 = 0.3$ MPa、$t_1 = 30℃$，经下列不同过程膨胀到同一终压 $p_2 = 0.1$ MPa：(1)定温；(2)定熵；(3)$n = 1.2$。试比较不同过程中空气对外做功，交换的热量和终温。

解：

(1) 定温过程

$$W = mRT_1 \ln \frac{p_1}{p_2} = 6 \times 0.287 \times 303 \times \ln \frac{0.3}{0.1} = 573.22\ \text{kJ}$$

$$Q = \Delta U + W = 0 + 573.22 = 573.22\ \text{kJ}$$

$$T_2 = T_1 = 303\ \text{K}$$

(2) 定熵过程

$$W = mR \frac{T_1}{k-1} \left[1 - \left(\frac{p_2}{p_1}\right)^{\frac{k-1}{k}}\right] = 6 \times \frac{0.287 \times 30}{1.4-1} \left[1 - \left(\frac{0.1}{0.3}\right)^{\frac{1.4-1}{1.4}}\right] = 351.41\ \text{kJ}$$

$$Q = 0$$

$$T_2 = T_1 \left(\frac{p_2}{p_1}\right)^{\frac{k-1}{k}} = 303 \times \left(\frac{0.1}{0.3}\right)^{\frac{1.4-1}{1.4}} = 221.4 \text{ K}$$

(3) $n=1.2$ 的多变过程

$$W = mR\frac{T_1}{n-1}\left[1-\left(\frac{p_2}{p_1}\right)^{\frac{n-1}{n}}\right] = 6 \times \frac{0.287 \times 303}{1.2-1}\left[1-\left(\frac{0.1}{0.3}\right)^{\frac{1.2-1}{1.2}}\right] = 436.46 \text{ kJ}$$

$$T_2 = T_1 \left(\frac{p_2}{p_1}\right)^{\frac{n-1}{n}} = 303 \times \left(\frac{0.1}{0.3}\right)^{\frac{1.2-1}{1.2}} = 252.3 \text{ K}$$

$$Q = mc_V \frac{n-k}{n-1}(T_2 - T_1) = M\frac{5}{2}R\frac{n-k}{n-1}(T_2 - T_1)$$

$$= 6 \times \frac{5}{2} \times 0.287 \times \frac{1.2-1.4}{1.2-1}(252.3 - 303) = 218.26 \text{ kJ}$$

3-13 一氧气瓶容量为 0.04 m^3,内盛 $p_1 = 147.1 \times 10^5 \text{ Pa}$ 的氧气,其温度与室温相同,即 $t_1 = t_0 = 20\text{℃}$。

(1) 如开启阀门,使压力迅速下降到 $p_2 = 73.55 \times 10^5 \text{ Pa}$,求此时氧的温度 T_2 和所放出的氧的质量 Δm;

(2) 阀门关闭后,瓶内氧气经历怎样的变化过程?足够长时间后其温度与压力为多少?

(3) 如放气极为缓慢,以致瓶内气体与外界随时处于热平衡,当压力也自 $147.1 \times 10^5 \text{ Pa}$ 降到 $73.55 \times 10^5 \text{ Pa}$ 时,所放出的氧应较(1)为多还是少?

解:(1) 刚性容器快速放气,瓶内气体遵循过程方程 $p_1 v_1^k = p_2 v_2^k$

所以
$$T_2 = T_1 \left(\frac{p_2}{p_1}\right)^{\frac{k-1}{k}} = 293 \times \left(\frac{73.55}{147.1}\right)^{\frac{1.4-1}{1.4}} = 240 \text{ K}$$

$$\Delta m = m_1 - m_2 = \frac{p_1 V_1}{RT_1} - \frac{p_2 V_1}{RT_2} = \frac{V_1}{R}\left(\frac{p_1}{T_1} - \frac{p_2}{T_2}\right)$$

$$= \frac{0.04}{259.8}\left(\frac{147.1 \times 10^5}{293} - \frac{73.55 \times 10^5}{240}\right) = 3.02 \text{ kg}$$

(2) 阀门关闭后氧气经历等容过程,且终态:

$$T_3 = T_0 = 293 \text{ K}$$

所以
$$p_3 = p_2 \frac{T_3}{T_2} = 73.55 \times 10^5 \times \frac{293}{240} = 89.79 \times 10^5 \text{ Pa}$$

即温度升高、压力升高。

(3) 过程中温度与环境相同,即 $T_2 = T_1 = T_0 = 293$

$$\Delta m = m_1 - m_2 = \frac{p_1 V_1}{RT_1} - \frac{p_2 V_1}{RT_1} = \frac{V_1}{RT_1}(p_1 - p_2)$$

$$= \frac{0.04}{259.778 \times 293} \times 10^5 \times (147.1 - 73.55)$$

$$= 3.87 \text{ kg}$$

即放出的氧气较(1)多。

3-14 2 kg 某种理想气体按可逆多变过程膨胀到原有体积的 3 倍,温度从 300℃降到 60℃,膨胀期间做膨胀功 418.68 kJ,吸热 83.736 kJ,求 c_p 和 c_V。

解:依题意有 $V_2 = 3V_1$,$T_1 = 573$ K,$T_2 = 333$ K

对多变过程
$$\frac{T_2}{T_1} = \left(\frac{V_1}{V_2}\right)^{n-1}$$

所以
$$n = 1 + \frac{\ln(T_2/T_1)}{\ln(V_1/V_2)} = 1 + \frac{\ln(333/573)}{\ln(1/3)} = 1.494$$

而膨胀功
$$W = m\frac{R}{n-1}(T_1 - T_2)$$

所以
$$R = \frac{W(n-1)}{m(T_1 - T_2)} = \frac{418.68 \times (1.494-1)}{2 \times (573-333)} = 0.4309 \text{ kJ/(kg·K)}$$

又因为吸热量 $Q = m\dfrac{n-k}{n-1}c_V(T_2 - T_1) = m\dfrac{n-k}{n-1}\dfrac{R}{k-1}(T_2 - T_1) = 83.736$ kJ

带入已知参数,由上式可解得
$$k = 1.6175$$

故
$$c_p = \frac{k}{k-1}R = \frac{1.6175}{0.6175} \times 0.4309 = 1.1287 \text{ kJ/(kg·K)}$$

$$c_V = \frac{R}{k-1} = \frac{0.4309}{0.6075} = 0.6978 \text{ kJ/(kg·K)}$$

3-15 试导出理想气体定比热容多变过程熵差的计算式为
$$s_2 - s_1 = \frac{n-k}{n(k-1)}R\ln\frac{p_2}{p_1};$$

及
$$s_2 - s_1 = \frac{n-k}{(n-1)(k-1)}R\ln\frac{T_2}{T_1} \quad (n \neq 1)$$

证明:

对理想气体定比热容有
$$s_2 - s_1 = c_p\ln\frac{T_2}{T_1} - R\ln\frac{p_2}{p_1}$$

而多变过程
$$\frac{T_2}{T_1} = \left(\frac{p_2}{p_1}\right)^{\frac{n-1}{n}}$$

即
$$\ln\frac{T_2}{T_1} = \frac{n-1}{n}\ln\frac{p_2}{p_1}$$

所以
$$s_2 - s_1 = c_p\frac{n-1}{n}\ln\frac{p_2}{p_1} - R\ln\frac{p_2}{p_1} = \left(c_p\frac{n-1}{n} - R\right)\ln\frac{p_2}{p_1}$$

又因为
$$c_p = \frac{k}{k-1}R$$

代入整理得
$$s_2 - s_1 = \frac{n-k}{n(k-1)}R\ln\frac{p_2}{p_1}$$

由于 $\ln \dfrac{p_2}{p_1}=\dfrac{n}{n-1}\ln\dfrac{T_2}{T_1}$，$(n\neq 1)$ 故上式又可写成：$s_2-s_1=\dfrac{n-k}{(n-1)(k-1)}R\ln\dfrac{T_2}{T_1}$

3-16 试证理想气体在 T-s 图上任意两条定压线（或定容线）之间的水平距离相等。

证明：如图 3-14 T-s 图上两条定压线的水平距离就是其间等温过程的熵差：

$$\overline{14}=s_4-s_1=c_p\ln\frac{T_4}{T_1}-R\ln\frac{p_4}{p_1}=-R\ln\frac{p_4}{p_1}\text{（其中 }T_1=T_4\text{）}$$

$$\overline{23}=s_3-s_2=c_p\ln\frac{T_3}{T_2}-R\ln\frac{p_3}{p_2}=-R\ln\frac{p_3}{p_2}\text{（其中 }T_2=T_3\text{）}$$

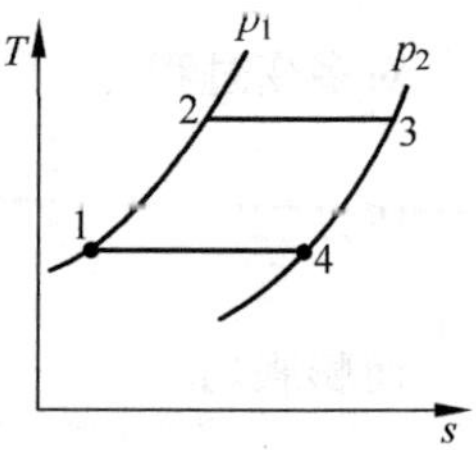

而 $p_4=p_1$，$p_3=p_2$

所以 $\overline{14}=\overline{23}$

图 3-14

即 T-s 图上，任意两条定压线之间的水平距离相等。

同理，可证得 T-s 图上任意两条等容线间的水平距离亦相等。

3-17 空气为 $p_1=1\times10^5$ Pa，$t_1=50℃$，$V_1=0.032$ m³，进入压气机按多变过程压缩至 $p_2=32\times10^5$ Pa，$V_2=0.0021$ m³，试求：

(1) 多变指数 n；

(2) 所需轴功；

(3) 压缩终了空气温度；

(4) 压缩过程中传出的热量。

解：

(1) 因为

$$\frac{p_1}{p_2}=\left(\frac{V_2}{V_1}\right)^n$$

所以

$$n=\ln\left(\frac{p_1}{p_2}\right)\Big/\ln\left(\frac{V_2}{V_1}\right)=\frac{\ln\dfrac{1}{32}}{\ln\dfrac{0.0021}{0.032}}=1.2724$$

(2)

$$W_s=\frac{n}{n-1}(p_1V_1-p_2V_2)=\frac{1.2724}{0.2724}(0.1\times10^3\times$$

$$0.032-3.2\times10^3\times0.0021)=-16.4 \text{ kJ}$$

(3)

$$T_2=T_1\left(\frac{p_2}{p_1}\right)^{\frac{n-1}{n}}=323.15\times\left(\frac{3.2}{0.1}\right)^{\frac{1.2724-1}{1.2724}}=678.6 \text{ K}$$

(4)

$$Q=mq=m\left(c_V-\frac{R}{n-1}\right)(T_2-T_1)$$

$$=\frac{p_1V_1}{RT_1}\left(c_p-R-\frac{R}{n-1}\right)(T_2-T_1)$$

$$=\frac{p_1V_1}{RT_1}\left(c_p-\frac{R}{1-1/n}\right)(T_2-T_1)$$

$$= p_1 V_1 \left(\frac{c_p}{R} - \frac{1}{1 - 1/n} \right) \left(\frac{T_2}{T_1} - 1 \right)$$

$$= 0.1 \times 10^3 \times 0.032 \times \left(\frac{1.01}{0.287} - \frac{1}{1 - 1/1.2724} \right) \times \left(\frac{678.6}{323.15} - 1 \right)$$

$$= -4.1 \text{ kJ}$$

3-18 大气在 p_1 为 750 mmHg 和 t_1 为 10℃下进入压气机,被压缩至 $p_2 = 5.886 \times 10^5$ Pa。按 $n = 1.3$ 的多变过程压缩时,压气机多变效率为 70%。如果带动压气机的电动机功率为 100 kW,试求该压气机在标准状态下的压气量为多少 m³/h? 若压气机绝热压缩效率亦为 70%,结果又如何?

解:

按 $n = 1.3$ 的多变过程压缩时:

$$w_t = \frac{n}{n-1} R T_1 \left[1 - \left(\frac{p_2}{p_1} \right)^{\frac{n-1}{n}} \right]$$

$$= \frac{1.3}{0.3} \times 287.1 \times 283.15 \times \left[1 - \left(\frac{5.886}{1.0} \right)^{\frac{1.3-1}{1.3}} \right]$$

$$= -178.034 \text{ kJ/kg}$$

$$\dot{m} = \frac{N \cdot \eta}{-w_t} = \frac{100 \times 70\%}{178.034} = 0.39318 \text{ kg/s} = 1415.46 \text{ kg/h}$$

$$\dot{V}_0 = \frac{\dot{m} R T_0}{p_0} = \frac{1415.46 \times 287.1 \times 273.15}{1.013 \times 10^5} = 1095.8 \text{ m}^3/\text{h}$$

绝热压缩时:

$$w_t = \frac{k}{k-1} R \left[T_1 - T_1 \cdot \left(\frac{p_2}{p_1} \right)^{\frac{k-1}{k}} \right]$$

$$= \frac{1.4}{1.4 - 1} \times 287.1 \times 283.15 \times \left[1 - \left(\frac{5.886}{1.0} \right)^{\frac{1.4-1}{1.4}} \right] = -187.612 \text{ kJ/kg}$$

$$\dot{m} = \frac{N \cdot \eta}{-w_t} = \frac{100 \times 70\%}{187.612} = 0.37311 \text{ kg/s} = 1343.198 \text{ kg/h}$$

$$\dot{V}_0 = \frac{\dot{m} R T_0}{p_0} = \frac{1343.198 \times 287.1 \times 273.15}{1.013 \times 10^5} = 1039.8 \text{ m}^3/\text{h}$$

3-19 压气机中气体压缩后的温度不宜过高,取极限值为 150℃,吸入空气的压力和温度为 $p_1 = 0.1$ MPa,$t_1 = 20$℃。在单级压气机中压缩 250 m³/h 空气,若压气机缸套中流过 465 kg/h 的冷却水,在气缸套中水温升高 14℃。求可能达到的最高压力,以及压气机必需的功率。

解: 空气质量流量 $\dot{m}_a = \frac{p_1 V_1}{R T_1} = \frac{1 \times 10^5 \times 250}{287 \times 293} = 297.3 \text{ kg/h}$

冷却水换热率 $\dot{Q}_{water} = \dot{m}_{water} c_{water} \Delta t = 465 \times 4.187 \times 14 = 27260 \text{ kJ/h}$

空气散热率 $\dot{Q}_{air} = -\dot{Q}_{water}$

则 $c_n = \dfrac{\dot{Q}_{air}}{\dot{m}_a(T_2 - T_1)} = \dfrac{-27\,260}{297.3 \times (423 - 293)} = -0.705\,3\ \text{kJ/(kg} \cdot \text{K)}$

而 $c_n = \dfrac{n-k}{n-1} c_V$，且 $c_V = \dfrac{5}{2}R = \dfrac{5}{2} \times 0.287 = 0.717\,5\ \text{kJ/(kg} \cdot \text{K)}$，$k = 1.4$

则 $n = \dfrac{kc_V - c_n}{c_V - c_n} = \dfrac{1.4 \times 0.717\,5 + 0.705\,3}{0.717\,5 + 0.705\,3} = 1.2$

由 $\dfrac{T_2}{T_1} = \left(\dfrac{p_2}{p_1}\right)^{\frac{n-1}{n}}$ 得

可能达到的最高压力为 $p_2 = p_1 \cdot \left(\dfrac{T_2}{T_1}\right)^{\frac{n}{n-1}} = 0.1 \times \left(\dfrac{150 + 273}{20 + 273}\right)^{\frac{1.2}{1.2-1}} = 0.905\ \text{MPa}$

而 $\dfrac{\dot{W}_s}{3\,600} = \dfrac{n}{n-1} \cdot \dot{m}_a R(T_1 - T_2) \cdot \dfrac{1}{3\,600}$

$= \dfrac{1.2}{1.2-1} \times 297.3 \times 287 \times (293 - 423) \times \dfrac{1}{3\,600} = -18.45\ \text{kW}$

故压气机必需的功率为 18.45 kW。

提示：这是一个多变过程，多变指数的求解是关键，除了上述方法外，也可由技术功算得，具体如下：

$$\dot{W}_t = \dot{Q}_a - \Delta \dot{H}_a = -\dot{Q}_{water} - \dot{m}_a c_p (T_2 - T_1)$$

$$= -27\,260 - 297.3 \times \dfrac{7}{2} \times 0.287(423 - 293) = -18.4\ \text{kW}$$

而 $\dot{W}_t = \dfrac{1}{1 - \dfrac{1}{n}} \dot{m}_a R(T_1 - T_2)$

得 $n = \dfrac{1}{1 - \dfrac{\dot{m}_a R(T_1 - T_2)}{\dot{W}_t}} = 1.2$

3-20 实验室需要压力为 6.0 MPa 的压缩空气，应采用一级压缩还是两级压缩？若采用两级压缩，最佳中间压力应等于多少？设大气压力为 0.1 MPa，大气温度为 20℃，$n = 1.25$，采用间冷器将压缩空气冷却到初温，试计算压缩终了空气的温度。

解：

若采用一级压缩，则

$$T_2 = T_1 \left(\dfrac{p_2}{p_1}\right)^{\frac{n-1}{n}} = 293 \times 60^{\frac{1.25-1}{1.25}} = 664.5\ \text{K} = 391.5℃$$

超过润滑油允许温度，故应采用两级压缩中间冷却，最佳中间压力为

$$p_3 = \sqrt{p_1 p_2} = \sqrt{0.1 \times 6} = 0.775\ \text{MPa}$$

压缩后温度为

$$T_3 = T_1 \left(\frac{p_3}{p_1} \right)^{\frac{n-1}{n}} = 293 \left(\frac{0.775}{0.1} \right)^{\frac{1.25-1}{1.25}} = 441 \text{ K} = 168\text{℃}$$

采用二级压缩，中间压力 0.775 MPa，终温 441 K。

3-21 三台压气机的余隙比均为 0.06，进气状态均为 0.1 MPa，27℃，出口压力均为 0.5 MPa，但压缩过程的指数分别为 $n_1 = 1.4$，$n = 1.25$，$n = 1$，试求各压气机的容积效率（设膨胀过程与压缩过程的多变指数相同）。

解：依题意，

$$余隙比 = \frac{V_3}{V_1 - V_3} = 0.06, p_1 = 0.1 \text{ MPa}, p_2 = 0.5 \text{ MPa}$$

$$而容积效率 \eta_V = 1 - \frac{V_3}{V_1 - V_3} \left[\left(\frac{p_2}{p_1} \right)^{\frac{1}{n}} - 1 \right]$$

$$= 1 - 0.06 (5^{\frac{1}{n}} - 1)$$

当 $n = 1.4$ 时，$\eta_V = 1 - 0.06 (5^{\frac{1}{1.4}} - 1) = 0.87$

当 $n = 1.25$ 时，$\eta_V = 1 - 0.06 (5^{\frac{1}{1.25}} - 1) = 0.843$

当 $n = 1.0$ 时，$\eta_V = 1 - 0.06 (5^{\frac{1}{1.0}} - 1) = 0.76$

热力学第二定律与熵

4-1　本章主要要求

深入理解热力学第二定律的两个表述；熟练掌握卡诺定理及熵的意义和熵变计算；深入理解和熟练应用热力学第二定律的四个表达式；熟练掌握和应用孤立系熵增原理，熟练掌握做功能力损失；深入理解㶲的概念、㶲效率以及㶲损失的含义，掌握热量㶲及冷量㶲的图示。

4-2　本章内容精要

4-2-1　热力学第二定律的经典表述

克劳修斯表述（从热量传递方向性的角度）：不可能将热从低温物体传至高温物体而不引起其他变化。

开尔文-普朗克表述（从热功转换的角度）：不可能从单一热源取热，并使之完全变为有用功而不引起其他变化。

热力学第一定律否定了创造能量与消灭能量的可能性，即否认了第一类永动机。热力学第二定律否定了单一热源热机，即否认了第二类永动机。

上述两种表述虽然针对不同的现象，但实质上是统一的、等效的，反映了热过程方向性的规律。

4-2-2　卡诺定理与卡诺循环

热力学第二定律表明，热机的热效率不可能为 100%。那么热机热效率的极大值是多少？与哪些因素有关？这些正是卡诺定理和卡诺循环所解决的问题。

1. 卡诺定理

卡诺定理：在两个不同温度的恒温热源之间工作的所有热机中，以可逆热机的效率为最高，即 $\eta_{t,A} \not> \eta_{t,R}$。

其中，$\eta_{t,A}$ 表示任何热机效率，$\eta_{t,R}$ 表示可逆热机效率。

卡诺定理推论一：在两个不同温度的恒温热源间工作的一切可逆热机，具有相同的热效率，且与工质的性质无关。

卡诺定理推论二：在两个不同温度的恒温热源间工作的任何不可逆热机,其热效率总小于这两个热源间工作的可逆热机的热效率。

2. 卡诺循环

卡诺循环由两个可逆定温过程与两个可逆绝热过程组成,如图 4-1 所示。因其循环方向的不同,有卡诺正循环与卡诺逆循环。

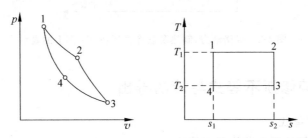

图 4-1　卡诺循环在 p-v 图和 T-s 图上的表示

1）卡诺正循环为卡诺热机循环

任何热机循环的热效率都可以表示为

$$\eta_t = \frac{w_{\text{net}}}{q_1} = \frac{q_1 - q_2}{q_1} = 1 - \frac{q_2}{q_1} \tag{4-1}$$

其中,q_1 和 q_2 分别为循环的吸热量和放热量。

对于卡诺热机循环,其热效率

$$\eta_{t,c} = \frac{T_1 - T_2}{T_1} = 1 - \frac{T_2}{T_1} \tag{4-2}$$

其中,T_1 和 T_2 分别为热源和冷热源的温度。

由式(4-2)可得出以下结论:

(1) $\eta_{t,c}$ 只取决于恒温热源的温度 T_1 和 T_2,而与工质的性质无关;

(2) 冷源与热源的温差越大,$\eta_{t,c}$ 越高;

(3) $\eta_{t,c} < 100\%$,体现了热力学第二律;

(4) 当 $T_1 = T_2$,$\eta_{t,c} = 0$,即单热源热机不可能。

2）卡诺逆循环有卡诺制冷循环和卡诺热泵

卡诺制冷循环:工质从温度为 T_2 的冷库吸热,放热给温度为 T_0 的环境的循环。其制冷系数 $\varepsilon = \dfrac{T_2}{T_0 - T_2}$。

卡诺热泵:从 T_0 温度的环境吸热,向温度为 T_1 的热源供热的循环。其供热系数 $\varepsilon' = \dfrac{T_1}{T_1 - T_0}$。

显然,冷源与热源的温差越大,逆循环的制冷系数或供热系数都越小。

图 4-2 为卡诺动力循环、卡诺制热循环及卡诺制冷循环在 T-s 图上的表示。

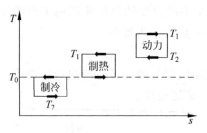

图 4-2 卡诺动力、制热及制冷循环在 T-s 图上的表示

4-2-3 克劳修斯不等式与熵的导出

1. 克劳修斯不等式

由卡诺定理可推导出克劳修斯不等式：

$$\oint \frac{\delta Q}{T_r} \leqslant 0 \qquad \begin{cases} < 0 & \text{不可逆循环} \\ = 0 & \text{可逆循环} \end{cases} \tag{4-3}$$

上式是热力学第二定律的数学表达式（即数学判据）之一。

注意：克劳修斯积分式是针对循环的，所以热量方向要以循环作为对象考虑。

2. 熵及其物理意义

熵是在热力学第二定律的基础上导出的状态参数。可由卡诺定理或克劳修斯不等式等多种方法导出。

克劳修斯定义状态参数**熵**（entropy）：

$$\mathrm{d}S = \frac{\delta Q_{\text{rev}}}{T_r} = \frac{\delta Q_{\text{rev}}}{T} \tag{4-4}$$

或，

$$\mathrm{d}s = \frac{\delta q_{\text{rev}}}{T_r} = \frac{\delta q_{\text{rev}}}{T} \tag{4-4'}$$

其中，δQ_{rev} 或 δq_{rev} 表示可逆过程换热量；T 为热源的绝对温度也是工质的绝对温度（因为过程可逆）。

熵的物理意义之一

熵变表征了可逆过程中热交换的方向和大小。

$$\text{可逆时} \begin{cases} \mathrm{d}S > 0 \rightarrow \delta Q > 0，吸热； \\ \mathrm{d}S < 0 \rightarrow \delta Q < 0，放热； \\ \mathrm{d}S = 0 \rightarrow \delta Q = 0，绝热。 \end{cases}$$

所以，可逆过程中系统与外界交换的热量，可用 T-s 图上过程线与横坐标围成的面积表示。这在分析热过程时非常直观方便，一定要熟练掌握。

概括性卡诺循环 用两个多变过程取代卡诺循环中的可逆绝热过程，吸热和放热的多

变指数 n 相同,且完全回热,如图 4-3 所示,则该循环($abcda$)的总体效果与卡诺循环($abfea$)等效,故称为**概括性卡诺循环**。

　　多热源可逆热机　由图 4-4 可见,对于多热源(或变温热源)可逆热机循环($abcda$)与同温限间的卡诺循环(12341),因为 $Q_{1,R多} < Q_{1,C}$,$Q_{2,R多} > Q_{2,C}$,所以 $\eta_{t,R多} < \eta_{t,C}$。

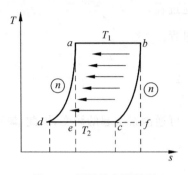

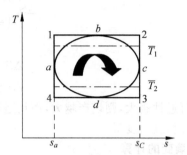

图 4-3　概括性卡诺循环

图 4-4　多热源可逆热机循环与同温
限间的卡诺循环

　　另外,由图 4-4 可见,由多热源可逆热机循环的平均吸热温度 $\overline{T}_1$ 和平均放热温度 $\overline{T}_2$ 分别小于和大于卡诺循环的吸热温度和放热温度,也可得到同样结论。这种用平均温度分析循环热效率的方法,直观而方便,建议熟练掌握。

　　关于热机热效率的小结。

　　(1)在两个恒温热源 T_1,T_2 间工作的一切可逆热机:$\eta_{t,R} = \eta_{t,C}$,与工质的性质无关。

　　(2)多(变温)热源间工作的一切可逆热机 $\eta_{t,R多} <$ 同温限间工作卡诺机 $\eta_{t,C}$。

　　(3)不可逆热机 $\eta_{t,IR} <$ 同热源间工作可逆热机 $\eta_{t,R}$

　　即

$$\eta_{t,IR} < \eta_{t,R} = \eta_{t,C}。$$

4-2-4　熵变与传热量的关系及熵变计算

1. 熵变与传热量的关系

由熵的定义式及克劳修斯不等式,可导出熵变与过程传热量的关系:

$$\Delta S_{12} = S_2 - S_1 \geqslant \int_{12} \frac{\delta Q}{T_r} \quad \begin{cases} > & \text{不可逆过程;} \\ = & \text{可逆过程。} \end{cases} \tag{4-5}$$

这是热力学第二定律又一数学表达式,可用以判断过程可逆与否。

　　由过程的熵变与传热量的关系式(4-5),可引出熵流与熵产的概念。

　　熵流:由热交换引起的,或者说是由于热量流进、出系统所引起的熵变,$\Delta S_f = \int \frac{\delta Q}{T_r}$,其微分形式为 dS_f。

$$\Delta S_{\mathrm{f}} \begin{cases} > 0, \text{吸热过程;} \\ = 0, \text{绝热过程;} \\ < 0, \text{放热过程。} \end{cases}$$

熵产：由于不可逆因素引起的熵变（它的数值总是正的）ΔS_{g}，微分形式为 $\mathrm{d}S_{\mathrm{g}}$

$$\wedge S_{\mathrm{g}} \begin{cases} > 0, \text{不可逆过程;} \\ = 0, \text{可逆过程。} \end{cases}$$

故

$$\Delta S_{12} = \Delta S_{\mathrm{f}} + \Delta S_{\mathrm{g}} \tag{4-6'}$$

$$\mathrm{d}S = \mathrm{d}S_{\mathrm{f}} + \mathrm{d}S_{\mathrm{g}} \tag{4-6}$$

不可逆性越大，则熵产越大，而且适用于任何不可逆因素引起的熵变，因此，熵产是过程不可逆性程度的度量。

2. 熵变的计算

因熵是状态参数，故两状态间的熵变与过程无关，它有两种计算方法：

(1) 利用已知初终态状态参数直接计算得到熵变；

(2) 选择一个已知传热量和温度的可逆过程，利用熵的定义式 $\mathrm{d}S = \dfrac{\delta Q_{\mathrm{rev}}}{T}$ 计算。

常见的熵变计算汇总如下。

(1) 理想气体的熵变计算

根据所给的参数不同，选择以下不同公式

$$\mathrm{d}s = c_V \frac{\mathrm{d}T}{T} + R \frac{\mathrm{d}v}{v}$$

$$\mathrm{d}s = c_p \frac{\mathrm{d}T}{T} - R \frac{\mathrm{d}p}{p}$$

$$\mathrm{d}s = c_V \frac{\mathrm{d}T}{T} + c_p \frac{\mathrm{d}v}{v}$$

大多数情况下，理想气体比热容可取定值，则

$$s_2 - s_1 = c_V \ln \frac{T_2}{T_2} + R \ln \frac{v_2}{v_1}$$

$$s_2 - s_1 = c_p \ln \frac{T_2}{T_1} - R \ln \frac{p_2}{p_1}$$

$$s_2 - s_1 = c_V \ln \frac{p_2}{p_1} + c_p \ln \frac{v_2}{v_1}$$

(2) 固体及液体的熵变计算

$$\Delta S_{12} = mc \ln \frac{T_2}{T_1}$$

(3) 热源的熵变

如图 4-5 所示，热机循环中的热源 T_1 与冷源 T_2 的熵变分别为

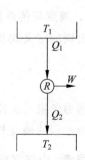

图 4-5　热机循环及冷
热源和冷源

$$\Delta S_1 = \frac{-Q_1}{T_1} \quad 和 \quad \Delta S_2 = \frac{Q_2}{T_2}$$

即热源放热熵减,冷源吸热熵增。

4-2-5 孤立系熵增原理及做功能力损失

1. 孤立系统熵增原理

由于孤立系统与外界没有热量交换,即其熵流 $dS_f = 0$,因此有

$$\Delta S_{iso} \geqslant 0 \quad \begin{cases} > 0, 不可逆过程; \\ = 0, 可逆过程; \\ < 0, 不可能过程。 \end{cases} \tag{4-7}$$

孤立系统熵增原理:孤立系统的熵只能增大(不可逆过程)或不变(可逆过程),绝不可能减小。这是热力学第二定律的又一数学表达式。

注意:此时计算熵变化时,热量的方向应以构成孤立系的各个物体为对象。

用熵增原理解决热力学第二定律非常简单方便,应熟练掌握。以下是用熵增原理处理的几个热力学第二定律问题的结果及 T-s 图表示。

问题(1) 热量 Q 自高温的恒温物体 T_1 传向低温的恒温物体 T_2,如图 4-6 所示。孤立系统由物体 T_1 和物体 T_2 组成,则

$$\Delta S_{iso} = \Delta S_{T_1} + \Delta S_{T_2} = \frac{-Q}{T_1} + \frac{Q}{T_2} = Q\left(\frac{1}{T_2} - \frac{1}{T_1}\right)$$

因为 $T_1 > T_2$,则,

$$\Delta S_{iso} > 0$$

即,热量自高温物体传向低温物体的过程是不可逆过程。图 4-7 为上述过程两热源熵变在 T-s 图上的表示。

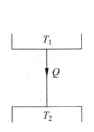

图 4-6 两热源传热过程

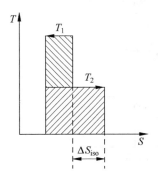

图 4-7 两热源传热过程的熵变

问题(2) 两恒温热源 T_1 和 T_2 间工作的不可逆热机 IR,如图 4-8 所示。对于两恒温热源 T_1 和 T_2 及不可逆热机 IR 组成的孤立系统,

$$\Delta S_{iso} = \Delta S_{T_1} + \Delta S_{T_2} = \frac{-Q_1'}{T_1} + \frac{Q_2'}{T_2} > 0$$

该熵变示于图 4-9。

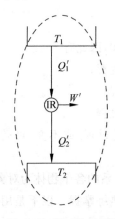

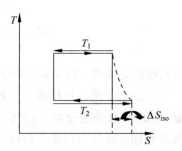

图 4-8 T_1 和 T_2 间工作的不可逆热机   图 4-9 不可逆热机系统的熵变

问题(3) 某热机工作于 $T_1 = 800$ K 和 $T_2 = 285$ K(环境温度)两个热源之间,$q_1 = 600$ kJ/kg,且高温热源存在 50 K 温差传热,热机绝热膨胀不可逆性引起熵增 0.25 kJ/(kg·K),低温热源存在 15 K 温差传热。

该问题可示意于图 4-10,熵变示于图 4-11。

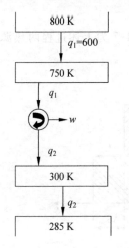

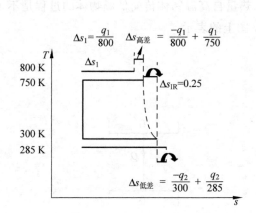

图 4-10 有温差传热不可逆热机   图 4-11 有温差传热不可逆热机系统的熵变

2. 能量贬值

将图 4-6 中的 T_1，T_2 分别作为热源，令卡诺机在热源与环境（冷源）间工作，如图 4-12 所示。则卡诺机分别做功：

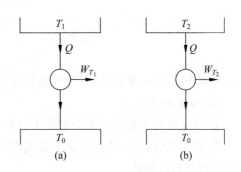

图 4-12 工作在热源与环境间的卡诺热机

$$W_{T_1} = Q\left(1 - \frac{T_0}{T_1}\right),$$

$$W_{T_2} = Q\left(1 - \frac{T_0}{T_2}\right)$$

显然 $W_{T_2} < W_{T_1}$。

上述结果表明，热量 Q 在从高温 T_1 降至低温 T_2 时，数量不变，但由于不可逆使 Q 的做功能力减小。能量的数量不变，而做功能力下降的现象称为**能量贬值**，或者**功的耗散**。

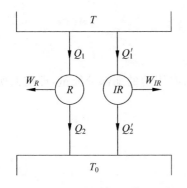

图 4-13 工作在热源与环境间的
卡诺热机和不可逆热机

3. 做功能力损失

系统的作功能力：在给定的环境条件下，系统可能做出的最大有用功。

做功能力损失：不可逆因素导致的做功能力的减少。

例如不可逆热机 IR 与可逆热机 R 同时在热源 T 及环境 T_0 间工作，如图 4-13 所示。

不可逆热机 IR 的做功能力损失为

$$\pi = W_R - W_{IR} = Q_2' - Q_2$$
$$= T_0 \Delta S_{\text{iso}} \tag{4-8}$$

上式表明，系统的做功能力损失等于环境热力学温度与孤立系熵增的乘积。对此应熟练掌握。

4. 关于熵的小结

(1) 熵是广延性的状态参数；

(2) 熵的定义式 $dS = \dfrac{\delta Q_{\text{rev}}}{T}$，即可逆过程热量与热力学温度的比值；

(3) 热力学第二定律的数学表达式可归纳为下列几种。

$$\oint \frac{\delta Q}{T_r} \leqslant 0 \quad \begin{cases} < 0 & \text{不可逆循环} \\ = 0 & \text{可逆循环} \end{cases}$$

$$\Delta S_{12} = S_2 - S_1 \geqslant \int_{12} \frac{\delta Q}{T_r} \quad \begin{cases} > & \text{不可逆过程} \\ = & \text{可逆过程} \end{cases}$$

$$\Delta S = \Delta S_g + \Delta S_f$$

$$\Delta S_{\mathrm{iso}} \geqslant 0 \quad \begin{cases} > 0, & \text{不可逆过程} \\ = 0, & \text{可逆过程} \\ < 0, & \text{不可能过程} \end{cases}$$

各式中 T_r 为热源温度,对于可逆情况,则等于工质温度。

(4) 熵的物理意义

① 可逆过程中系统的熵变表征了与外界传热交换大小与方向。

② 孤立系的熵变(或任何系统的熵产)表征过程不可逆的程度。孤立系熵增越大,表明系统不可逆程度越甚。

③ 自然界的过程总是朝着孤立系熵增的方向进行,所以熵可以作为判断过程方向性的判据。

4-2-6 物理㶲

1. 㶲与能量

㶲和炕

㶲(exergy):给定环境条件下,能量中最大可能转换为有用功的那部分能量,即前面所说的作功能力。

炕(anergy):一切不能转换为㶲的能量。

任何能量 E 均由㶲(E_x)和炕(A_n)形成,即

$$E = E_x + A_n \tag{4-9}$$

㶲与热力学第一定律及热力学第二定律的关系。

热力学第一定律: 㶲与炕的总量保持守恒。

热力学第二定律:

(1) 炕不能转换为㶲。

(2) 可逆过程㶲的保持不变。

(3) 不可逆过程中,部分㶲"退化"为炕。

(4) 孤立系统的㶲值不会增加,只能减少,至多维持不变。这称为**孤立系统㶲原理**。

所以㶲与熵一样,可用作自然过程方向性的判据。

㶲平衡与㶲效率

㶲效率:

$$\eta_{\mathrm{ex}} = \frac{\text{收益㶲}}{\text{支付㶲}} \tag{4-10}$$

对于稳流过程的㶲平衡:

$$\sum E_{\mathrm{ex,in}} = \sum E_{\mathrm{ex,out}} + \sum \prod_i \tag{4-11}$$

式中，$\sum\prod_i$ 代表系统内各种烟损失之和。烟损失也就是前面所说的作功能力损失。

2. 物理烟的计算

1) 热量烟

热量烟 $E_{x,Q}$：给定环境条件下，Q 中能转换的最大有用功。

$$E_{x,Q} = \int \delta Q - T_0 \int \frac{\delta Q}{T} = Q - T_0 \int dS \qquad (4\text{-}12)$$

热量炕为

$$A_{n,Q} = T_0 \int dS$$

热量烟和热量炕可用图 4-14 的 T-S 图表示。

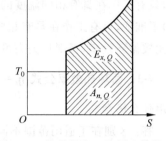

图 4-14 热量烟在 T-S 图上的分布

热量烟的特点：

（1）热量烟的大小与 Q、系统温度 T 及环境温度 T_0 有关。

（2）相同数量的 Q，当环境温度确定以后，T 越高，烟越大。

（3）热量用与热量一样是过程量。

2) 冷量烟

冷量烟：给定环境条件下，吸热 Q_2，对外做的最大有用功；或制造冷量 Q_2 时消耗的最小有用功：

$$E_{x,Q_2} = T_0 \Delta S - Q_2 \qquad (4\text{-}13)$$

如图 4-15 所示。

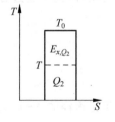

图 4-15 冷量烟在 T-S 图上的表示

3) 稳定流动工质的焓烟

1 kg 稳定流动工质的焓烟（动能和位能忽略）：

$$e_x = (h_0 - h) - T_0(s_0 - s) \qquad (4\text{-}14)$$

4) 内能烟

1 kg 工质的内能烟：

$$e_{x,U} = u - e_0 - p_0(v - v_0) - T_0(s - s_0) \qquad (4\text{-}15)$$

4-3 思考题及解答

4-1 若将热力学第二定律表述为"机械能可以全部变为热能，而热能不可能全部变为机械能"，有何不妥？

答：有两点不妥：①热能是可以全部变为机械能的，例如理想气体的等温膨胀过程；但是热能不可能连续不断地转化为机械能；②没有提到热能与机械能转化过程是否产生了其他影响,并非热不能完全变成功,而是在"不引起其他变化"的条件下,热不能完全变成功。例如理想气体等温膨胀过程,引起了"其他变化",即气体的体积变大。

4-2 "循环功越大,则热效率越高";"可逆循环热效率都相等";"不可逆循环效率一定小于可逆循环效率"。这些结论是否正确?为什么?

答:(1)不准确,只有吸收相同热量的情况下,才循环功越大,则热效率越高。(2)不准确,只有工作在具有相同温度的两个高、低温恒温热源间的可逆热机,其循环热效率才相等。(3)不准确,只有工作在具有相同温度的两个高、低温恒温热源间的可逆或不可逆热机才可以比较循环效率,否则将失去可比性。

4-3 循环热效率公式 $\eta_t = \dfrac{q_1 - q_2}{q_1} = 1 - \dfrac{q_2}{q_1}$ (1) 和 $\eta_t = \dfrac{T_1 - T_2}{T_1} = 1 - \dfrac{T_2}{T_1}$ (2) 有何区别?各适用什么场合?

答:区别在于适用范围不同。式(1)为计算热机效率的通式;式(2)仅适用于计算两个恒温热源 T_1 和 T_2 间卡诺热机的效率。

4-4 理想气体定温膨胀过程中吸收的热量可以全部转换为功,这是否违反热力学第二定律?为什么?

答:理想气体定温膨胀过程中吸收的热量可以全部转换为功,这个过程不违反热力学第二定律。因为在上述过程中,气体的体积变大,也就是说这个热量全部转换为功的过程引起了其他变化,所以不违反热力学第二定律。同时,理想气体定温膨胀过程仅仅是一个单独的过程,而并非循环,即这个过程不可能连续不断地将热量全部转换为功,因此上述过程并不违反热力学第二定律。

4-5 下述说法是否正确?为什么?

(1) 熵增大的过程为不可逆过程;

(2) 不可逆过程 ΔS 无法计算;

(3) 若从某一初态经可逆与不可逆两条途径到达同一终态,则不可逆途径的 ΔS 必大于可逆过程途径的 ΔS;

(4) 工质经不可逆循环,$\Delta S > 0$;

(5) 工质经不可逆循环,由于 $\oint \dfrac{\delta Q}{T_r} < 0$,所以 $\oint dS < 0$;

(6) 可逆绝热过程为定熵过程,定熵过程就是可逆绝热过程;

(7) 自然界的过程都朝着熵增大的方向进行,因此熵减过程不可能实现;

(8) 加热过程,熵一定增大;放热过程,熵一定减小。

答:(1)错误。熵增大有两种可能:熵流和熵产。对于可逆吸热过程,虽然熵产为零,但熵流大于零,所以是熵增大。

(2)错误。熵为状态参数,只要知道不可逆过程的初态参数,就可以计算出过程的 ΔS。

（3）错误。由于熵为状态参数，只要可逆过程与不可逆过程的初、终态分别相同，则这两个过程的 ΔS 相同。

（4）不正确。由于熵是状态参数，工质经循环，无论是否可逆，都是从初态又回到初态，因此 $\Delta S = 0$。

（5）错误。对于工质不可逆过程，$\mathrm{d}S \neq \dfrac{\delta Q}{T_r}$，所以对于不可逆循环，有 $\Delta S = \oint \mathrm{d}S = 0 >$ $\oint \dfrac{\delta Q}{T_r}$。

（6）错误。可逆绝热过程为定熵过程，但定熵过程不一定是可逆绝热过程。因为 $\mathrm{d}S = \mathrm{d}S_f$（熵流）$+ \mathrm{d}S_g$（熵产），且 $\mathrm{d}S_g \geqslant 0$。对于可逆绝热过程，$\mathrm{d}S_f = 0$，$\mathrm{d}S_g = 0$，所以 $\mathrm{d}S = 0$，即可逆绝热过程一定是等熵过程。但是，等熵过程只要保证 $\mathrm{d}S = 0$ 即可。当 $\mathrm{d}S_g > 0$（过程不可逆），$\mathrm{d}S_f < 0$（系统放热），且 $\mathrm{d}S_g + \mathrm{d}S_f = 0$ 时，则为等熵过程，但并非可逆绝热过程。

（7）错误。自然界中所有的自发过程都是朝着熵增大的方向进行的，例如热量从高温传向低温。熵减小的过程在人为作用下是可以实现的，例如对于制冷循环，输入电功使得热量从低温传向高温的过程。

（8）前者正确，后者错误。熵的变化由两个因素导致：传热过程导致的熵流和不可逆过程导致的熵产。对于加热过程，熵流大于零，就算是可逆过程，熵产为零，熵也一定增大；而对于放热过程，熵流为负，但如果为不可逆放热，则熵产大于零，因此熵不一定减小。

4-6 若工质从同一初态经历可逆过程和不可逆过程，若热源条件相同且两过程中吸热量相同，工质终态熵是否相同？

答：工质终态熵不相同。虽然两个过程热源条件相同且过程中吸热量相同，即熵流相同，但是由于不可逆过程的熵产大于可逆过程的熵产（可逆过程熵产为零），因此前者的熵变大于后者。且两个过程工质初态熵值相同，因此不可逆过程工质终态的熵要大于可逆过程终态的熵。

4-7 若工质从同一初态出发，分别经可逆绝热过程与不可逆绝热过程到达相同的终压，两过程终态熵如何？

答：从同一初态出发，达到相同的终压，对于可逆绝热过程，熵变为零；而对于不可逆绝热过程，熵流为零，熵产大于零，因此熵变大于零。因此不可逆绝热过程终态的熵大于可逆绝热过程终态的熵。

4-8 闭口系经历一个不可逆过程，做功 15 kJ，放热 5 kJ，系统熵变为正、为负或不能确定？

答：不能确定。对于闭口系，系统熵的变化仅取决于两个因素：与外界传热引起的熵流和不可逆过程引起的熵产。已知系统对外放热，则熵流为负，且为不可逆过程，则熵产大于零，但是依题意并不能确定熵产的大小，因此不能确定系统的熵变。

4-4 习题详解及简要提示

4-1 试用热力学第二定律证明：在 $p\text{-}v$ 图上，两条可逆绝热线不可能相交。

证明：如图 4-16 所示，假设两条等熵线 a 与 b 交于 O 点，而一条等温线 c 与 a、b 分别相交于 A、B，则三条线构成一个循环。若某工质依循环 $ABOA$ 正向循环工作，则工质在 AB 过程中等温吸热，对外做净功为 $ABOA$ 所围成的面积，而未放热，即单热源热机循环。这违反了热力学第二定律的开氏表述。因此两等熵线不能相交。

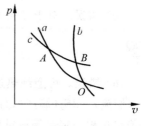

图 4-16

提示：有同学构造循环时，没有用等温线，而是用了等压线或者等容线，那么就没构成单热源热机，而是多热源热机（热源温度不是定值），不能直接说违反了开氏表述。此外还有同学没有应用热力学第二定律进行证明。

4-2 (1) 可逆机从热源 T_1 吸热 Q_1，在热源 T_1 与环境（温度为 T_0）之间工作，能做出多少功？

(2) 根据卡诺定理降低冷源温度可以提高热效率，有人设想用一可逆制冷机造成一个冷源 $T_2(T_2 < T_0)$，令可逆热机在 T_1 与 T_2 间工作，你认为此法是否有效？为什么？

解：

(1) 由卡诺定理，相同恒温热源间工作的可逆机效率与卡诺热机效率相等，故做功 $W = Q\eta_{t,c} = Q_1\left(1 - \dfrac{T_0}{T_1}\right)$。

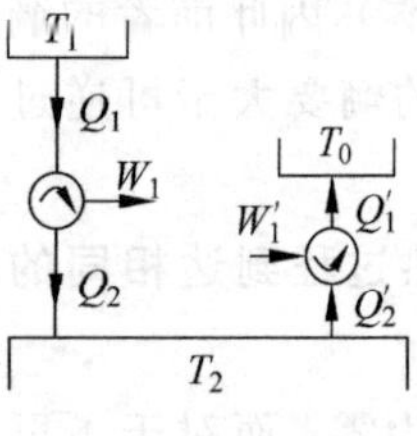

(2) 依题意，构建图 4-17 可逆热机和可逆制冷机

解法一：

对于热机有 $Q_1 = W_1 + Q_2$

对于制冷机有 $Q_1' = W_1' + Q_2'$

且为维持冷源 T_2 温度不变，必有 $Q_2 = Q_2'$

则 $Q_1 - Q_1' = W_1 - W_1'$

图 4-17

则总效率 $\eta = \dfrac{W_1 - W_1'}{Q_1} = \dfrac{Q_1 - Q_1'}{Q_1} = 1 - \dfrac{Q_1'}{Q_1} = 1 - \dfrac{Q_2'\dfrac{T_0}{T_2}}{Q_2\dfrac{T_1}{T_2}} = 1 - \dfrac{T_0}{T_1}$

可见，与可逆热机工作在 T_1 和 T_0 间的效率相等，故此方法无效。

解法二：对于热机，$W_1 = Q_1\left(1 - \dfrac{T_2}{T_1}\right)$，$Q_2 = Q_1\dfrac{T_2}{T_1}$

对于制冷机，$W_1' = Q_2'\left(\dfrac{T_0}{T_2} - 1\right)$

且 $Q_2' = Q_2$

所以对外做净功,$W_1 - W_1' = Q_1\left(1 - \dfrac{T_2}{T_1}\right) - Q_1\dfrac{T_2}{T_1}\left(\dfrac{T_0}{T_2} - 1\right) = Q_1\left(1 - \dfrac{T_0}{T_1}\right)$

可见对外做功量与(1)相同,故此法无效。

提示:注意两种典型错误:一是直接说加入制冷机会额外消耗功,效率降低;二是错误应用 $\eta_{\text{overall}} = \eta \cdot \varepsilon$。

4-3　温度为 T_1,T_2 的两个热源间有两个卡诺机 A 与 B 串联工作(即中间热源接受 A 机的放热同时向 B 机供给等量热)。试证这种串联工作的卡诺热机总效率与工作于同一 T_1,T_2 热源间的单个卡诺机效率相同。

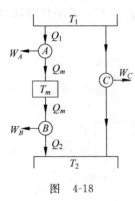

图　4-18

证明:依题意画出示意图 4-18,A,B 串联的效率为

$$\eta_{t,A+B} = \frac{W_A + W_B}{Q_1}$$

$$= \frac{Q_1\eta_{t,A} + (Q_1 - Q_1\eta_{t,A})\eta_{t,B}}{Q_1}$$

$$= \eta_{t,A} + (1 - \eta_{t,A})\cdot\eta_{t,B}$$

$$= 1 - \frac{T_m}{T_1} + 1 - \frac{T_2}{T_m} - \left[\left(1 - \frac{T_m}{T_1}\right)\left(1 - \frac{T_2}{T_m}\right)\right]$$

$$= 1 - \frac{T_2}{T_1}$$

$$= \eta_{t,C}$$

即这种串联工作的卡诺热机总效率与工作于同一 T_1,T_2 热源间的单个卡诺机效率相同。

4-4　如图 4-19 所示的循环,试判断下列情况哪些是可逆的? 哪些是不可逆的? 哪些是不可能的?

(1) $Q_L = 1\,000\ \text{kJ},W = 250\ \text{kJ}$;

(2) $Q_L = 2\,000\ \text{kJ},Q_H = 2\,400\ \text{kJ}$;

(3) $Q_H = 3\,000\ \text{kJ},W = 250\ \text{kJ}$。

解:

(1) 依题意,$Q_H = Q_L + W = 1\,000 + 250 = 1\,250\ \text{kJ}$

且,

$$\Delta S_{\text{iso}} = \Delta S_H + \Delta S_L + \Delta S$$

$$= \frac{1\,250}{300} + \frac{-1\,000}{250} + 0$$

$$= 0.17\ \text{kJ/K} > 0$$

即,孤立系统熵增,故为不可逆循环。

(2) 依题意

$$\Delta S_{\text{iso}} = \Delta S_H + \Delta S_L + \Delta S = \frac{2\,400}{300} + \frac{-2\,000}{250} + 0 = 0$$

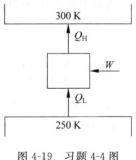

图 4-19　习题 4-4 图

即孤立系统熵变为零,故为可逆循环。

(3) 依题意,$Q_L = Q_H - W = 3\,000 - 250 = 2\,750$ kJ

且

$$\Delta S_{iso} = \Delta S_H + \Delta S_L + \Delta S = \frac{3\,000}{300} + \frac{-2\,750}{250} + 0 = -1 \text{ kJ/K}$$

即孤立系统熵减少了,故循环不可能。

提示:除了上述孤立系统熵增原理,还可用克劳修斯不等式、卡诺逆循环的制冷系数或供热系数来判定。但在用制冷系数或供热系数的定义时,有同学错误地用可逆热机的效率公式来定义制冷机制冷系数。

4-5 试判断如图 4-20 所示的可逆循环中 Q_3 的大小与方向、Q_2 的方向及循环净功 W 的大小与方向。

解:设循环从 $T_2 = 200$ K 热源吸热,对可逆循环有

$$\oint \frac{\delta Q}{T_r} = \frac{Q_1}{T_1} + \frac{Q_2}{T_2} + \frac{Q_3}{T_3} = 0$$

即 $\dfrac{400}{400} + \dfrac{800}{200} + \dfrac{Q_3}{300} = 0$

解得 $Q_3 = -1\,500$ kJ

则循环净功

$$W = Q_1 + Q_2 + Q_3$$
$$= 400 + 800 - 1\,500 = -300 \text{ kJ}$$

即循环从 T_2 吸热,向 T_3 放热 1 500 kJ,对外做功 300 kJ。

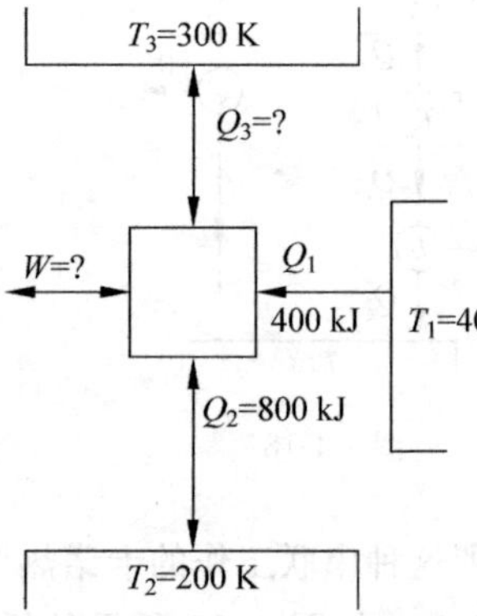

图 4-20 习题 4-5 图

若设循环向 $T_2 = 200$ K 热源放热,则

$$\oint \frac{\delta Q}{T_r} = \frac{Q_1}{T_1} + \frac{Q_2}{T_2} + \frac{Q_3}{T_3} = 0$$

即 $\dfrac{400}{400} - \dfrac{800}{200} + \dfrac{Q_3}{300} = 0$

解得 $Q_3 = 900$ kJ

则循环净功

$$W = Q_1 + Q_2 + Q_3$$
$$= 400 - 800 + 900 = 500 \text{ kJ}$$

即循环从 T_3 吸热 900 kJ,向 T_2 放热,对外做功 500 kJ。

4-6 若封闭系统经历一过程,熵增为 25 kJ/K,从 300 K 的恒温热源吸热 8 000 kJ,此过程可逆?不可逆?还是不可能?

解:取该封闭系统和 300 K 恒温热源组成的孤立系统,其熵变为

$$\Delta S_{iso} = 25 + \frac{-8\,000}{300} = -1.7\ \text{kJ/K} < 0$$

即孤立系统熵减,故此过程不可能发生。

4-7 设有一个能同时生产冷空气和热空气的装置,参数如图 4-21 所示。

(1)判断此装置是否可能?为什么?

(2)如果不可能,在维持各处原摩尔数、环境温度 $t_0 = 0{}^{\circ}\text{C}$ 不变的情况下,你认为改变哪一个参数就能使之成为可能?但必须保证同时生产冷、热空气。

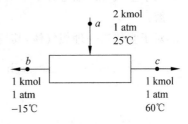

图 4-21 习题 4-7 图

解:(1)取图 4-21 所示装置为热力系,因无功交换,由热力学第一定律,有

$$
\begin{aligned}
Q = \Delta H &= \Delta H_{ab} + \Delta H_{ac} \\
&= n_b (C_{p,m})(t_b - t_a) + n_c (C_{p,m})(t_c - t_a) \\
&= 1 \times 29 \times (-15 - 25) + 1 \times 29 \times (60 - 25) = -146.538\ \text{kJ}
\end{aligned}
$$

即向环境放热 146.538 kJ。

取装置与环境为孤立系,其中空气熵变:

$$
\begin{aligned}
\Delta S_{air} &= \Delta S_{ab} + \Delta S_{ac} \\
&= n_b C_{p,m} \ln \frac{T_b}{T_a} + n_c C_{p,m} \ln \frac{T_c}{T_a} = 1 \times 29 \times \left(\ln \frac{258.15}{298.15} + \ln \frac{333.15}{298.15} \right) \\
&= -0.968\,9\ \text{kJ/K}
\end{aligned}
$$

$$\left(\text{因 } p_b = p_c = p_a \quad \text{所以 } \ln \frac{p_b}{p_a} = \ln \frac{p_c}{p_a} = 0 \right)$$

而环境熵变:$\Delta S_{surr} = \dfrac{-Q}{T_0} = \dfrac{146.538}{273.15} = 0.536\,5\ \text{kJ/K}$

所以,孤立系统熵变:$\Delta S_{iso} = \Delta S_{air} + \Delta S_{surr} = -0.432\,4\ \text{kJ/K} < 0$

故为不可能。

(2)为使装置成为可能,必须满足 $\Delta S_{iso} \geqslant 0$,而

$$
\begin{aligned}
\Delta S_{air} &= \Delta S_{ab} + \Delta S_{ac} \\
&= n \left(C_{p,m} \ln \frac{T_c}{T_a} - R_m \ln \frac{p_b}{p_a} \right) + n \left(C_{p,m} \ln \frac{T_c}{T_a} - R_m \ln \frac{p_c}{p_a} \right) \quad (n_b = n_c = n)
\end{aligned}
$$

$$\Delta S_{surr} = \frac{-Q_0}{T_0} = \frac{-n C_{p,m}(T_b + T_c - 2T_a)}{T_0}$$

因此有

$$
\begin{aligned}
\Delta S_{iso} &= \Delta S_{air} + \Delta S_{surr} \\
&= n C_{p,m} \ln \frac{T_b T_c}{T_a^2} - n R_m \ln \frac{p_b p_c}{p_a^2} - n \frac{C_{p,m}(T_b + T_c - 2T_a)}{T_0} \geqslant 0
\end{aligned}
$$

只要满足该条件,过程就可能实现。

原则上可以改变 $T_a, T_b, T_c, p_a, p_b, p_c$ 中任一参数均可,其中增大 p_a 是最切实可行的,代入得 $p_a > 1.04 \times 10^5$ Pa 即可。另外将升高 t_a 至 43.2℃,也切实可行。

4-8 空气在轴流压气机中被绝热压缩,增压比为4.2,初、终态温度分别为 20℃ 和 200℃,求空气在压缩过程中熵的变化。

解:

对于空气这一理想气体,其熵变

$$\Delta s = c_p \ln \frac{T_2}{T_1} - R \ln \frac{p_2}{p_1}$$

$$= 1.003 \times \ln \frac{273 + 200}{273 + 20} - 0.278 \times \ln 4.2$$

$$= 0.069\,4 \text{ kJ/(kg} \cdot \text{K)}$$

4-9 从 553 K 的热源直接向 278 K 的环境传热,如果传热量为 100 kJ,此过程中总熵变化是多少?做功能力损失又是多少?

解: 取热源和环境为孤立系,两者交换的热量记为 Q,则:

$$\Delta S_{\text{iso}} = \frac{-Q}{T_1} + \frac{Q}{T_0} = Q\left(\frac{1}{T_0} - \frac{1}{T_1}\right) = 100 \times \left(\frac{1}{278} - \frac{1}{553}\right) = 0.178\,9 \text{ kJ/K}$$

做功能力损失: $\Pi = T_0 \Delta S_{\text{iso}} = 278 \times 0.178\,9 = 49.73$ kJ

4-10 将 5 kg 0℃的冰投入盛有 25 kg 温度为 50℃水的绝热容器中,求冰完全融化且与水的温度均匀一致时系统的熵的变化。已知冰的融解热为 333 kJ/kg。

解: 绝热过程,且无功,由热力学第一定律有:$\Delta U_1 + \Delta U_2 = 0$

记冰融化后与水一致的温度为 t_m,则

$$\lceil m_1 c(t_m - t_1) + m_1 r \rceil + m_2 c(t_m - t_2) = 0$$

则 $$t_m = \frac{m_1 t_1 + m_2 t_2 - m_1 \dfrac{r}{c}}{m_1 + m_2} = \frac{5 \times 0 + 25 \times 50 - 5 \times \dfrac{333}{4.18}}{5 + 25} = 28.4℃$$

系统熵变为

$$\Delta S = \frac{m_1 r}{T_1} + m_1 c \ln \frac{T_m}{T_1} + m_2 c \ln \frac{T_m}{T_2}$$

$$= \frac{5 \times 333}{273} + 5 \times 4.18 \times \ln \frac{28.4 + 273}{273} + 25 \times 4.18 \times \ln \frac{28.4 + 273}{273 + 50}$$

$$= 0.934\,3 \text{ kJ/K}$$

提示: 首先利用热平衡确定系统的最终温度,然后计算熵变,熵变包括三部分:融冰、0℃水升温、50℃水降温。

4-11 在有活塞的气缸装置中,将 1 kmol 理想气体在 400 K 下从 100 kPa 缓慢地定温压缩到 1 000 kPa,计算下列三种情况下,此过程的气体熵变、热源熵变及总熵变:

(1) 若过程中无摩擦损耗,而热源的温度也为 400 K;

（2）过程中无摩擦损耗，热源温度为 300 K；

（3）过程中有摩擦损耗，比可逆压缩多消耗 20％的功，热源温度为 300 K。

解：

气缸中 1 kmol 理想气体被等温压缩，容积变化功：

$$W = \int p\mathrm{d}V = pV\ln\frac{p_1}{p_2} = nR_mT\ln\frac{p_1}{p_2}$$

$$= 1 \times 8.314 \times 400 \times \ln\frac{100}{1\,000} = -7\,657.75\ \text{kJ}$$

气体熵变：$\Delta S = -nR\ln\dfrac{p_2}{p_1} = -1 \times 8.314 \times \ln\dfrac{1\,000}{100} = -19.14\ \text{kJ/K}$

理想气体定温过程，$\Delta U = 0$

（1）过程无摩擦损耗，热源温度为 400 K

由热力学第一定律有 $Q_1 = W_1 = W = -7\,657.75\ \text{kJ}$

热源熵变：$\Delta S_{r,1} = \dfrac{-Q_1}{T_{r1}} = \dfrac{7\,657.75}{400} = 19.14\ \text{kJ/K}$

总熵变：$\Delta S_1 = \Delta S + \Delta S_{r,1} = 0$

（2）过程无摩擦耗散，故气体放热及耗功与（1）相同，

即 $Q_2 = W_2 = W = -7\,657.75\ \text{kJ}$

热源温度为 300 K，故：$\Delta S_{r,2} = \dfrac{-Q_2}{T_{r2}} = \dfrac{7\,657.75}{300} = 25.53\ \text{kJ/K}$

总熵变：$\Delta S_2 = \Delta S + \Delta S_{r,2} = 25.53 - 19.14 = 6.39\ \text{kJ/K}$

（3）摩擦损耗要多消耗 20％的功，

则 $Q_3 = W_3 = W(1+20\%) = -9\,189.3\ \text{kJ}$

热源温度为 300 K，故其熵变：$\Delta S_{r,3} = \dfrac{-Q_3}{T_{r,3}} = \dfrac{9\,189.3}{300} = 30.63\ \text{kJ/K}$

总熵变：$\Delta S_3 = \Delta S + \Delta S_{r,3} = 30.63 - 19.14 = 11.49\ \text{kJ/K}$

提示：（2）过程的温差传热及（3）过程的摩擦耗散均导致熵增。

4-12　两个质量相等、比热容相同（都为常数）的物体，A 物体的初温为 T_A，B 物体初温为 T_B，用它们作热源和冷源，使可逆机在其间工作，直至两个物体温度相等时为止。

（1）试求平衡时温度 T_m；

（2）求可逆机总功量；

（3）如果两物体直接进行热交换，求温度相等时的平衡温度 T'_m 及两物体的总熵变。

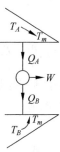

解：

（1）依题意，画出示意图 4-22，由孤立系统熵增原理，有

$$\Delta S_{\text{iso}} = \Delta S_{\text{热源}} + \Delta S_{\text{冷源}} + \Delta S_{\text{热机}} = 0$$

图　4-22

即 $$\int \frac{\delta Q_A}{T} + \int \frac{\delta Q_B}{T} + 0 = 0$$

所以 $$\int_{T_A}^{T_m} \frac{\delta Q_A}{T} = -\int_{T_B}^{T_m} \frac{\delta Q_B}{T}$$

而 $$\delta Q = mc\,\mathrm{d}T$$

则 $$\int_{T_A}^{T_m} \frac{mc\,\mathrm{d}T}{T} = -\int_{T_B}^{T_m} \frac{mc\,\mathrm{d}T}{T}$$

整理得 $\ln \dfrac{T_m}{T_A} = -\ln \dfrac{T_m}{T_B}$

即 $T_m = \sqrt{T_A T_B}$

（2）可逆热机的功量：

$$W = Q_A - Q_B = mc\big[(T_A - T_m) - (T_m - T_B)\big] = mc(T_A + T_B - 2\sqrt{T_A T_B})$$

（3）两物体直接进行热交换，则 $Q_A = Q_B$

即 $$mc(T_A - T'_m) = mc(T'_m - T_B)$$

可得 $$T'_m = \frac{1}{2}(T_A + T_B)$$

总熵变：

$$\Delta S = \int_{T_A}^{T'_m} \frac{\delta Q_A}{T} + \int_{T_B}^{T'_m} \frac{\delta Q_B}{T} = mc\left(\int_{T_A}^{T'_m} \frac{\mathrm{d}T}{T} + \int_{T_B}^{T'_m} \frac{\mathrm{d}T}{T}\right)$$

$$= mc\left(\ln \frac{T'_m}{T_A} + \ln \frac{T'_m}{T_B}\right) = mc\ln \frac{T'^2_m}{T_A T_B} = mc\ln \frac{(T_A + T_B)^2}{4T_A T_B} > 0$$

4-13 一个绝热容器被一导热的活塞分隔成两部分。初始时活塞被销钉固定在容器的中部，左、右两部分容积均为 $V_1 = V_2 = 0.001\ \mathrm{m^3}$，空气温度均为 300 K，左边压力为 $p_1 = 2 \times 10^5\ \mathrm{Pa}$，右边压力为 $p_2 = 1 \times 10^5\ \mathrm{Pa}$。突然拔除销钉，最后达到新的平衡，试求左、右两部分容积及整个容器内空气的熵变。

解：依题意，初态时 $V_1 = V_2$，$T_1 = T_2 = T$，记左右两边气体摩尔数为 n_1、n_2，对左右两腔气体有，

$$p_1 V = n_1 R_m T, \quad p_2 V = n_2 R_m T,$$

所以，$\dfrac{n_1}{n_2} = \dfrac{p_1}{p_2} = 2$

由于活塞导热，达到新平衡时终温相同，记为 T'，整个容器绝热，且没有做功，由热力学第一定律，有

$$\Delta U = \Delta U_1 + \Delta U_2 = 0$$

即 $$n_1 C_{v,m}(T' - T) + n_2 C_{v,m}(T' - T) = 0$$

故有 $$T' = T = 300\ \mathrm{K}$$

记终态左右容积分别为 V_1', V_2'，则

$$p_1 V = p_1' V_1', \quad p_2 V = p_2' V_2'$$

又活塞平衡时 $\quad p_1' = p_2'$，

则 $\dfrac{V_1'}{V_2'} = \dfrac{p_1}{p_2} = 2$，

又由于 $V_1' + V_2' = 2V_1$

于是可解得 $\quad V_1' = \dfrac{4}{3} V_1, \quad V_2' = \dfrac{2}{3} V_1 = \dfrac{2}{3} V_2$

左腔气体熵变：$\Delta S_1 = n_1 R_m \ln \dfrac{V_1'}{V_1} = \dfrac{p_1 V_1}{T_1} \ln \dfrac{V_1'}{V_1} = \dfrac{2 p_2 V_2}{T} \ln \dfrac{4}{3}$

$$= \dfrac{2 \times 10^5 \times 0.001}{300} \ln \dfrac{4}{3} = 0.190\,1 \text{ J/K}$$

右腔气体熵变：$\Delta S_2 = n_2 R_m \ln \dfrac{V_2'}{V_2} = \dfrac{p_2 V_2}{T} \ln \dfrac{2}{3} = \dfrac{1 \times 10^5 \times 0.001}{300} \ln \dfrac{2}{3} = -0.133\,5 \text{ J/K}$

总熵变：$\Delta S = \Delta S_1 + \Delta S_2 = 0.056\,6 \text{ J/K}$

4-14 图 4-23 为一烟气余热回收方案。设烟气比热容 $c_p = 1\,400 \text{ J/(kg · K)}, c_V = 1\,000 \text{ J/(kg · K)}$。试求：

（1）烟气流经换热器时传给热机工质的热量 Q_1；

（2）热机放给大气的最少热量 Q_2；

（3）热机输出的最大功 W。

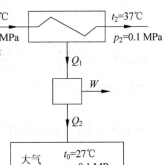

图 4-23　习题 4-14 图

解：

（1）对于换热器，因轴功为零，故

$$Q_1' = \Delta H = m c_p \Delta T$$
$$= 6 \times 1.4 \times (37 - 527) = -4\,116 \text{ kJ},$$

则热机吸热 $Q_1 = -Q_1' = 416 \text{ kJ}$

（2）若使 Q_2 最小，则必为可逆过程，即

$$\Delta S_{\text{iso}} = \Delta S_{\text{换热器}} + \Delta S_{\text{大气}} = 0$$

而 $\quad \Delta S_{\text{换热器}} = m C_p \ln \dfrac{T_2}{T_1} = 6 \times 1.4 \times \ln \dfrac{37 + 273}{527 + 273} = -7.964 \text{ kJ/K}$

$$\Delta S_{\text{大气}} = \dfrac{Q_2}{T_{\text{大气}}} = \dfrac{Q_2}{273 + 27} = \dfrac{Q_2}{300}$$

则 $\quad \Delta S_{\text{iso}} = -7.964 + \dfrac{Q_2}{300} = 0$

得 $\quad Q_2 = 2\,389 \text{ kJ}$

（3）此时热机输出的功最大：$W = Q_1 - Q_2 = 4\,116 - 2\,389 = 1\,727$ kJ

4-15 如图 4-24 所示，两股空气在绝热流动中混合，求标准状态下（0.101 325 MPa，273 K）的 V_3（m³/min），t_3 及最大可能达到的压力 p_3（MPa）。

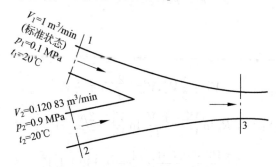

$V_1 = 1$ m³/min
（标准状态）
$p_1 = 0.1$ MPa
$t_1 = 20℃$

$V_2 = 0.120\,83$ m³/min
$p_2 = 0.9$ MPa
$t_2 = 20℃$

图 4-24 习题 4-15 图

解：标准状态以下标"0"表示，对于第二股空气流

$$\frac{p_0 V_{20}}{T_0} = m_2 R = \frac{p_2 V_2}{T_2}$$

所以 $V_{20} = \dfrac{p_2 V_2 T_0}{p_0 T_2} = \dfrac{0.9 \times 0.120\,83 \times 273}{0.101\,325 \times 293} = 1$ m³/min

而依题意 $V_{10} = 1$ m³/min，故混合后的空气在标准状态下的流率为

$$V_{30} = V_{10} + V_{20} = 2 \text{ m}^3/\text{min}$$

对于该混合过程，由热力学第一定律 $Q = \Delta H + W_s$，绝热 $Q = 0$，无功 $W_s = 0$，则

$$\Delta H = 0$$

即 $V_{10} h_1' + V_{20} h_2' = V_{30} h_3'$

而 $t_1 = t_2$，则 $h_1' = h_2'$

$1 \times h_1' + 1 \times h_2' = 2 \times h_3'$

所以 $h_3' = h_1'$ 对理想气体，则

$$t_3 = t_1 = 20℃$$

欲使 p_3 为最大，则此时应为可逆绝热过程，即

$$\Delta s_{\text{iso}} = \Delta s_{13} + \Delta s_{23} = 0$$

而 $T_1 = T_2 = T_3$

所以

$$\Delta s_{13} = c_p \ln \frac{T_3}{T_1} - R \ln \frac{p_3}{p_1} = -R \ln \frac{p_3}{p_1}$$

$$\Delta s_{23} = c_p \ln \frac{T_3}{T_2} - R \ln \frac{p_3}{p_2} = -R \ln \frac{p_3}{p_2}$$

则

$$\Delta s_{\text{iso}} = -R \left(\ln \frac{p_3}{p_1} + \ln \frac{p_3}{p_2} \right) = 0$$

得

$$2 \ln p_3 = \ln(p_1 p_2)$$

所以 $$p_3 = \sqrt{p_1 p_2} = \sqrt{0.09} = 0.3 \text{ MPa}$$

4-16 5 kg 的水起初与温度为 295 K 的大气处于热平衡状态。用一制冷机在这 5 kg 水与大气之间工作,使水定压冷却到 280 K,求所需的最小功是多少?

解法一:由题意画出示意图 4-25,对制冷机、大气、水组成的孤立系,若耗功最小,则

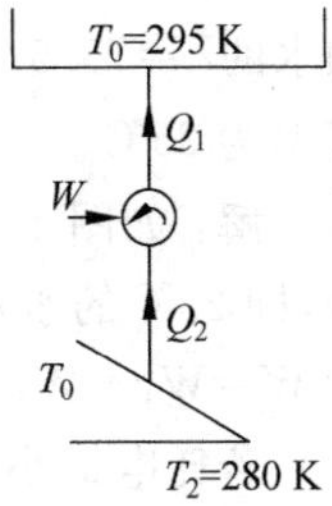

$$\Delta S_{\text{iso}} = \Delta S_{\text{水}} + \Delta S_{\text{制冷机}} + \Delta S_{\text{大气}} = 0$$

即

$$mc \ln \frac{T_2}{T_0} + 0 + \frac{Q_2 + W}{T_0} = 0$$

$$T_0 mc \ln \frac{T_2}{T_0} + mc(t_0 - T_2) + W = 0$$

所以

$$W = -mcT_0 \left(\ln \frac{T_2}{T_0} + 1 - \frac{T_2}{T_0} \right)$$

$$= -5 \times 4.18 \times 295 \times \left(\ln \frac{280}{295} + 1 - \frac{280}{295} \right)$$

$$= 8.25 \text{ kJ}$$

图 4-25

解法二:制冷机可逆时耗功最小,对于每一个微元卡诺制冷循环,其耗功为

$$\delta W = \frac{T_0 - T}{T} \delta Q_2 = \frac{T_0 - T}{T} mc(-\mathrm{d}T)$$

所以

$$W = -mc \int_{T_0}^{T_2} \frac{T_0 - T}{T} \mathrm{d}T$$

$$= -mc \left[T_0 \ln \frac{T_2}{T_0} - (T_2 - T_0) \right]$$

$$= -mcT_0 \left(\ln \frac{T_2}{T_0} + 1 - \frac{T_2}{T_0} \right)$$

$$= 8.25 \text{ kJ}$$

4-17 质量为 m,比热容为定值 c 的两个相同的物体处于同一温度 T_i。将这两个物体作为制冷机的冷、热源,使热从一个物体移至另一个物体,其结果,一个物体温度连续下降,而另一个物体温度连续上升。求当被冷却的物体温度降为 $T_f (T_f < T_i)$ 时所需的最小功 $W_{\min}$。

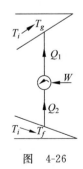

图 4-26

解:记被加热物体终温 T_g,若耗功最小,则必为可逆过程

对于图 4-26 所示孤立系,有

即

$$\Delta S_{\text{iso}} = \Delta S_{\text{热源}} + \Delta S_{\text{冷源}} + \Delta S_{\text{制冷机}} = 0$$

故

$$mc \ln \frac{T_g}{T_i} + mc \ln \frac{T_f}{T_i} + 0 = 0$$

所以

$$T_g = \frac{T_i^2}{T_f}$$

最小耗功：$W_{\min} = Q_1 - Q_2 = mc(T_g - T_i) - mc(T_i - T_f)$

$$= mc\left(\frac{T_i^2}{T_f} + T_f - 2T_i\right)$$

4-18 用家用电冰箱将 1 kg 25℃的水制成 0℃的冰，试问需要的最少电费应是多少？已知水的 $\bar{c} = 75.57$ J/(mol · K)，冰 0℃时的熔解热为 6 013.5 J/mol，电费为 0.16 元/(kW · h)，室温为 25℃。

解：如图 4-27 所示，将 25℃水制成 0℃冰需要经过两个过程，即 25℃的水被冷却至 0℃和 0℃的水变成 0℃的冰，则耗功为 $W = W_1 + W_2$

若耗电最小，则各过程必均可逆。

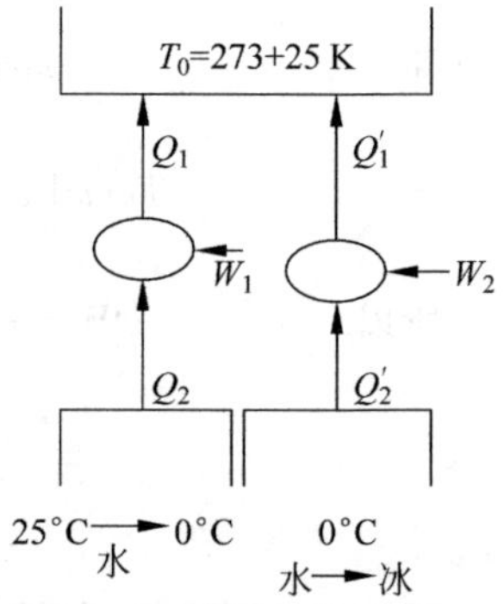

解法一：用孤立系熵增原理

对于用冰箱将 25℃冰降温至 0℃水过程

$$\Delta S_{\text{iso}} = \Delta S_{\text{水}} + \Delta S_{\text{大气1}} = 0$$

$$mc\ln\frac{T_2}{T_0} + \frac{Q_2 + W_1}{T_0} = 0$$

$$mc\ln\frac{T_2}{T_0} + \frac{mc(T_0 - T_2) + W_1}{T_0} = 0$$

所以

$$W_1 = -mcT_0\left(\ln\frac{T_2}{T_0} + 1 - \frac{T_2}{T_0}\right)$$

$$= -1 \times \frac{75.57}{18} \times (273 + 25) \times \left(\ln\frac{273}{273 + 25} + 1 - \frac{273}{273 + 25}\right)$$

$$= 4.665 \text{ kJ}$$

对于用冰箱将 0℃水冻成 0℃冰过程

$$\Delta S_{\text{iso}} = \Delta S_{\text{水-冰}} + \Delta S_{\text{大气2}} = 0$$

$$\frac{-Q_2'}{T_2} + \frac{Q_2' + W_2}{T_0} = 0$$

所以

$$W_2 = Q_2'\left(\frac{T_0}{T_2} - 1\right) = mr\left(\frac{T_0}{T_2} - 1\right)$$

$$= 1 \times \frac{6\,013.5}{18} \times \left(\frac{273 + 25}{273} - 1\right)$$

$$= 30.593 \text{ kJ}$$

总耗功量：$W_1 + W_2 = 4.665 + 30.593 = 35.258$ kJ

电费：$\dfrac{35.258}{3\,600} \times 0.16 = 0.001\,6$ 元

解法二：直接计算制冷机耗功

卡诺制冷机时耗功最小

$$\delta W_1 = \frac{T_0 - T}{T}\delta Q_2 = \frac{T_0 - T}{T}mc(-\mathrm{d}T)$$

图 4-27

所以
$$W_1 = -mc\int_{T_0}^{T_2} \frac{T_0 - T}{T}\mathrm{d}T = -mcT_0\left(\ln\frac{T_2}{T_0} + 1 - \frac{T_2}{T_0}\right)$$

$$W_2 = \frac{T_0 - T_2}{T_2}Q_2' = Q_2'\left(\frac{T_0}{T_2} - 1\right)$$

（与解法一结果相同）

4-19 刚性绝热容器内储有 2.3 kg，98 kPa，60℃的空气，并且容器内装有一搅拌器。搅拌器由容器外的电动机带动，对空气进行搅拌，直至空气升温到 170℃为止。求此不可逆过程中做功能力的损失。已知环境温度为 18℃。

解：绝热刚性容器内工质为孤立系，则

$$\Delta S_{\mathrm{iso}} = \Delta S_{\text{工质}} = mc_V\ln\frac{T_2}{T_1} + R\ln\frac{v_2}{v_1} = mc_V\ln\frac{T_2}{T_1}$$

$$= 2.3 \times 0.718\ln\frac{170 + 273}{60 + 273} = 0.474 \text{ kJ/K}$$

所以，此不可逆过程中做功能力损失为

$$\Pi = T_0\Delta S_{\mathrm{iso}} = (273 + 18) \times 0.474 = 137.9 \text{ kJ}。$$

4-20 如图 4-28 所示，压气机空气进口温度为 17℃，压力为 1.0×10^5 Pa，经历不可逆绝热压缩后其温度为 207℃，压力为 4.0×10^5 Pa，若室内温度为 17℃，大气压力为 1×10^5 Pa，求：

(1) 此压气机实际消耗的轴功；

(2) 进、出口空气的焓㶲；

(3) 消耗的最小有用功；

(4) 㶲损失；

(5) 压气机㶲效率。

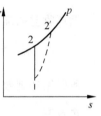

图 4-28

解：

(1) 压气机实际消耗的轴功：

$$w_s = (h_1 - h_{2'}) = c_p(t_1 - t_{2'}) = 1.005 \times (17 - 207) = -190.88 \text{ kJ/kg}$$

(2) 进口：$e_{x,h_1} = (h_1 - h_0) - T_0(s_1 - s_0) = (h_1 - h_0) - T_s(s_1 - s_0) = 0$

出口：$e_{x,h_{2'}} = (h_{2'} - h_0) - T_0(s_{2'} - s_0) = (h_{2'} - h_1) - T_1(s_{2'} - s_1)$

$$= 190.88 - T_1\left(c_p\ln\frac{T_{2'}}{T_1} - R\ln\frac{p_2}{p_1}\right) = 159.6 \text{ kJ/kg}$$

(3) $w_{\min} = e_{x,h_1} - e_{x,h_{2'}} = -159.6 \text{ kJ/kg}$

(4) $\pi = w_s - w_{\min} = -190.88 + 159.6 = -31.28 \text{ kJ/kg}$

或 $\pi = e_{x,h_1} - e_{x,h_{2'}} - w_s = 0 - 159.6 + 190.88 = -31.28 \text{ kJ/kg}$

(5) $\eta_{\mathrm{ex}} = \dfrac{w_{\min}}{w_s} = \dfrac{159.6}{190.88} = 83.6\%$

4-21 在一个可逆热机循环中,工质氢定压下吸热,温度从 300℃升高到 850℃,其比定压热容 $c_p=5.193$ kJ/(kg·K),已知环境温度为 298 K。求循环的最大㶲效率和最大热效率。

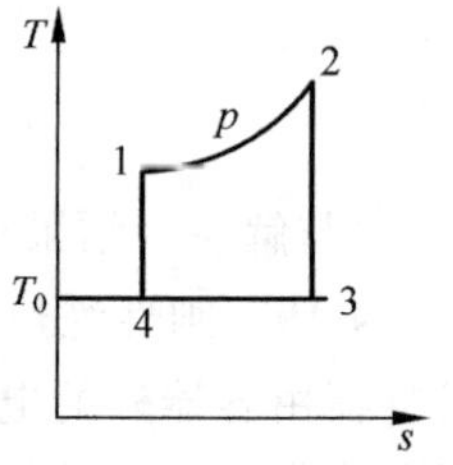

解:因为是可逆循环,则循环中无㶲损失,所以可直接断定循环的㶲效率为 100%,当然也可算循环的㶲效率。

欲获得最大热效率,则冷源温度需取最低,依题意取环境温度,循环如图 4-29 所示。

解法一:由于等压加热,则 $\delta q=\mathrm{d}h=c_p\mathrm{d}T$

支付给循环的㶲为热量㶲

$$e_{xq}=\int_1^2\left(1-\frac{T_0}{T}\right)\delta q$$

$$=\int_1^2 c_p\mathrm{d}T-T_0\int_1^2\frac{c_p\mathrm{d}T}{T}=c_p(T_2-T_1)-T_0 c_p\ln\frac{T_2}{T_1}$$

$$\text{或}=q-T_0\Delta s$$

或支付给循环的㶲也可看成焓㶲

$$e_{xh}=e_{x_2}-e_{x_1}=h_2-h_1-T_0(s_2-s_1)=c_p(T_2-T_1)-T_0 c_p\ln\frac{T_2}{T_1}$$

循环收益的㶲为循环净功

$$w_{\max}=q_1-q_2=c_p(T_2-T_1)-T_0\Delta s=c_p(T_2-T_1)-T_0 c_p\ln\frac{T_2}{T_1}$$

所以循环㶲效率 $\eta_{\mathrm{ex}}=\dfrac{w_{\max}}{e_{xq}}=\dfrac{w_{\max}}{e_{xh}}=100\%$

热效率

$$\eta_t=\frac{w_{\max}}{q_1}=1-\frac{q_2}{q_1}=1-\frac{T_0 c_p\ln\dfrac{T_2}{T_1}}{c_p(T_2-T_1)}=1-\frac{T_0\ln\dfrac{T_2}{T_1}}{T_2-T_1}$$

$$=1-\frac{298\ln\dfrac{850+273}{300+273}}{850-300}=63.5\%$$

解法二:用 Δs_{iso} 求 q_2,再求 w。

热源和冷源与热机交换的微热量分别记为 δq_1 和 δq_2,可逆热机循环如图 4-30 所示,

则 $\Delta s_{\mathrm{iso}}=\Delta s_{热}+\Delta s_{冷}=0$

即

$$\Delta s_{\mathrm{iso}}=\int\frac{-\delta q_1}{T}+\int\frac{\delta q_2}{T_0}=0$$

$$\int_1^2\frac{-c_p\mathrm{d}T}{T}+\frac{q_2}{T_0}=0$$

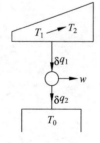

图　4-30

图　4-29

所以
$$q_2 = T_0 c_p \ln \frac{T_2}{T_1}$$

定压加热，则
$$q_1 = \Delta h = c_p(T_2 - T_1)$$

所以
$$w_{\max} = q_1 - q_2 = c_p(T_2 - T_1) - T_0 c_p \ln \frac{T_2}{T_1}$$

$$\eta_t = \frac{w_{\max}}{q_1}$$

第 5 章

气体动力循环

5-1 本章主要要求

掌握活塞式内燃机三种理想循环的特点和计算以及三者的对比方法；熟练掌握燃气动力循环的设备组成、其理想循环（勃雷登循环）与实际循环的计算及比较，要特别清晰掌握压气机及燃气轮机效率的概念；掌握提高燃气动力循环热效率的手段（如回热、回热＋间冷、回热＋再热、回热＋间冷＋再热）及相应的热力计算。

5-2 本章内容精要

气体动力循环是以远离液态区的气体为工质的热力循环。本章主要讨论各种气体动力循环的理想循环，对其进行热力学分析计算，并探讨提高循环热效率的途径。

5-2-1 活塞式内燃机的三种理想循环及其对比

1. 活塞式内燃机的理想循环

（1）混合加热循环

柴油机的实际循环经过抽象和概括后被理想化为**混合加热循环**，如图 5-1 所示，1-2 为定熵压缩过程，2-3 为定容加热过程，3-4 为定压加热过程，4-5 为定熵膨胀过程，5-1 为定容放热过程。

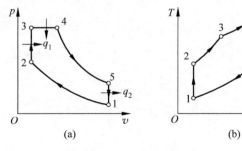

(a)　　　　　　　　　　　　(b)

图 5-1　混合加热循环

循环的吸热量 q_1 和放热量 q_2 分别为

$$q_1 = c_V(T_3 - T_2) + c_p(T_4 - T_3)$$

$$q_2 = q_1 = c_V(T_3 - T_2)$$

循环热效率

$$\eta_t = 1 - \frac{q_2}{q_1} = 1 - \frac{T_3 - T_2}{(T_3 - T_2) + k(T_4 - T_3)}$$

引入循环的特性参数,**压缩比** $\varepsilon = \dfrac{v_1}{v_2}$,**定容增压比** $\lambda = \dfrac{p_3}{p_2}$ 和**预胀比** $\rho = \dfrac{v_4}{v_3}$,利用过程方程,可推得

$$\eta_t = 1 - \frac{\lambda\rho^k - 1}{\varepsilon^{k-1}\big[(\lambda - 1) + k\lambda(\rho - 1)\big]} \tag{5-1}$$

可见 η_t 随压缩比 ε、定容增压比 λ 的增大而提高,随预胀比 ρ 的增大而降低。

（2）**定容加热循环**

定容加热循环是煤气机和汽油机理想循环,如图 5-2 所示,1-2 为定熵压缩过程,2-3 为定容加热过程,3-4 为定熵膨胀过程,4-1 为定容放热过程。

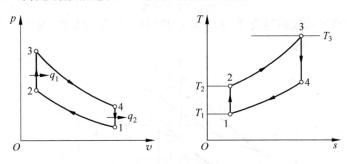

图 5-2 定容加热循环

定容加热循环的热效率可用混合加热循环的分析方法推得,也可以将 $\rho = 1$ 代入式(5-1)得到

$$\eta_t = 1 - \frac{1}{\varepsilon^{k-1}} \tag{5-2}$$

上式表明,定容加热循环热效率随着压缩比 ε 增大而提高。

汽油机的压缩比在一般为 $5\sim10$,而柴油机的一般为 $7\sim21$,前者循环热效率相对较低,但轻型小巧。

（3）**定压加热循环**

定压加热循环,是早期低速柴油机的理想循环,如图 5-3 所示,1-2 为定熵压缩过程,2-3 为定压加热过程,3-4 为定熵膨胀过程,4-1 为定容放热过程。

定压加热循环的热效率可用混合加热循环的分析方法推得,也可以把 $\lambda = 1$ 代入公式(5-1)导得。

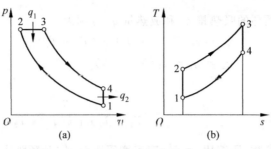

图 5-3 定压加热循环

2. 三种理想循环热效率的对比

(1) 具有相同压缩比和吸热量

图 5-4 为压缩比及吸热量相同的条件下的三种理想循环。1-2-3-4-1 是定容加热循环，1-2-3'-4'-1 是定压加热循环，1-2-3''-4''-5''-1 是混合加热循环。

由图可见三个循环放热量的相对大小为，$q_{2,V} < q_{2,m} < q_{2,p}$，而吸热量 q_1 相同，则热效率的相对大小为

$$\eta_{t,V} > \eta_{t,m} > \eta_{t,p}$$

也可以用循环平均吸热温度 $\overline{T}_1$ 和平均放热温度 $\overline{T}_2$ 进行分析，见图 5-4。

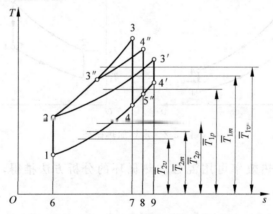

图 5-4 压缩比和吸热量相同时的三种循环

(2) 具有相同的最高压力和最高温度

最高压力及最高温度相同实际上是热力强度和机械强度相同。图 5-5 为在此条件下的三个循环，1-2-3-4-1 是定容加热循环，1-2'-3-4-1 是定压加热循环，1-2''-3''-3-4-1 是混合加热循环。由图可见，三者的平均放热温度 $\overline{T}_2$ 相同，平均吸热温度 $\overline{T}_1$ 有如下关系：

$$\overline{T}_{1,p} > \overline{T}_{1,m} > \overline{T}_{1,V}$$

依据循环热效率 $\eta_t = 1 - \dfrac{\overline{T}_2}{\overline{T}_1}$，可得

$$\eta_{t,p} > \eta_{t,m} > \eta_{t,V}$$

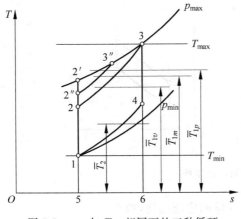

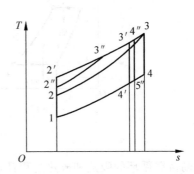

图 5-5 p_{max} 与 T_{max} 相同下的三种循环   图 5-6 T_{max} 和 q_1 相同下的三种循环

（3）具有相同的最高压力和热负荷

该条件下的三个循环如图 5-6 所示，1-2-3-4-1 是定容加热循环，1-2′-3′-4′-1 是定压加热循环，1-2″-3″-4″-5″-1 是混合加热循环。由图 5-6 可见，三个循环的放热量的相对大小为，$q_{2,V} > q_{2,m} > q_{2,p}$，吸热量相同，则

$$\eta_{t,V} < \eta_{t,m} < \eta_{t,p}$$

5-2-2 勃雷登循环与燃气动力的实际循环

1. 燃气轮机装置的理想循环

燃气轮机动力循环主要由压气机、燃烧室和燃气轮机组成，如图 5-7 所示。

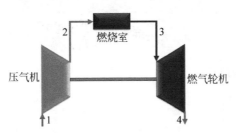

图 5-7 燃气轮机动力循环的设备示意图

对实际的燃气轮机动力循环进行如下理想化处理：

（1）工质视为理想气体的空气，且比热容为定值；

（2）将燃气轮机排气到压气机吸气的过程看成向大气的等压放热过程；

（3）工质经历的都是可逆过程。

这样形成了封闭的燃气轮机装置的理想循环——**勃雷登循环**，如图 5-8 所示，由 2 个等压和 2 个等熵过程组成。

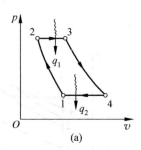 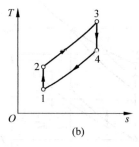

图 5-8　勃雷登循环

勃雷登循环的吸热和放热过程都是理想气体的定压过程,故有

$$q_1 = c_P(T_3 - T_2)$$
$$q_2 = c_P(T_4 - T_1)$$

将 q_1,q_2 的值代入热效率公式,得

$$\eta_t = 1 - \frac{q_2}{q_1} = \frac{T_3 - T_2}{T_4 - T_1} \tag{5-3}$$

利用定熵过程和等压过程的过程特点,及**循环增压比** $\pi = \dfrac{p_2}{p_1}$,可得

$$\eta_t = 1 - \frac{1}{\pi^{\frac{k-1}{k}}} \tag{5-4}$$

即勃雷登循环的热效率随循环增压比 π 的增大而提高。

循环增压比不仅影响效率,也影响循环净功。如图 5-9 所示,存在一个使循环的净功输 w_{net} 最人的最佳增压比,

$$\pi_{opt} = \tau^{\frac{k}{2(k-1)}} = \left(\frac{T_3}{T_1}\right)^{\frac{k}{2(k-1)}} \tag{5-5}$$

其中,$\tau = \dfrac{T_3}{T_1}$ 为**循环增温比**。

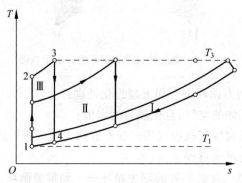

图 5-9　循环增压比对净功的影响

2. 燃气轮机装置的实际循环

燃气轮机实际循环的许多环节存在不可逆损失，一般主要考虑损失较大的压缩和膨胀过程，如图 5-10 所示，认为压气机中的压缩过程 1-2a 和燃气轮机中的膨胀过程 3-4a 都是不可逆绝热过程。

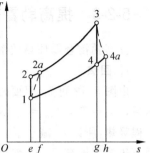

压气机的**绝热效率**是其理想耗功量与实际耗功量之比，

$$\eta_c = \frac{h_2 - h_1}{h_{2a} - h_1} \tag{5-6}$$

而燃气轮机的**相对内效率**是其实际做功量与理想做功量之比，

$$\eta_{oi} = \frac{h_3 - h_{4a}}{h_3 - h_4} \tag{5-7}$$

图 5-10 考虑摩擦的燃气
动力循环

则实际循环的吸热量，

$$q_1' = h_3 - h_{2a} = h_3 - h_1 - \frac{h_2 - h_1}{\eta_c}$$

实际循环的净功量，

$$w_{\text{net}}' = (h_3 - h_{4a}) - (h_{2a} - h_1) = \eta_{oi}(h_3 - h_4) - \frac{h_2 - h_1}{\eta_c}$$

所以，实际循环的热效率（取 c_P 为定值）

$$\eta_t' = \frac{w_{\text{net}}'}{q_1'} = \frac{\eta_{oi}\,\dfrac{\tau}{\pi^{\frac{k-1}{k}}} - \dfrac{1}{\eta_c}}{\dfrac{\tau - 1}{\pi^{\frac{k-1}{k}} - 1} - \dfrac{1}{\eta_c}} \tag{5-8}$$

分析上式及图 5-11 可得

（1）η_{oi} 和 η_c 越大，实际循环热效率 η_t' 越高；

（2）循环增温比 τ 越大，实际循环热效率也越高；

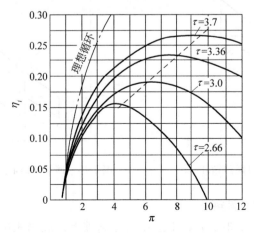

图 5-11 燃气动力循环实际热效率的影响因素

（3）在增温比一定时，存在使热效率最大的最佳增压比，且随增温比的增大，最佳增压比增大，相应的最大效率也增大。

5-2-3　提高勃雷登循环热效率的主要途径

提高勃雷登循环热效率，除上述改变循环特性参数法之外，主要采用如下方法。

1. 回热

由图 5-12 可见，只要燃气轮机的排气温度 T_4 高于压气机出口的空气温度 T_2，理想回热后，$T_{2R} = T_4$，$T_{4R} = T_2$，这时 4-4_R 过程放热量正好等于 2-2_R 过程的吸热量，即只有 2_R-3 过程吸热，所以 q_1 减小了。而循环净功 w_{net}（即所包围的面积）与未采用回热时相同，所以循环热效率提高了。当然也可以从平均吸热温度 $\overline{T}_1$ 上升和平均放热温度 $\overline{T}_2$ 降低得到同样的结论。

上述为理想的回热循环。实际上回热器出口的温度 T_{2A} 要低于 T_{2R}（$= T_4$），见图 5-12。为此引入回热器**回热度 σ**，它是空气实际的回热量与理想回热量之比：

$$\sigma = \frac{h_{2A} - h_2}{h_{2R} - h_2}$$

2. 回热基础上的中间冷却

理想情况下，在图 5-13 中，将燃气轮机回热循环 1-2-3_R-3-4-4_R-1 中的压缩过程改为两级压缩中间冷却，则循环变为 1-1_i-5-2_i-3-4-1，这时压气机出口的空气温度降低为 T_{2i}，且有 $T_{2i} = T_{4i}$，与回热循环相比，增加了循环净功（面积 1_i-5-2_i-2-1_i），而吸热量 q_1（2_R-3 过程）没变，因此热效率得到提高。

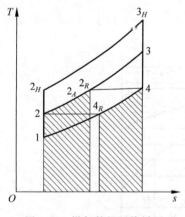

图 5-12　燃气轮机回热循环

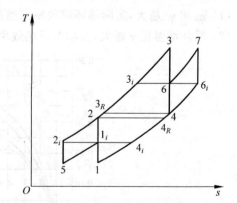

图 5-13　回热基础上间冷、再热燃气轮机循环

3. 回热基础上的中间再热

图 5-13 中的循环 1-2-3-6-7-6_i-1 是在回热基础上二级膨胀中间再热循环，从压气机出来的空气回热到 T_{3i}（高于回热循环的回热温度 T_{2R}），与回热循环（1-2-3_R-3-4-4_R-1）相

比，增加了循环净功（面积 4-6-7-6_r-4），而循环放热量 q_2（4_R-1 过程）不变，由

$$\eta_t = \frac{w_{\text{net}}}{w_{\text{net}} + q_2} = \frac{1}{1 + q_2/w_{\text{net}}}$$

则循环热效率提高。

5-3 思考题及解答

5-1　活塞式内燃机的平均吸热温度相当高，为什么循环热效率还不是很高？是否因平均放热温度太高所致？

答：对于活塞式内燃机，虽然平均吸热温度相当高，但平均放热温度也较高，即平均吸热温度与平均放热温度之间的差值不够大，因此该循环热效率不是很高。同时，由于受气缸材料限制，压缩比不能很高，因此循环热效率有限。

5-2　如图 5-14 所示，若把 3-4 绝热膨胀过程持续到 $p_5 = p_1$，然后实现定压放热过程，这样在奥图循环基础上作了改善之后的新循环，是否可以通过降低平均放热温度而提高循环热效率？若可以，为何实际上没有这种发动机？

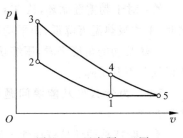

图 5-14　思考题 5-2 图

答：在 T-s 图上可以看出，当气缸中绝热膨胀过程持续到 $p_5 = p_1$，然后实现定压放热过程，确实可以降低平均放热温度，从而提高循环效率。但实际上没有这种发动机，因为这种做法在经济上并不值得：一方面放热平均温度降低量有限，另一方面，要将绝热膨胀持续到 $p_5 = p_1$，比容从 v_4 增大到 v_5，就要增大气缸容积很多，这将大大增加设备成本。

5-3　为什么内燃机一般具有体积小、单位质量功率大的特点？

答：由于在内燃机循环过程中，循环工质是在封闭的有限空间内燃烧取得热量的；在做功设备入口处，工质的温度和压力较外燃机（如朗肯循环）高（即做功能力大），因此内燃机体积小，单位质量功率大。

5-4　既然压缩过程需要消耗功，为什么内燃机或燃气轮机装置在燃烧过程前要有压缩过程？

答：内燃机或燃气轮机，都是利用高温高压气体工质的膨胀降压而推动活塞或叶轮机械来对外做功的。所以在此之前要对工质升压，即进行压缩，而且该压缩过程必须在燃烧前完成。若在燃烧后压缩，然后膨胀，则膨胀功小于压缩功，即不能输出有用功。

5-5　在相同压缩比$\left(\varepsilon = \dfrac{v_1}{v_2}\right)$的情况下，奥图循环与卡诺循环热效率的表达式相同，这是否意味着这种情况下奥图循环达到了卡诺循环的理想水平。

答：否。奥图循环的吸热和放热过程均为定容过程，是变温过程；而卡诺循环的吸、放热过程均为定温过程。奥图循环的热效率小于其同温限卡诺循环的热效率，$\eta_{tc} = 1 - \dfrac{T_1}{T_s}$。

5-6 勃雷登循环采用回热的条件是什么？一旦可以采用回热，为什么总会带来循环热效率的提高？

答：勃雷登循环采用回热的条件是：燃气轮机的排气温度高于压气机出口的空气温度。

一旦采用回热，则循环的平均吸热温度上升，而平均放热温度下降，即平均吸热温度和放热温度的温差加大，则循环效率总会提高。或解释为：经回热后，循环的吸热量减小，而做功量不变，所以循环热效率提高。

5-7 气体的压缩过程，定温压缩比绝热压缩耗功少。但在勃雷登循环中，如果不采用回热，气体压缩过程越趋近于定温压缩反而越使循环热效率降低。这是为什么？

答：对于勃雷登循环，从 $T\text{-}s$ 图中可以看出，如果不采用回热，当气体越趋近于定温压缩时，平均吸热温度降低，而平均放热温度不变，则循环热效率降低。

从热及功的角度来看，压缩功是小了、净功也相应地增加了，但吸热量增加的幅度更大，使得效率不升反降。

5-8 为什么说从能源问题和环境污染问题出发，斯特林发动机又重新引起人们的重视？

答：斯特林循环是概括性卡诺循环，其热效率为同温限卡诺循环的热效率，即能源利用效率高。另外，斯特林循环不是通过在气缸内燃烧取得热量，而是通过气缸外高温热源取得热量，为此可采用价廉易得的燃料，也可用太阳能及原子能作为热源，这有利于节能和环保。

5-4 习题详解及简要提示

5-1 压缩比为 8.5 的奥图循环，工质可视为空气，$k = 1.4$，压缩冲程的初始状态为 100 kPa，27℃，吸热量为 920 kJ/kg，活塞排量为 4 300 cm³。试求：

（1）各个过程终了的压力和温度；

（2）循环热效率；

（3）平均有效压力。

解：

（1）等熵压缩过程终了状态为图 5-15 中 2 点：

因为 $\dfrac{p_2}{p_1} = \left(\dfrac{v_1}{v_2}\right)^k$， $\dfrac{T_2}{T_1} = \left(\dfrac{v_1}{v_2}\right)^{k-1}$

所以 $p_2 = p_1 \varepsilon^k = 10^5 \times 8.5^{1.4} = 2 \times 10^6 \ \text{Pa}$

$T_2 = T_1 \varepsilon^{k-1} = (27 + 273) \times 8.5^{0.4} = 706 \ \text{K}$

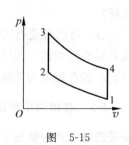

图 5-15

等容加热过程终了状态为 3 点

因为 $$q_1 = \frac{R}{k-1}(T_3 - T_2)$$

所以 $$T_3 = q_1 \frac{k-1}{R} + T_2 = 920 \times \frac{1.4-1}{0.287} + 706 = 1\,988 \text{ K}$$

$$p_3 = p_2 \frac{T_3}{T_2} = 2 \times 10^6 \times \frac{1\,988}{706} = 5.63 \times 10^6 \text{ Pa}$$

定熵膨胀过程终了状态为 4 点

因为 $$\frac{p_4}{p_3} = \left(\frac{v_3}{v_4}\right)^k = \left(\frac{v_2}{v_1}\right)^k$$

所以 $$p_4 = p_3 \frac{1}{\varepsilon^k} = 5.63 \times 10^6 \times \frac{1}{8.5^{1.4}} = 2.81 \times 10^5 \text{ Pa}$$

$$T_4 = T_3 \frac{1}{\varepsilon^{k-1}} = 1\,988 \times \frac{1}{8.5^{0.4}} = 845 \text{ K}$$

（2）循环热效率 $$\eta_t = 1 - \frac{1}{\varepsilon^{k-1}} = 1 - \frac{1}{8.5^{0.4}} = 57.5\%$$

（3）平均有效压力

$$p_m = \frac{w_{net}}{v_h} = \frac{q_1 \eta_t}{v_1 - v_2} = \frac{q_1 \eta_t}{v_1 - v_1/\varepsilon} = \frac{q_1 \eta_t}{v_1\left(1 - \frac{1}{\varepsilon}\right)} = \frac{q_1 \eta_t}{\frac{RT_1}{p_1}\left(1 - \frac{1}{\varepsilon}\right)}$$

$$= \frac{920 \times 57.5\%}{\frac{0.287 \times (273 + 27)}{100}\left(1 - \frac{1}{0.85}\right)} = 696 \text{ kPa}$$

5-2 压缩比为 7.5 的奥图循环，吸气状态为 98 kPa 和 285 K，试分别计算在（1）$k = 1.3$ 和（2）$k = 1.4$ 两种情况下，压缩冲程终了的压力和温度以及循环热效率。

解：

（1）$k = 1.3$ 时

$$p_2 = p_1 \varepsilon^k = 98 \times 10^3 \times 7.5^{1.3} = 1.35 \times 10^6 \text{ Pa}$$

$$T_2 = T_1 \varepsilon^{k-1} = 285 \times 7.5^{0.3} = 521.6 \text{ K}$$

$$\eta_t = 1 - \frac{1}{\varepsilon^{k-1}} = 1 - \frac{1}{7.5^{0.3}} = 45.4\%$$

（2）$k = 1.4$ 时

$$p_2 = p_1 \varepsilon^k = 98 \times 10^3 \times 7.5^{1.4} = 1.65 \times 10^6 \text{ Pa}$$

$$T_2 = T_1 \varepsilon^{k-1} = 285 \times 7.5^{0.4} = 638 \text{ K}$$

$$\eta_t = 1 - \frac{1}{\varepsilon^{k-1}} = 1 - \frac{1}{7.5^{0.4}} = 53.3\%$$

5-3 某奥图循环的发动机，余隙容积比为 8.7%，空气与燃料的比是 28，空气流量为 0.20 kg/s，燃料热值为 42 000 kJ/kg，吸气状态为 100 kPa 和 20℃，试求：

（1）各过程终了状态的温度和压力；

（2）循环做出的功率；

（3）循环热效率；

（4）平均有效压力。

解：

（1）余隙比

$$c = \frac{V_2}{V_1 - V_2} = \frac{1}{\frac{V_1}{V_2} - 1} = \frac{1}{\varepsilon - 1}$$

则

$$\varepsilon = 1 + \frac{1}{c} = 1 + \frac{1}{0.087} = 12.5$$

压缩终态

$$p_2 = p_1 \varepsilon^k = 10^5 \times 12.5^{1.4} = 3.43 \times 10^6 \text{ Pa}$$

$$T_2 = T_1 \varepsilon^{k-1} = (20 + 273) \times 12.5^{0.4} = 804.7 \text{ K}$$

设燃料燃烧放热全被利用，则吸热率为

$$Q_1 = \dot{m}_f \cdot q_f = 0.2/28 \times 42\,000 = 300 \text{ kJ/s}$$

加热终态

$$T_3 = T_2 + \frac{\dot{Q}_1}{\dot{m} c_V} = 804.7 + \frac{300}{0.2 \times 0.717} = 2\,897 \text{ K}$$

$$p_3 = \frac{p_2}{T_2} T_3 = \frac{3.43 \times 10^6}{804.7} \times 2\,897 = 1.2 \times 10^7 \text{ Pa}$$

膨胀终态

$$P_4 = P_3 \frac{1}{\varepsilon^k} = 1.2 \times 10^7 \times \frac{1}{12.5^{1.4}} = 3.495 \times 10^5 \text{ Pa}$$

$$T_4 = T_3 \frac{1}{\varepsilon^{k-1}} = 2\,897 \times \frac{1}{12.5^{0.4}} = 1\,053.5 \text{ K}$$

$$\dot{Q}_2 = \dot{m} c_V (T_4 - T_1) = 0.2 \times 0.717 \times (1\,053.5 - 293) = 109.1 \text{ kJ/s}$$

（2）循环做功率

$$\dot{W} = \dot{Q}_1 - \dot{Q}_2 = 300 - 109.1 = 190.9 \text{ kJ/s}$$

（3）循环热效率

$$\eta_t = 1 - \frac{\dot{Q}_2}{\dot{Q}_1} = 1 - \frac{109.1}{300} = 63.6\%$$

（4）

$$\dot{V}_1 = \frac{\dot{m} R T_1}{p_1} = \frac{0.2 \times 287 \times 293}{10^5} = 0.168 \text{ m}^3/\text{s}$$

$$\dot{V}_2 = \frac{\dot{V}_1}{\varepsilon} = \frac{\dot{V}_1}{12.5} = 0.013\,44 \text{ m}^3/\text{s}$$

平均有效压力 $p_m = \dfrac{\dot{W}}{\dot{V}_h} = \dfrac{190.9}{\dot{V}_1 - \dot{V}_2} = \dfrac{190.9}{0.168 - 0.013\,44} = 1.23 \times 10^6$ Pa

5-4 一个压缩比为 6 的奥图循环,吸气时的压力和温度分别为 100 kPa 和 300 K,在定容过程吸热 540 kJ/kg,空气流率是 100 kg/h,$k = 1.4$,$c_V = 0.71$ kJ/(kg·K)。试求:

(1) 输出功率;

(2) 平均有效压力;

(3) 循环热效率。

解:

(1)
$$T_2 = T_1 \varepsilon^{k-1} = 300 \times 6^{0.4} = 614 \text{ K}$$

$$T_3 = T_2 + \frac{q_1}{c_V} = 614 + \frac{540}{0.71} = 1\,375 \text{ K}$$

$$T_4 = T_3 \frac{1}{\varepsilon^{k-1}} = 1\,375 \times \frac{1}{6^{0.4}} = 671 \text{ K}$$

输出功率,$\dot{W} = \dot{m}q_1 - \dot{m}c_V(T_4 - T_1) = 100 \times [540 - 0.71 \times (671 - 300)]$
$$= 27\,659 \text{ kJ/h} = 7.68 \text{ kW}$$

(2)
因为 $\dot{V}_1 = \dfrac{\dot{m}RT_1}{p_1} = \dfrac{100 \times 287 \times 300}{10^5}$

$$= 86.1 \text{ m}^3/\text{h}, \dot{V}_2 = \frac{\dot{V}_1}{\varepsilon} = \frac{86.1}{6} = 14.35 \text{ m}^3/\text{h}$$

平均有效压力为

$$p_m = \frac{\dot{W}}{\dot{V}_h} = \frac{\dot{W}}{\dot{V}_1 - \dot{V}_2} = \frac{27\,659}{86.1 - 14.35} = 3.85 \times 10^5 \text{ Pa}$$

(3) 循环热效率

$$\eta_t = 1 - \frac{1}{\varepsilon^{k-1}} = 1 - \frac{1}{6^{0.4}} = 51.2\%$$

5-5 某狄塞尔循环,压缩冲程的初始状态为 90 kPa,10℃,压缩比为 18,循环最高温度是 2 100℃。试求循环热效率以及绝热膨胀过程的初、终状态。

解: 狄塞尔循环的 p-v 和 T-s 图如 5-16 和图 5-17 所示,由等熵压缩 1-2、等压吸热 2-3、等熵膨胀 3-4 和等容放热 4-1 过程组成。绝热膨胀过程的初、终态分别为图中的 3 和 4 点。

$$p_3 = p_2 = p_1 \varepsilon^k = 90 \times 10^3 \times 18^{1.4} = 5.15 \times 10^6 \text{ Pa}$$

$$v_3 = \frac{RT_3}{p_3} = \frac{287 \times (2\,100 + 273)}{5.15 \times 10^6} = 0.132 \text{ m}^3/\text{kg}$$

$$v_4 = v_1 = \frac{RT_1}{p_1} = \frac{287 \times (10 + 273)}{90 \times 10^3} = 0.902 \ \text{m}^3/\text{kg}$$

$$v_2 = v_1/\varepsilon = 0.050 \ 1 \ \text{m}^3/\text{kg}$$

$$p_4 = p_3 \left(\frac{v_3}{v_4}\right)^k = 5.15 \times 10^6 \times \left(\frac{0.132}{0.902}\right)^{1.4} = 3.49 \times 10^5 \ \text{Pa}$$

热效率, $\quad \eta_t = 1 - \frac{\rho^k - 1}{\varepsilon^{k-1} k(\rho - 1)} = 1 - \frac{\left(\frac{0.132}{0.050\ 1}\right)^{1.4} - 1}{18^{0.4} \times 1.4 \times \left(\frac{0.132}{0.050\ 1} - 1\right)} = 60.3\%$

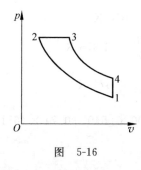
图 5-16

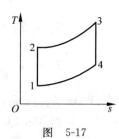
图 5-17

5-6 压缩比为 16 的狄塞尔循环,压缩冲程的初始温度为 288 K,膨胀冲程终温是 940 K,工质可视为空气,$k = 1.4$.试计算循环热效率。

解法一:利用吸热量及放热量计算热效率

$$T_2 = T_1 \varepsilon^{k-1} = 288 \times 16^{0.4} = 873 \ \text{K}$$

$$T_3 = \frac{T_2}{v_2} v_3 = \frac{T_2}{v_2} \cdot \frac{v_1 T_4^{\frac{1}{k-1}}}{T_3^{\frac{1}{k-1}}} = \frac{v_1}{v_2} T_2 \frac{T_4^{\frac{1}{k-1}}}{T_3^{\frac{1}{k-1}}}$$

故

$$T_3 = \varepsilon^{\frac{k-1}{k}} T_2^{\frac{k-1}{k}} T_4^{\frac{1}{k}} = 16^{\frac{0.4}{1.4}} \times 873^{\frac{0.4}{1.4}} \times 940^{\frac{1}{1.4}} = 2\ 034 \ \text{K}$$

$$\eta_t = 1 - \frac{c_V(T_4 - T_1)}{c_p(T_3 - T_1)} = 1 - \frac{T_4 - T_1}{k(T_3 - T_1)} = 1 - \frac{940 - 288}{1.4 \times (2\ 034 - 873)} = 59.9\%$$

解法二:直接用热效率公式

$$\rho = \frac{v_3}{v_2} = \frac{T_3}{T_2} = \frac{2\ 034}{873} = 2.33$$

$$\eta_t = 1 - \frac{\rho^k - 1}{\varepsilon^{k-1} k(\rho - 1)} = 1 - \frac{2.33^{1.4} - 1}{16^{0.4} \times 1.4 \times (2.33 - 1)} = 59.8\%$$

5-7 混合加热理想循环,吸热量是 1 000 kJ/kg,定容过程和定压过程的吸热量各占一半。压缩比是 14,压缩过程的初始状态为 100 kPa,27℃.试计算:

(1) 输出净功;

（2）循环热效率。

解：混合加热理想循环 $T\text{-}s$ 图如图 5-18 所示。

（1）$T_2 = T_1 \varepsilon^{k-1} = (27+273) \times 14^{0.4} = 862$ K

$$T_3 = T_2 + \frac{q_1/2}{c_V} = 862 + \frac{1\,000/2}{0.717} = 1\,559 \text{ K}$$

$$T_4 = T_3 + \frac{q_1/2}{c_P} = 1\,559 + \frac{1\,000/2}{1.005} = 2\,050 \text{ K}$$

$$v_1 = \frac{RT_1}{p_1} = \frac{287 \times 300}{10^5} = 0.861 \text{ m}^3/\text{kg}$$

$$v_3 = v_2 = \frac{v_1}{\varepsilon} = \frac{0.861}{14} = 0.061\,5 \text{ m}^3/\text{kg}$$

$$v_4 = \frac{v_3}{T_3} \cdot T_4 = \frac{0.061\,5}{1\,559} \times 2\,056 = 0.081\,1 \text{ m}^3/\text{kg}$$

$$T_5 = T_4 \left(\frac{v_4}{v_5}\right)^{k-1} = 799 \text{ K}$$

放热量：$q_2 = c_V(T_5 - T_1) = 0.717 \times (799-300) = 358$ kJ/kg

净功：$w_{\text{net}} = q_1 - q_2 = 1\,000 - 358 = 642$ kJ/kg

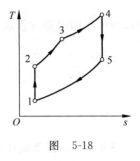

图　5-18

（2）循环热效率：$\eta_t = \dfrac{w_{\text{net}}}{q_1} = \dfrac{642}{1\,000} = 64.2\%$

5-8　混合加热循环（如图 5-19 所示）中，$t_1 = 90℃$，$t_2 = 400℃$，$t_3 = 590℃$，$t_5 = 300℃$。工质可视为空气，比热为定值。求循环热效率及同温限卡诺循环热效率。

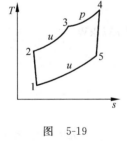

图　5-19

解：

因为　　　　　$\Delta s_{2-3} + \Delta s_{3-4} = \Delta s_{1-5}$

所以　　　　　$\Delta s_{3-4} = \Delta s_{1-5} - \Delta s_{2-3}$

即　　　　$c_p \ln \dfrac{T_4}{T_3} = c_V \ln \dfrac{T_5}{T_1} - c_V \ln \dfrac{T_3}{T_2}$

$$\ln \frac{T_4}{T_3} = \frac{1}{k} \ln \left(\frac{T_5}{T_1} \times \frac{T_2}{T_3}\right)$$

所以

$$T_4 = T_3 \left(\frac{T_5}{T_1} \times \frac{T_2}{T_3}\right)^{\frac{1}{k}}$$

$$= 863 \times \left(\frac{300+273}{90+273} \times \frac{400+273}{590+273}\right)$$

$$= 1\,001 \text{ K}$$

循环热效率：

$$\eta_t = 1 - \frac{T_5 - T_1}{(T_3 - T_2) + k(T_4 - T_3)}$$

$$= 1 - \frac{573 - 363}{(863-673) + 1.4 \times (1\,001-863)} = 45.2\%$$

同温限卡诺循环热效率：

$$\eta_{t,c} = 1 - \frac{T_1}{T_4} = 1 - \frac{363}{1\,001} = 63.7\%$$

另，也可利用过程方程求 T_4：

因为
$$T_4 = T_3 \frac{v_4}{v_3} = T_3 \frac{v_4}{v_1 \left(\frac{T_1}{T_2}\right)^{\frac{1}{k-1}}} = T_3 \left(\frac{T_2}{T_1}\right)^{\frac{1}{k-1}} \frac{v_4}{v_1} = T_3 \left(\frac{T_2}{T_1}\right)^{\frac{1}{k-1}} \left(\frac{T_5}{T_4}\right)^{\frac{1}{k-1}}$$

所以
$$T_4 = \left(\frac{T_2}{T_1}\right)^{\frac{1}{k}} T_3^{\frac{k-1}{k}} T_5^{\frac{1}{k}} = T_3 \left(\frac{T_5 \times T_2}{T_4 \times T_3}\right)^{\frac{1}{k}}$$

5-9 在勃雷登循环中，压气机入口空气状态为 $100\ \mathrm{kPa}$，$20^\circ\mathrm{C}$，空气以流率 $4\ \mathrm{kg/s}$ 经压气机被压缩至 $500\ \mathrm{kPa}$。燃气轮机入口燃气温度为 $900^\circ\mathrm{C}$。试计算压气机耗功量、燃气轮机的做功量以及循环热效率。假定空气 $k=1.4$。

解：压气机耗功

$$\dot{W}_c = -\dot{m} \frac{kRT_1}{k-1} \left[1 - \left(\frac{p_2}{p_1}\right)^{\frac{k-1}{k}}\right]$$

$$= -4 \times \frac{1.4 \times 287 \times (20+273)}{1.4-1} \left[1 - \left(\frac{500}{100}\right)^{\frac{0.4}{1.4}}\right] = 688\ \mathrm{kW}$$

燃气轮机做功

$$\dot{W}_t = \dot{m} w_t = \dot{m} \frac{kRT_3}{k-1} \left[1 - \left(\frac{p_1}{p_2}\right)^{\frac{k-1}{k}}\right]$$

$$= 4 \times \frac{1.4 \times 287 \times (900+273)}{1.4-1} \left[1 - \left(\frac{100}{500}\right)^{\frac{0.4}{1.4}}\right] = 1\,737\ \mathrm{kW}$$

循环热效率为

$$\eta_t = 1 - \frac{1}{\pi^{\frac{k-1}{k}}} = 1 - \frac{1}{\left(\frac{500}{100}\right)^{\frac{0.4}{1.4}}} = 36.9\%$$

5-10 某勃雷登循环，最大允许温度是 $500^\circ\mathrm{C}$，压气机入口温度是 $5^\circ\mathrm{C}$。在什么增压比下燃气轮机做出的功量正好等于压气机的耗功量？如果把增压比降低到 50%，试问循环输出净功为多少？

解：循环做功量为零，则 $w_c = w_T$，即

$$\frac{kRT_1}{k-1} \left[1 - \left(\frac{p_2}{p_1}\right)^{\frac{k-1}{k}}\right] = \frac{kRT_4}{k-1} \left[1 - \left(\frac{p_2}{p_1}\right)^{\frac{k-1}{k}}\right]$$

可得
$$T_1 = T_4, \quad T_2 = T_3$$

此时增压比
$$\pi = \frac{p_2}{p_1} = \left(\frac{T_2}{T_1}\right)^{\frac{k}{k-1}} = \left(\frac{T_3}{T_1}\right)^{\frac{k}{k-1}} = \left(\frac{500+273}{5+273}\right)^{\frac{1.4}{0.4}} = 35.8$$

增压比降低到 50%，即 $\pi' = 50\% \times \pi = 0.5 \times 35.8 = 17.9$

则

$$w_c' = -\frac{kRT_1}{k-1}\left[1-\pi^{\frac{k-1}{k}}\right] = -\frac{1.4 \times 0.287 \times 278}{0.4} \times \left[1-17.9^{\frac{0.4}{1.4}}\right] = 357 \text{ kJ/kg}$$

$$w_t' = \frac{kRT_3}{k-1}\left[1-\left(\frac{1}{\pi'}\right)^{\frac{k-1}{k}}\right] = \frac{1.4 \times 0.287 \times 773}{0.4}\left[1-\left(\frac{1}{17.9}\right)^{\frac{0.4}{1.4}}\right] = 436 \text{ kJ/kg}$$

循环输出净功 $\qquad w_{\text{net}} = w_t' - w_c' = 79 \text{ kJ/kg}$

5-11 用氦气作工质的勃雷登实际循环,压气机入口状态是 400 kPa,44℃,增压比为 3,燃气轮机入口温度是 710℃。压气机的 $\eta_c = 85\%$,燃气轮机的 $\eta_{oi} = 90\%$。当输出功率为 59 kW 时,氦气的质量流率为多少 kg/s? 氦气 $k = 1.667$。

解:压气机理想耗功:

$$w_c = -\frac{kRT_1}{k-1}(1-\pi^{\frac{k-1}{k}}) = -\frac{1.667 \times 2.078 \times (44+273)}{1.667-1}(1-3^{\frac{1.667-1}{1.667}}) = 909 \text{ kJ/kg}$$

实际耗功:

$$w_c' = \frac{w_c}{\eta_c} = \frac{909}{85\%} = 1069 \text{ kJ/kg}$$

燃气轮机理想做功

$$w_t = \frac{kRT_3}{k-1}\left[1-\left(\frac{1}{\pi}\right)^{\frac{k-1}{k}}\right] = \frac{1.667 \times 2.078 \times (710+273)}{1.667-1}\left[1-\left(\frac{1}{3}\right)^{\frac{1.667-1}{1.667}}\right]$$

$$= 1816 \text{ kJ/kg}$$

实际做功: $\qquad w_t' = w_t \eta_{oi} = 1816 \times 90\% = 1634 \text{ kJ/kg}$

实际循环净功: $\qquad w_{\text{net}}' = w_t' - w_c' = 1634 - 1069 = 565 \text{ kJ/kg}$

氦气质量流率: $\qquad \dot{m} = \frac{\dot{N}}{w_{\text{net}}'} = \frac{59}{565} = 0.1044 \ kg/s$

5-12 如题 5-11,若想取得最大的循环输出净功,试确定最佳的循环增压比 π_{opt},并计算此时氦气的质量流率。实际勃雷登循环的最佳增压比 $\pi_{\text{opt}} = (\eta_{oi} \cdot \eta_c \cdot \tau)^{\frac{k}{2(k-1)}}$。

解:循环增温比 $\qquad \tau = \frac{T_3}{T_1} = \frac{710+273}{44+273} = 3.1$

最佳循环增压比 $\qquad \pi_{\text{opt}} = (\eta_{oi} \cdot \eta_c \cdot \tau)^{\frac{k}{2(k-1)}} = (90\% \times 85\% \times 3.1)^{\frac{1.667}{2(1-1.667)}} = 2.94$

压气机的理想耗功: $w_c = -\frac{kRT_1}{k-1}(1-\pi^{\frac{k-1}{k}})$

$$= -\frac{1.667 \times 2.078 \times (44+273)}{1.667-1}(1-2.94^{\frac{1.667-1}{1.667}}) = 888 \text{ kJ/kg}$$

实际耗功: $\qquad w_c' = \frac{w_c}{\eta_c} = \frac{888}{85\%} = 1044 \text{ kJ/kg}$

燃气轮机理想做功：$w_t = \dfrac{kRT_3}{k-1}\left(1-\left(\dfrac{1}{\pi}\right)^{\frac{k-1}{k}}\right)$

$$= \dfrac{1.667 \times 2.078 \times (710+273)}{1.667-1} \times \left[1-\left(\dfrac{1}{2.94}\right)^{\frac{1.667-1}{1.667}}\right] = 1\,789 \text{ kJ/kg}$$

实际做功：$\qquad\qquad w_t' = w_t \eta_{oi} = 1\,789 \times 90\% = 1\,610 \text{ kJ/kg}$

实际循环净功：$\qquad w_{net}' = w_t' - w_c' = 1\,610 - 1\,044 = 566 \text{ kJ/kg}$

氮气的质量流率：

$$\dot{m} = \dfrac{N}{w_{net}'} = \dfrac{59}{566} = 0.104\,2 \text{ kg/s}$$

5-13　在题 5-9 的勃雷登循环中，如果采用理想回热，其循环热效率为多少？

解：采用回热后的循环如图 5-20 所示，其中 T_2 和 T_4 由过程方程确定，

$$T_2 = T_1 \left(\dfrac{p_2}{p_1}\right)^{\frac{k-1}{k}} = (20+273) \times \left(\dfrac{500}{100}\right)^{\frac{0.4}{1.4}} = 464 \text{ K}$$

$$T_4 = T_3 \left(\dfrac{p_4}{p_3}\right)^{\frac{k-1}{k}} = T_3 \left(\dfrac{p_1}{p_2}\right)^{\frac{k-1}{k}} = (900+273) \times \left(\dfrac{100}{500}\right)^{\frac{0.4}{1.4}}$$

$$= 741 \text{ K}$$

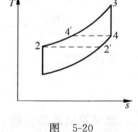

图　5-20

理想回热，则 $T_{2'} = T_2$，$T_{4'} = T_4$，所以循环的吸热量和放热量分别为

$$q_1 = c_p(T_3 - T_{4'}) = \dfrac{kR}{k-1} \times (T_3 - T_4) = \dfrac{1.4 \times 0.287}{0.4} \times (1\,173 - 741) = 434 \text{ kJ/kg}$$

$$q_2 = c_p(T_{2'} - T_1) = \dfrac{kR}{k-1} \times (T_2 - T_1) = \dfrac{1.4 \times 0.287}{0.4} \times (464 - 293) = 172 \text{ kJ/kg}$$

循环热效率：

$$\eta_t = 1 - \dfrac{q_2}{q_1} = 1 - \dfrac{172}{434} = 60\%$$

5-14　某燃气轮机装置动力循环，压气机的绝热效率为 80%，燃气轮机的相对内效率为 85%，循环的最高温度是 $1\,300$ K，压气机入口状态 105 kPa，$18℃$。试计算 1 kg 工质最大循环做功量及发出 $3\,000$ kW 功率时的工质流率。

解：循环净功最大时的最佳增加比，

$$\pi_{\text{opt}} = (\eta_c \eta_{oi} \tau)^{\frac{k}{2(k-1)}} = \left(80\% \times 85\% \times \dfrac{1\,300}{291}\right)^{\frac{1.4}{2(1.4-1)}} = 6.99$$

压气机理想耗功

$$w_c = -\dfrac{kRT_1}{k-1}[1 - \pi_{\text{opt}}^{\frac{k-1}{k}}] = -\dfrac{1.4 \times 0.287 \times (18+273)}{0.4}[1 - 6.99^{\frac{1.4-1}{1.4}}] = 217 \text{ kJ/kg}$$

实际耗功

$$w'_c = \frac{w_c}{\eta_c} = \frac{217}{80\%} = 271 \text{ kJ/kg}$$

燃气轮机理想做功

$$w_t = \frac{kRT_3}{k-1}\left[1 - \frac{1}{\pi_{\text{opt}}^{\frac{k-1}{k}}}\right] = \frac{1.4 \times 0.287 \times 1\,300}{1.4-1}\left[1 - \frac{1}{6.99^{\frac{0.4}{1.4}}}\right] = 557 \text{ kJ/kg}$$

实际做功

$$w'_t = w_t\eta_{oi} = 557 \times 85\% = 473 \text{ kJ/kg}$$

最大循环做功量

$$w'_{\text{net}} = w'_t - w'_c = 473 - 271 = 202 \text{ kJ/kg}$$

工质流率

$$\dot{m} = \frac{N}{w'_{\text{net}}} = \frac{3\,000}{202} = 14.85 \text{ kg/s}$$

5-15 如果在题 5-14 中采用回热度为 92% 的回热设备,问提供给循环的热量可以节省多少?

解:依题意,此时循环如图 5-21 所示。

需先利用能量方程算出 $T_{2'}$ 和 $T_{4'}$

对于压气机, $w'_c = c_p(T_{2'} - T_1)$

所以 $T_{2'} = T_1 + \dfrac{w'_c}{c_p} = (18+273) + \dfrac{271}{1.005} = 560.7 \text{ K}$

同理由燃气轮机做功可得,$T_{4'} = T_3 - \dfrac{w'_t}{c_p} = 1\,300 - \dfrac{473}{1.005} = 829.4 \text{ K}$

$$T_{2'_R} = T_{4'}$$

$$q_{节省} = c_p(T_{4'} - T_{2'})\sigma$$
$$= 1.005 \times (829.4 - 560.7) \times 92\% = 248.4 \text{ kJ/kg}$$

$$\dot{Q}_{节省} = \dot{m}q_{节省} = 14.85 \times 248.4 = 3\,688.7 \text{ kW}$$

节省热量 3 688.7 kW。

提示:很多同学对回热度的理解有误。

如图 5-21 所示,回热度应为

$$\sigma = \frac{T_{2_A} - T_{2'}}{T_{2'_R} - T_{2'}}$$

单位工质节省热量:$q_{节省} = c_p(T_{2_A} - T_{2'}) = c_p(T_{4'} - T_{2'})\sigma$

典型错误为 $\sigma = \dfrac{T_{2'_a} - T_2}{T_4 - T_2}$ 或 $q_{节省} = c_p(T_4 - T_2)$,忽略了因不可逆造成的温度改变。

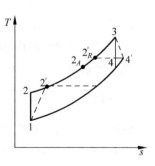

图 5-21

5-16 一个具有两级压缩、两级膨胀的燃气轮机装置循环,工质可视为理想气体的空气,每级的增压比皆为 2.7。理想的级间冷却,压气机的入口工质参数为 100 kPa,20℃,燃气轮机的入口工质温度皆为 800℃,试计算压气机的耗功量、循环净功量以及循环热效率。

解:依题意循环如图 5-22 所示,且 $T_3 = T_1$,$T_7 = T_5$

$$T_4 = T_2 = T_1 \left(\frac{p_2}{p_1}\right)^{\frac{k-1}{k}} = (20+273) \times 2.7^{\frac{0.4}{1.4}} = 389 \text{ K}$$

$$T_8 = T_6 = T_5 \left(\frac{p_6}{p_5}\right)^{\frac{k-1}{k}} = (800+273) \times \left(\frac{1}{2.7}\right)^{\frac{0.4}{1.4}} = 807.9 \text{ K}$$

压气机耗功

$$w_c = 2c_p(T_2 - T_1) = 2 \times 1.004 \times (389 - 293)$$
$$= 192.8 \text{ kJ/kg}$$

燃气轮机做功

$$w_t = 2c_p(T_5 - T_6) = 2 \times 1.004 \times (1\,073 - 807.9)$$
$$= 532 \text{ kJ/kg}$$

循环净功

$$w_{\text{net}} = w_t - w_c = 339.2 \text{ kJ/kg}$$

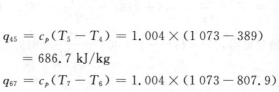

图 5-22

循环吸热量

$$q_{45} = c_p(T_5 - T_4) = 1.004 \times (1\,073 - 389)$$
$$= 686.7 \text{ kJ/kg}$$

$$q_{67} = c_p(T_7 - T_6) = 1.004 \times (1\,073 - 807.9)$$
$$= 266 \text{ kJ/kg}$$

循环热效率

$$\eta_t = \frac{w_{\text{net}}}{q_1} = \frac{w_{\text{net}}}{q_{45} + q_{67}} = \frac{339.2}{686.7 + 266} = 35.6\%$$

5-17 如题 5-16,假如采用了理想回热装置,则循环的热效率为多少?

解:若采用理想回热,则

循环吸热量 $\qquad q_1 = 2q_{67} = 2 \times 266 = 532 \text{ kJ/kg}$

循环热效率 $\qquad \eta_{t_R} = \frac{w_{\text{net}}}{q_1} = \frac{339.2}{532} = 63.8\%$

5-18 一个燃气轮机装置理想动力循环,具有二级压缩中间冷却、二级膨胀及中间再热以及回热(见图 5-23),离开第二级压气机的空气温度为 350℃,进入低压燃烧室的空气温度是 740 K,各级增压比都是 6,试计算循环输出净功量。

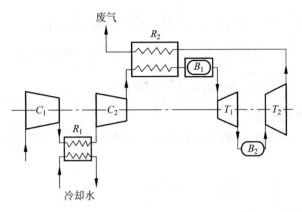

图 5-23 习题 5-18 图

C_1,C_2—低压压气机和高压压气机；R_1,R_2—中间冷却器和回热器；

B_1,B_2—高压燃烧室和低压燃烧室；T_1,T_2—高压燃气轮机和低压燃气轮机

解：参考习题 5-16 的循环图（图 5-22）。

$$T_3 = T_4 \left(\frac{p_3}{p_4}\right)^{\frac{k-1}{k}} = (350 + 273) \times \left(\frac{1}{6}\right)^{\frac{0.4}{1.4}} = 373 \text{ K}$$

$$T_5 = T_6 \left(\frac{p_5}{p_6}\right)^{\frac{k-1}{k}} = 740 \times 6^{\frac{0.4}{1.4}} = 1\,235 \text{ K}$$

$$w_c = 2c_p(T_4 - T_3) = 2 \times 1.004 \times (623 - 373) = 502 \text{ kJ/kg}$$

$$w_t = 2c_p(T_5 - T_6) = 2 \times 1.004 \times (1\,235 - 740) = 993.96 \text{ kJ/kg}$$

循环净功　　　　$w_{\text{net}} = w_t - w_c = 993.96 - 502 = 491.96 \text{ kJ/kg}$

5-19　一个具有二级压缩中间冷却、二级膨胀中间再热以及回热的燃气轮机装置循环。循环的入口空气参数为 100 kPa，15℃，低压级的增压比是 3，高压级是 4，燃气轮机高压级、低压级的增压比与压气机的相同。中间冷却使空气的温降为低压级压气机温升的 80%，回热器的回热度是 78%，两级燃气轮机的入口温度皆是 1 100℃，压气机和燃气轮机的绝热效率和相对内效率均是 86%，试确定做出 6 000 kW 功率时工质的质量流率。

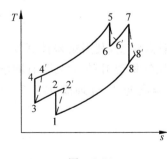

图　5-24

解：依题意，循环如图 5-24 所示，且 $t_1 = 15℃$，$t_5 = t_7 = 1\,100℃$，$\pi_l = 3$，$\pi_h = 4$

$$T_2 = T_1(\pi_l)^{\frac{k-1}{k}} = (15 + 273) \times 3^{\frac{0.4}{1.4}} = 394 \text{ K}$$

低压级压气机理想耗功

$$w_{c,l} = c_p(T_2 - T_1) = 1.004 \times (394 - 288)$$
$$= 106 \text{ kJ/kg}$$

实际耗功

$$w'_{c,l} = \frac{w_{c,l}}{\eta_c} = \frac{106}{86\%} = 123 \text{ kJ/kg}$$

$$T_{2'} = \frac{1}{\eta_c}(T_2 - T_1) + T_1 = \frac{394 - 288}{86\%} + 288 = 411 \text{ K}$$

$$T_3 = T_{2'} - (T_{2'} - T_1) \times 80\% = 411 - (411 - 288) \times 0.8 = 313 \text{ K}$$

$$T_4 = T_3 \left(\frac{p_4}{p_3}\right)^{\frac{k-1}{k}} = 313 \times 4^{\frac{0.4}{1.4}} = 465 \text{ K}$$

高压级压气机理想耗功

$$w_{c,h} = c_p(T_4 - T_3) = 1.004 \times (465 - 313) = 153 \text{ kJ/kg}$$

实际耗功

$$w'_{c,h} = \frac{w_{c,h}}{\eta_c} = \frac{153}{86\%} = 178 \text{ kJ/kg}$$

低压级燃气轮机理想做功：

$$w_{t,l} = c_p(T_7 - T_8) = c_p\left[T_7 - T_7\left(\frac{1}{\pi_l}\right)^{\frac{k-1}{k}}\right]$$

$$= 1.004 \times \left[1\,373 - 1\,373 \times \left(\frac{1}{3}\right)^{\frac{0.4}{1.4}}\right] = 371 \text{ kJ/kg}$$

实际做功

$$w'_{t,l} = w_{t,l} \cdot \eta_{oi} = 371 \times 86\% = 319 \text{ kJ/kg}$$

高压级燃气轮机理想做功：

$$w_{t,h} = c_p(T_5 - T_6) = c_p\left[T_5 - T_5\left(\frac{1}{\pi_h}\right)^{\frac{k-1}{k}}\right]$$

$$= 1.004 \times \left[1\,373 - 1\,373 \times \left(\frac{1}{4}\right)^{\frac{0.4}{1.4}}\right] = 451 \text{ kJ/kg}$$

实际做功

$$w'_{t,h} = w_{t,h} \cdot \eta_{oi} = 451 \times 86\% = 388 \text{ kJ/kg}$$

循环净功

$$w'_{\text{net}} = w'_{t,h} + w'_{t,l} - w'_{c,h} - w'_{c,l} = 406 \text{ kJ/kg}$$

质量流率

$$\dot{m} = \frac{6\,000}{406} = 14.8 \text{ kg/s}$$

提示：这里回热度没有用到。画出循环示意图，依次求出各点温度，利用焓差计算技术功即可。注意 3 点的温度，"中间冷却使空气的温降为低压级压气机温升的 80%"，有同学错误地认为 $T_3 = 0.8T_2$，另外很多同学忽略了因不可逆造成的温度变动，处理成 $T_3 = T_2 - 0.8(T_2 - T_1)$。

水蒸气的性质与过程

6-1　本章主要要求

　　熟悉水的 p-T 相图；熟悉水和水蒸气的 1 点 2 线 3 区 5 态，会查图表；熟练掌握水和水蒸气的等压和等熵及绝热过程在 p-v、T-s、h-s 图上的表示，会计算 q 和 w_t。

　　说明：工程上还会用到其他工质，例如氨、氟利昂等，它们的特性、物态变化规律及处理方法与水蒸气的基本相同。

6-2　本章内容精要

6-2-1　工质物态变化的相关术语

1．热力学面及相图

以压力 p，温度 T 及比容 v 的三维坐标系表示的纯物质的各种状态的曲面，称为该物质的 p-v-T **热力学面**。

呈现单一相的区域为**单相区**，如气相、液相、固相。在两个单相区之间，存在着相的转变区，或称**两相共存区**，如液与气、固与气、固与液平衡共存的区域。

单相区与两相共存区的分界线称为饱和线。液相区与液-气共存区的分界线称为**饱和液线**；气相区与液-气共存区的分界线称为**饱和气线**；固相区与固-液共存区的分界线称为**饱和固体线**。

饱和液体线与饱和气线相交的点称为**临界点**（临界状态）。临界点的压力和温度是液相与气相能够平衡共存时的最高值。

固、液、气三相共存状态的线为**三相线**。三相线上的状态点具有相同的压力与温度，而比容 v 因固、液及气相含量的不同而不同。

热力学面 p-T 平面上的投影，称为 p-T 图，在该图中升华线、熔解线（或凝固线）和汽化线分别代表了固-气、固-液、液-气三个两相共存区。三条线将三个单相区分隔开来，因此 p-T 图又称 p-T **相图**。

2．饱和温度与饱和压力

密闭容器中，当空间中蒸气的分子数目不变，汽化分子数与凝结分子数处于动态平衡的状态，称为**饱和状态**。此状态下的温度和压力分别称为

饱和温度和饱和压力。饱和温度与饱和压力是一一对应的。处于饱和状态下的液态工质称为饱和液,处于饱和状态下的蒸气称为**干饱和蒸气**,简称**饱和蒸气**。

在此提示:"蒸汽"特指水的蒸气即水蒸气,故不能用于水以外的工质。

3. 水蒸气的定压发生过程

为便于记忆,把水及水蒸气的 $p\text{-}v$ 图、$T\text{-}s$ 图归结为一点、二线、三区、五态。

一点:临界点;

二线:饱和水线(或下界线)和干饱和气线(或上界线);

三区:未饱和水区(或过冷水区,饱和水线的左方)、湿蒸汽区(饱和水线与干饱和蒸汽线之间的区域)、过热蒸汽区(干饱和气线的右方);

五态:未饱和水(过冷水)状态、饱和水状态、湿饱和蒸汽(或湿蒸汽)状态、干饱和蒸汽(或干蒸汽)状态、过热蒸汽状态。

对于过冷液,其温度 t 与饱和温度 t_s 相差的数值,即 t_s-t,称为过冷液的**过冷度**。对于过热蒸气,其温度 t 高出饱和温度的数值,即 $t-t_s$,称为过热蒸气的**过热度**。

6-2-2 水及水蒸气状态参数的确定

(1) 未饱和水及过热蒸汽

只要给定任意两个参数(例如压力和温度),就能确定其他参数。

(2) 饱和水及干饱和蒸汽

只要确定压力或者温度,其他参数,例如饱和水的 v',s',h' 及干饱和蒸汽的 v'',s'',h' 等都能确定。

(3) 湿饱和蒸汽

需要压力或者温度以及**干度**。单位质量湿蒸汽中所含干饱和蒸汽的质量叫作湿饱和蒸汽的**干度**,用 x 表示,则

$$x = \frac{m_v}{m_v + m_f} \tag{6-1}$$

式中,m_v 和 m_f 分别为湿蒸汽中所含干饱和蒸汽和饱和水的质量。$x=1$(上界线)时,全部为干饱和蒸汽;$x=0$(下界线)时,全部为饱和水。干度 x 只在湿蒸汽区才有意义,且 $0 \leqslant x \leqslant 1$。

根据干度 x、饱和水及干饱和蒸汽的参数,可以确定湿蒸汽的所有状态参数:

$$v = xv'' + (1-x)v' \tag{6-2}$$

$$s = xs'' + (1-x)s' \tag{6-3}$$

$$h = xh'' + (1-x)h' \tag{6-4}$$

6-2-3 水蒸气的定压及绝热过程分析

1. 定压过程

定压过程十分常见。例如,水在锅炉中加热汽化等过程,若忽略摩阻等不可逆因素,便是可逆定压过程。由热力学第一定律,可得

$$q_p = \Delta h = h_2 - h_1$$

即工质与外界交换的热量等于终态与初态的焓差。

如图 6-1 所示，冷水由 1 状态定压加热到过热蒸汽 2 状态。总的加热量为 $q = h_2 - h_1$。

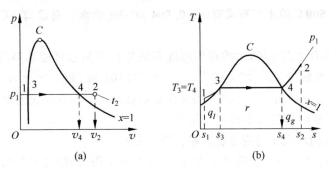

图 6-1　水和水蒸气的定压过程

2. 绝热过程

水蒸气在汽轮机中的膨胀过程，可看作绝热过程，若忽略摩擦则为定熵过程，如图 6-2 中所示。由热力学第一定律，则

$$w_t = -\Delta h = h_1 - h_2$$

即绝热过程中工质与外界交换的技术功等于初、终状态的焓差。

实际的绝热膨胀与压缩过程都不可避免地存在着摩擦等不可逆因素，如图中 1-2′ 所示为不可逆绝热过程，其技术功为

$$w'_t = h_1 - h_{2'}$$

与燃气轮机类似，为此引入蒸汽轮机的**相对内效率**

$$\eta_{oi} = \frac{w'_t}{w_t} = \frac{h_1 - h_{2'}}{h_1 - h_2} \tag{6-5}$$

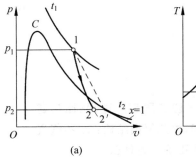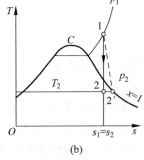

图 6-2　水和水蒸气的绝热过程

6-3 思考题及解答

6-1 有没有 500℃ 的水？有没有 $v > 0.004$ m³/kg 的水？有没有 0℃ 或负摄氏温度的蒸汽？为什么？

答：由水的热力学面可见，水的临界温度和临界比容是水可能达到的最高温度和最大比容，而水的临界参数为 $T_{cr} = 373.99℃$，$v_{cr} = 0.003\ 106$ m³/kg。因此，没有 500℃ 的水，也没有 $v > 0.004$ m³/kg 的水。当水蒸气的分压足够低时，0℃ 或负摄氏温度的蒸汽是存在的。比如 0℃ 或负摄氏度时的空气中是有水蒸气的。

6-2 25 MPa 的水汽化过程是否存在？为什么？

答：25 MPa 已经高于水的临界压力 $p_{cr} = 22.064$ MPa，即脱离了两相区，所以不存在汽化过程。

6-3 在 h-s 图上，已知湿饱和蒸汽压力，如何查出该蒸汽的温度？

答：水在两相区中经历的是等温等压过程，湿饱和蒸汽的压力和温度一一对应，即两相区内等压线和等温线重合。因此，根据已知的饱和蒸汽压力，找到相应的等压线，再找到该等压线与饱和气线的交点，该交点所对应的温度就是该蒸汽的温度。

6-4 在 p-v 图，T-s 图、h-s 图上，分别绘出临界点、下界线、上界线和定压线及定温线。

答：如图 6-3 所示，c 为临界点，AC 为下界线（饱和液线），CB 为上界线（饱和气线）。

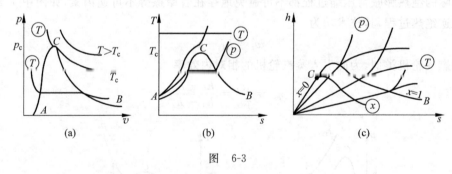

(a)   (b)   (c)

图 6-3

6-5 画出水的相图，即 p-T 图。

答：如图 6-4 所示。

6-6 前已学过 $\Delta h = c_p \Delta T$ 适用于一切工质定压过程（比热容为常数），水蒸气定压汽化过程中 $\Delta T = 0$，由此得出结论：水蒸气汽化时焓变化 $\Delta h = c_p \Delta T = 0$。此结论是否正确？为什么？

答：不正确。$\Delta h = c_p \Delta T$ 仅能反映过程的显热，而并不反映由于水汽化而产生的相变潜热。从水的 h-s 图中可以看出，水的定压汽化过程的焓变并不为零，其值为水在该压力下的相变潜热。

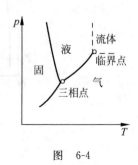

图 6-4

6-4 习题详解及简要提示

6-1 利用水蒸气表判定下列各点状态,并确定 h, s 及 x 的值:

(1) $p_1 = 20$ MPa,$t_1 = 250℃$;

(2) $p_2 = 9$ MPa,$v_2 = 0.017$ m³/kg;

(3) $p_3 = 4.5$ MPa,$t_3 = 450℃$;

(4) $p_4 = 1$ MPa,$x = 0.9$;

(5) $p_5 = 0.004$ MPa,$s = 7.090\ 9$ kJ/(kg·K)。

解:查水蒸气表,结果如下表所示,其中阴影部分为已知参数。

	(1)	(2)	(3)	(4)	(5)
p/MPa	20	9	4.5	1	0.004
T/℃	250	303.31	450	179.88	28.981
x	—	0.818 3	—	0.9	0.823
v/(m³/kg)	0.001 224 7	0.017	0.071 63	0.174 98	28.643
h/(kJ/kg)	1 086.8	2 491.5	3 323.8	2 575.6	2 123.5
s/(kJ/(kg·K))	2.757 5	5.243 0	6.879 2	6.140 0	7.090 9
状态	未饱和水	湿饱和蒸汽	过热蒸汽	湿饱和蒸汽	湿饱和蒸汽

6-2 利用水蒸气 h-s 图,重作上题并与查表所得结果比较。

解:查表结果如下表所示,其中"()"内为查图结果,阴影部分为已知参数。

题 号	(1)	(2)	(3)	(4)	(5)
压力 p/MPa	20	9	4.5	1	0.004
温度 t/℃	250	303.31 (303)	450	179.88 (150)	28.981 (29)
干度 x	—	0.818 3 (0.84)	—	0.9	0.823 (0.827)
比容 v/ (m³/kg)	0.001 224 7	0.017	0.071 63 (0.07)	0.174 98 (0.173)	28.643 (27.5)
比焓 h (kJ/kg)	1 086.8	2 491.5 (2 520)	3 323.4 (3 311)	2 575.6 (2 573)	2 123.5 (2 140)
比熵 s/ (kJ/(kg·K))	2.757 5	5.243 0 (5.32)	6.879 2 (6.885)	6.140 0 (6.16)	7.090 9
状态	未饱和水	湿饱和蒸汽	过热蒸汽	湿饱和蒸汽	湿饱和蒸汽

6-3 锅炉产汽 20 t/h,它的压力为 4.5 MPa,温度为 480℃,进入锅炉的水,压力为 4.5 MPa,温度为 30℃。若锅炉效率为 0.8,煤发热量为 30 000 kJ/kg,试计算一小时需要多少煤(锅炉效率为蒸汽总吸热量与燃料总发热量之比)?

解:首先查水蒸气表或图确定锅炉入口及出口焓值

4.5 MPa,30℃时, $h_1 = 129.75$ kJ/kg

4.5 MPa,480℃时, $h_2 = 3\,393.35$ kJ/kg

在锅炉内的吸热量:

$$Q = \dot{m}(h_2 - h_1) = 20 \times 10^3 \times (3\,393.35 - 129.75) = 6.527\,2 \times 10^7 \text{ kJ/h}$$

需煤量:

$$\dot{m}_{煤} = \frac{Q/0.8}{30\,000} = \frac{6.527\,2 \times 10^7/0.8}{30\,000} = 2.7 \times 10^3 \text{ kg/h} = 2.7 \text{ t/h}$$

6-4 在水泵中,将压力为 4 kPa 的饱和水定熵压缩到压力为 4 MPa。

(1) 查表计算水泵压缩 1 kg 水所消耗的功;

(2) 因水是不可压缩流体,比容变化不大,可利用式 $w_p = -\int v \mathrm{d}p = -v\Delta p$ 计算耗功量,将此结果与(1)的计算结果加以比较。

解:

(1) 由饱和水 4 kPa 查水蒸气表得,

$s_1 = 0.422\,4$ kJ/(kg·K), $h_1 = 121.41$ kJ/kg, $v_1 = 0.001\,004$ m³/kg

等熵压缩至 4 MPa,由 4 MPa 及 $s_2 = s_1 = 0.422\,4$ kJ/(kg·K),经插值可得,$h_2 = 125.45$ kJ/kg

水泵耗功

$$w_p = h_2 - h_1 = 125.45 - 121.41 = 4.04 \text{ kJ/kg}$$

(2) $w_p = -\int v \mathrm{d}p = -v\Delta p = 0.001\,004 \times (4 \times 10^3 - 4) = 4.012$ kJ/kg

相对偏差

$$\frac{4.04 - 4.012}{4.04} = 0.7\%$$

6-5 汽轮机中,蒸汽初参数:$p_1 = 2.9$ MPa,$t_1 = 350$℃。若可逆绝热膨胀至 $p_2 = 0.006$ MPa,蒸汽流量为 3.4 kg/s,求汽轮机的理想功率。

解:查过热水蒸气表,可得 350℃,2 MPa 和 3 MPa 时 s 的及 h 值,进而插值确定 350℃,2.9 MPa 时的 s 及 h 值如下表:

	2 MPa	3 MPa	2.9 MPa
s/(kJ/(kg·K))	6.957 5	6.744 3	6.765 6
h/(kJ/kg)	3 137.2	3 115.2	3 117.9

对于 $p_2=0.06\ \text{MPa}, s_2=s_1=6.765\ 6\ \text{kJ/(kg} \cdot \text{K)}$

且 $s'=0.520\ 9\ \text{kJ/(kg} \cdot \text{K)}, s''=8.330\ 5\ \text{kJ/(kg} \cdot \text{K)}$

$h'=151.5\ \text{kJ/kg}, h''=2\ 567.1\ \text{kJ/kg}$

$$x_2=\frac{s_2-s'}{s''-s'}=\frac{6.765\ 6-0.520\ 9}{8.330\ 5-0.520\ 9}=0.799\ 6$$

$$h_2=x_2 h''+(1-x_2)h'=0.799\ 6 \times 2\ 567.1+(1-0.799\ 6) \times 151.5$$
$$=2\ 083\ \text{kJ/kg}$$

$$N=\dot{m} \mid w_s \mid =\dot{m}(h_1-h_2)=3.4 \times (3\ 117.9-208\ 3)=3\ 518.6\ \text{kW}$$

6-6 汽轮机进口参数：$p_1=4.0\ \text{MPa}, t_1=450℃$，出口压力 $p_2=5\ \text{kPa}$，蒸汽干度 $x_2=$
0.9，计算汽轮机相对内效率。

解：由 $p_1=4\ \text{MPa}, t_1=450℃$ 查表得
$$s_1=6.937\ 9\ \text{kJ/(kg} \cdot \text{K)}, \quad h_1=3\ 330.7\ \text{kJ/kg}$$

根据 $p_2-0.005\ \text{MPa}$ 查表得
$$s_2'=0.476\ 2\ \text{kJ/(kg} \cdot \text{K)}, \quad s_2''=8.395\ 2\ \text{kJ/(kg} \cdot \text{K)}$$
$$h_2'=137.77\ \text{kJ/kg}, \quad h_2''=2\ 561.2\ \text{kJ/kg}$$

以下确定等熵过程出口点 2_s 状态参数，且 $s_{2s}=s_1$

故 $$x_{2s}=\frac{s_{2s}-s'}{s''-s'}=\frac{6.937\ 9-0.476\ 2}{8.395\ 2-0.476\ 2}=0.816$$

$$h_{2s}=x_{2s}h_2''+(1-x_{2s})h'=0.816 \times 2\ 561.2+(1-0.816) \times 137.77$$
$$=2\ 115.2\ \text{kJ/kg}$$

而实际出口为 2 点 $x_2=0.9$ 时，

$$h_2=x_2 h_2''+(1-x_2)h'=0.9 \times 2\ 561.2+(1-0.9) \times 137.77=2\ 318.9\ \text{kJ/kg}$$

汽轮机相对内效率 $\eta_{oi}=\dfrac{h_1-h_2}{h_1-h_{2s}}=\dfrac{3\ 330.7-2\ 318.9}{3\ 330.7-2\ 115.2}=83.2\%$

6-7 汽轮机的乏汽在真空度为 $0.094\ \text{MPa}, x=0.90$ 的状态下进入冷凝器，定压冷却
凝结成饱和水。试计算乏汽凝结成水时体积缩小的倍数，并求 1 kg 乏汽在冷凝器中所放出
的热量。已知大气压力为 $0.1\ \text{MPa}$。

解：乏汽绝对压力：$p=p_b-p_4=0.1-0.094=0.006\ \text{MPa}$，

由 $p=0.006\ \text{MPa}$ 查表有，
$$v'=0.001\ 006\ 4\ \text{m}^3/\text{kg}, \quad v''=23.742\ \text{m}^3/\text{kg}$$
$$h'=151.5\ \text{kJ/kg}, \quad h''=2\ 567.1\ \text{kJ/kg}$$

当 $x=0.9$ 时
$$v=xv''+(1-x)v'=21.362\ \text{m}^3/\text{kg}$$
$$h=xh''+(1-x)h'=2\ 325.11\ \text{kJ/kg}$$

故体积缩小：$\dfrac{v}{v'}=\dfrac{21.362}{0.001\ 006\ 4}=21\ 226$ 倍

1 kg 乏汽冷凝成水放热：$q = h - h' = 2\ 174$ kJ

6-8 一刚性封闭容器，充满 0.1 MPa，20℃的水 20 kg。如由于意外的加热，使其温度上升到 40℃。

(1) 求产生这一温升所加入的热量；

(2) 为了对付这种意外情况，容器应能承受多大压力才安全？

解：容器内经历等容过程

由 $t_1 = 20℃$，$p_1 = 0.1$ MPa 查表有：

$$v_1 = 1.001\ 7 \times 10^{-3}\ \text{m}^3/\text{kg}, \quad h_1 = 84\ \text{kJ/kg}$$

由 $t_2 = 40℃$ 及 $v_2 = v_1 = 1.001\ 7 \times 10^{-3}$ m³/kg 查表可得

$$p_2 = 14\ \text{MPa}, \quad h_2 = 179.8\ \text{kJ/kg}$$

加入的热量

$$Q = m(u_2 - u_1) = m \times [(h_2 - p_2 v_2) - (h_1 - p_1 v_1)]$$
$$= m \times [(h_2 - h_1) - v(p_2 - p_1)]$$
$$= 20 \times [(179.8 - 84) - 1.001\ 7 \times 10^{-3} \times (14 - 0.1) \times 10^3]$$
$$= 1\ 638\ \text{kJ}$$

另外，按定比热容计算加入的热量

$$Q = mc\Delta t = 20 \times 4.18 \times (40 - 20) = 1\ 672\ \text{kJ}$$

两者相差

$$\frac{1\ 672 - 1\ 638}{1\ 672} = 2\%$$

容器应能承受 14 MPa 以上的压力。

6-9 1 kg 水蒸气压力 $p_1 = 3$ MPa，温度 $t_1 = 300℃$，定温压缩到原来体积的 1/3。试确定其终状态、压缩所消耗的功及放出的热量。

解：由 $p_1 = 3$ MPa 和 $t_1 = 300℃$，查表或软件可得状态 1 为过热蒸汽：

$$v_1 = 0.081\ 179\ \text{m}^3/\text{kg}, \quad s_1 = 6.541\ \text{kJ/(kg·K)}, \quad h_1 = 2\ 994\ \text{kJ/kg}$$

由 $v_2 = \dfrac{v_1}{3} = 0.027\ 06$ m³/kg 和 $t_2 = t_1 = 300℃$，查图或软件得状态 2 为过热蒸汽：

$$p_2 = 7.47\ \text{MPa}, \quad h_2 = 2\ 815\ \text{kJ/kg}, \quad s_2 = 5.868\ \text{kJ/(kg·K)}$$

定温过程放热 $\quad -q = T\Delta s = -(300 + 273) \times (5.89 - 6.545) = 385.6$ kJ/kg

压缩功 $\quad w = q - \Delta u = q - [(h_2 - p_2 v_2) - (h_1 - p_1 v_1)]$
$$= -385.6 - [(2\ 815 - 74.7 \times 10^2 \times 0.027\ 06)$$
$$- (2\ 994 - 30 \times 10^2 \times 0.081\ 179)]$$
$$= -248\ \text{kJ/kg}$$

6-10 一台 10 m³ 的汽包，盛有 2 MPa 的汽水混合物，开始时，水占总容积的一半。如由底部阀门放走 300 kg 水，为了使汽包内汽水混合物的温度保持不变，需要加入多少热量？如果从顶部阀门放汽 300 kg，条件如前，那又要加入多少热量？

解： 放水前

由 $p=2$ MPa 查表或软件有：

$$v'=0.001\ 176\ 6\ \text{m}^3/\text{kg},\quad v''=0.099\ 53\ \text{m}^3/\text{kg}$$

$$h'=908.6\ \text{kJ/kg},\quad h''=2\ 797.4\ \text{kJ/kg}$$

而依题意，有：

$$m_{1汽}=\frac{V/2}{v''}=\frac{10/2}{0.099\ 53}=50.24\ \text{kg}$$

$$m_{1水}=\frac{V/2}{v'}=\frac{10/2}{0.001\ 176\ 6}=4\ 249.53\ \text{kg}$$

$$m_1=m_{1汽}+m_{1水}=50.24+4\ 249.53=4\ 299.8\ \text{kg}$$

所以

$$x_1=\frac{m_{1汽}}{m_1}=\frac{50.24}{4\ 299.8}=0.011\ 68$$

$$v_1=\frac{V}{m_1}=\frac{10}{4\ 299.8}=0.002\ 326\ \text{m}^3/\text{kg}$$

$$h_1=h'+(h''-h')x_1=908.6+(2\ 797.4-908.6)\times0.011\ 68$$
$$=930.66\ \text{kJ/kg}$$

放水或放汽后：

$$m_2=m_1-300=3\ 999.8\ \text{kg}$$

$$v_2=V/m_2=10/3\ 999.8=0.002\ 5\ \text{m}^3/\text{kg}$$

因饱和温度不变，则

$$x_2=\frac{v_2-v'}{v''-v'}=0.013\ 46$$

$$h_2=h'+x_2(h''-h')=908.6+0.013\ 46\times(2\ 797.4-908.6)=934\ \text{kJ/kg}$$

以下用两种方法计算需加入的热量

解法一： 因为　$Q=\Delta E_{c,v}+m_{out}h_{out}-m_{in}h_{in}+W_{net}=\Delta E_{c,v}+m_{out}h_{out}$

且　　　$\Delta E_{c,v}=m_2u_2-m_1u_1=m_2(h_2-p_2v_2)-m_1(h_1-pv_1)$
$$=3\ 999.8\times(934-120\times10^5\times10^{-3}\times0.002\ 5)$$
$$-4\ 299.8\times(930.66-20\times10^5\times10^{-3}\times0.002\ 326)$$
$$=-265\ 835\ \text{kJ}$$

所以对于放水　$Q=\Delta E_{c,v}+m_{out}h'=-265\ 835+300\times908.6=6\ 745\ \text{kJ}$

　　对于放汽　$Q=\Delta E_{c,v}+m_{out}h''=-265\ 835+300\times2\ 797.4=5.734\times10^5\ \text{kJ}$

解法二： $m_{2汽}=m_2\cdot x_2=3\ 999.8\times0.013\ 46=53.84\ \text{kg}$

此过程汽包内水蒸气变化量：$\Delta m_{汽}=m_{2汽}-m_{1汽}=53.84-50.24=3.6\ \text{kg}$

故　放水 $Q=\Delta m_{汽}\cdot(h''-h')=3.6\times1\ 888.8=6\ 799\ \text{kJ}$

　　放汽 $Q=(\Delta m_{汽}+300)\cdot(h''-h')=303.6\times1\ 888.8=5.734\times10^5\ \text{kJ}$

提示： 放走 300 kg 工质前后的温度、总体积都不变。计算放走 300 kg 工质后的比容

v，验证其仍为湿饱和蒸汽（大部分同学没有做这一步，不够严谨）。而加入的热量有两种算法。

一是利用开口系统能量方程，利用前后状态的焓、压力、比容等参数计算，较为繁琐：

放水：$\qquad Q = \Delta E_{c,v} + m_{\text{out}} h_{\text{out}} - m_{\text{in}} h_{\text{in}} + W_{\text{net}} = m_2 u_2 - m_1 u_1 + m_{\text{out}} h'$

放汽：$\qquad Q = \Delta E_{c,v} + m_{\text{out}} h_{\text{out}} - m_{\text{in}} h_{\text{in}} + W_{\text{net}} = m_2 u_2 - m_1 u_1 + m_{\text{out}} h''$

二是设过程中汽化的水的质量为 $m_{水\text{-}汽}$，则

放水：$\qquad\qquad\qquad m_{水\text{-}汽} v'' = (300 + m_{水\text{-}汽}) v'$

放汽：$\qquad\qquad\qquad (m_{水\text{-}汽} - 300) v'' = m_{水\text{-}汽} v'$

加入的热量为：$\qquad\qquad Q = m_{水\text{-}汽}(h'' - h')$

蒸汽动力循环

7-1 本章主要要求

熟练掌握郎肯循环的图示与计算；熟练掌握蒸汽参数对朗肯循环热效率的影响；熟练掌握蒸汽动力循环再热、回热原理及计算；熟练掌握提高循环热效率的途径；掌握实际蒸汽动力循环的热效率及㶲分析法的主要结论。

7-2 本章内容精要

本章主要结合水蒸气热力性质分析蒸汽动力循环的构成及特点，并讨论提高蒸汽动力循环效率的途径。

7-2-1 朗肯循环及其分析

蒸汽动力循环由水泵、锅炉、汽轮机和冷凝器四个主要设备组成。对蒸汽动力实际循环的理想化：水泵中（3-4 过程）为定熵压缩过程，锅炉中（4-1 过程）为可逆定压吸热过程，汽轮机中（1-2 过程）为定熵膨胀过程，冷凝器中（2-3 过程）为可逆定压冷却过程，则为**朗肯循环**，将其表示在 $p\text{-}v$ 图、$T\text{-}s$ 图，如图 7-1 所示。

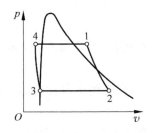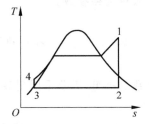

图 7-1 朗肯循环

1. 朗肯循环的定量计算

工质在锅炉内吸收热：

$$q_1 = h_1 - h_4$$

在汽轮机绝热膨胀对外做功

$$w_T = h_1 - h_2$$

在冷凝器放热

$$q_2 = h_2 - h_3$$

在水泵压缩耗功

$$w_p = h_4 - h_3$$

则循环热效率，

$$\eta_{t,R} = \frac{w_{\text{net}}}{q_1} = \frac{w_T - w_p}{q_1} = \frac{(h_1 - h_2) - (h_4 - h_3)}{h_1 - h_4} \tag{7-1}$$

式中，w_{net} 为 1 kg 工质的循环净功，也称为循环比功。

由于水泵耗功相对于汽轮机做的功极小，则

$$\eta_{t,R} \approx \frac{h_1 - h_2}{h_1 - h_3} \tag{7-2}$$

蒸汽动力装置输出 1 kW·h 即 3 600 kJ 功量所消耗的蒸汽量，称为**汽耗率 d**：

$$d = \frac{3\,600}{w_{\text{net}}} \quad \text{kg/(kW·h)} \tag{7-3}$$

2. 朗肯循环与卡诺循环

尽管朗肯循环热效率小于其同温限卡诺热机循环热效率。但后者的气态等温吸热过程无法实现。

而饱和区的卡诺循环，存在着低干度区膨胀汽轮机不能安全运行，以及水泵难以实现的湿蒸汽区压缩等问题。

因此，迄今蒸汽动力循环未采用卡诺循环。

3. 蒸汽参数对热效率的影响

在工程上，汽轮机进口蒸汽称为新汽，其参数被称为**初参数**，例如：初温、初压；汽轮机出口蒸汽称为乏汽，其参数被称为**终参数**。

蒸汽参数对循环的影响：

(1) 提高蒸汽初参数 p_1 或 t_1，可以提高循环热效率，因此，现代蒸汽动力循环朝着高参数方向发展。

同时应注意，提高初参数的机组，需要采用耐高温、耐高压的金属材料，因此，提高初参数也受到一定的限制。

(2) 降低乏汽压力也可以提高循环热效率，但乏汽压力受环境温度制约。

7-2-2　实际蒸汽动力循环的热效率及㶲分析

对于实际的循环，有两类分析方法：一类是基于热力学第一定律的分析方法，即热效率法；另一类方法是基于热力学第二定律的分析方法，有㶲分析法及熵分析法。

对某实际蒸汽动力循环的热效率与㶲分析法的结果列于表 7-1，可见，尽管在热效率法结果中显示冷凝器中损失的能量最多,但其㶲的损失很小,这是因为其与环境温度接近;做功能力损失最大的部分在锅炉,而且主要是由于锅炉中温差传热等不可逆因素造成的。

表 7-1 实际蒸汽动力循环的热效率与㶲分析结果的汇总

		占供入的份额	
		热效率法	㶲分析法
输出功		33.7%	33.7%
损失	锅炉	10%	56.7% (其中,燃烧 14.1% 排烟散热 8.6% 传热 34%)
	管道	0.6%	0.8%
	汽轮机	0	5.6%
	冷凝器	55.7%	3.5%
	总计	66.3%	66.3%

7-2-3 改进循环等提高热效率的措施

1. 蒸汽再热循环及其计算

图 7-2 为蒸汽再热循环的 T-s 图。再热是否提高热效率,取决于再热压力(p_b),只有使再热过程的平均吸热温度 $\overline{T_{ab}}$ 高于朗肯循环的平均吸热温度为 $\overline{T_{41}}$,才能提高热效率。

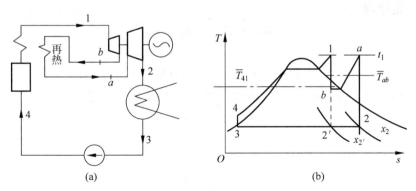

(a)　　　　　　　　　　　　　(b)

图 7-2 蒸汽再热循环

再热循环所做的功

$$w_{RH} = (h_1 - h_b) + (h_a - h_2) \tag{7-4}$$

循环加热量

$$q_{1,RH} = (h_1 - h_4) + (h_a - h_b) \tag{7-5}$$

再热循环的热效率

$$\eta_{t,RH} = \frac{w_{RH}}{q_{1,RH}} = \frac{(h_1 - h_b) + (h_a - h_2)}{(h_1 - h_4) + (h_a - h_b)} \qquad (7\text{-}6)$$

其实，再热除了本身可能提高热效率外，更重要的在于通过再热可提高乏汽干度，从而为提高初压，即进一步提高热效率提供可能性。

2. 回热循环及其计算

回热循环在蒸汽动力循环中普遍采用，它能有效提高热效率。图 7-3 为一次抽汽蒸汽动力循环的 T-s 图。

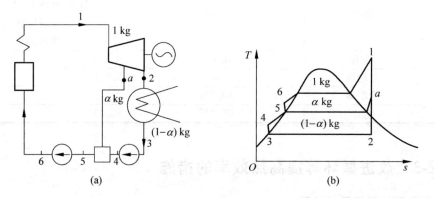

图 7-3 抽汽回热循环

首先确定抽汽量 α。令进入泵的水（3 点和 5 点）为饱和水。对于混合式回热加热器，由热力学第一定律，有

$$\alpha h_a + (1 - \alpha)h_4 = h_5$$

或者

$$\alpha(h_a - h_5) = (1 - \alpha)(h_5 - h_4)$$

忽略泵功，则 $h_4 \approx h_3 = h'_2$，又 $h_5 = h'_a$（抽汽压力 p_a 下饱和水焓），则

$$\alpha h_a + (1 - \alpha)h'_2 = h'_a \qquad (7\text{-}7)$$

则抽气量

$$\alpha = \frac{h'_a - h'_2}{h_a - h'_2} \qquad (7\text{-}8)$$

循环吸热量（忽略泵功）

$$q_{1,RG} = h_1 - h_5 = h_1 - h'_a \qquad (7\text{-}9)$$

循环净功

$$\begin{aligned} w_{RG} &= \alpha(h_1 - h_a) + (1 - \alpha)(h_1 - h_2) \\ &= (h_1 - h_a) + (1 - \alpha)(h_a - h_2) \end{aligned} \qquad (7\text{-}10)$$

则循环热效率

$$\eta_{t,RG} = \frac{w_{RG}}{q_{1,RG}} = \frac{(h_1 - h_a) + (1-\alpha)(h_a - h_2)}{h_1 - h_a'} \tag{7-11}$$

经推导对比可得：回热循环效率大于同参数的朗肯循环效率。

值得指出的是：由于 α kg 蒸汽从中间压力抽出，使回热循环的比功小于朗肯循环，导致回热循环汽耗率增大。

3. 热电联产循环

在生产电能的同时将做功后的蒸汽的一部分或全部引出向热用户供热的循环叫**热电联产循环**。

评价热电联产循环的另一个经济指标是能量利用系数：

$$K = \frac{做功量 + 供热量}{工质从热源得到的能量} \tag{7-12}$$

需要指出的是功与热并不等价，所以即使两个循环的 K 值相同，其热经济性未必相同。所以，需要同时用 η_t 和 K 这两个指标，或者进一步采用㶲效率评价，才较全面合理。

4. 燃气-蒸汽联合循环简介

利用余热锅炉把燃气动力循环和蒸汽动力循环联合在一起的循环，称为**燃气-蒸汽联合循环**，如图 7-4 所示，图 7-5 为其 T-s 图。燃气-蒸汽联合循环的热效率高于单纯的燃气动力循环及蒸汽动力循环的热效率。

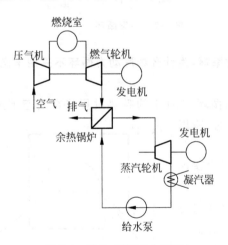

图 7-4　燃气-蒸汽联合循环

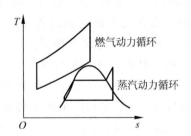

图 7-5　燃气-蒸汽联合循环的 T-s 图

另外，为了使联合循环能够燃用固体燃料——煤（包括石油焦等），人们进一步开发出了**整体煤气化联合循环**，简称 **IGCC**(integrated gasification combined cycle)。

整体煤气化联合循环不仅可以提高循环效率，而且环保性能好，如 SO_2，NO_x，CO_2 以及粉尘的排放低，可燃用高硫煤；并且可实现煤化工综合利用，生产硫、硫酸、甲醇、尿素等，具有很大的发展潜力。

7-3　思考题及解答

7-1　简单蒸汽动力装置由哪几个主要设备组成？画出系统图。在 p-v 图、T-s 图上如何表示？

答：如图 7-6 所示，简单蒸汽动力装置主要由四个设备组成：水泵，锅炉，汽轮机，冷凝器。其 p-v、T-s 图如图 7-7 所示。

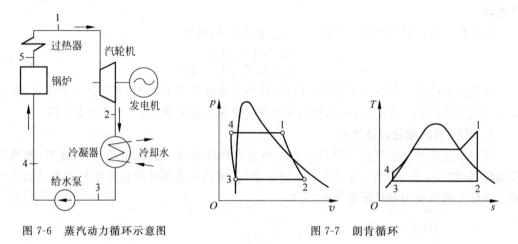

图 7-6　蒸汽动力循环示意图　　　　　　图 7-7　朗肯循环

7-2　卡诺循环效率比同温限下其他循环效率高，为什么蒸汽动力循环不采用卡诺循环方案？

答：如图 7-8 所示，朗肯循环的同温限卡诺循环 12314′1 的吸热过程将在气态下进行，事实证明气态物质实现定温过程是十分困难的，所以过热蒸汽卡诺循环至今没有被采用。

对于利用饱和区域定温特性形成的饱和区卡诺循环 67856（如图 7-8 所示）也是不可行的，其原因为：汽轮机出口（7 点）位于饱和区干度不高处，使得高速运转的汽轮机不能安全运行；同时其压缩过程（85）将在湿蒸汽区进行，汽液混合工质的压缩会给泵的设计与制造带来难以克服的困难。

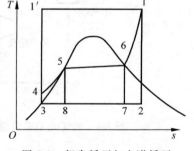

图 7-8　朗肯循环与卡诺循环

综上所述，蒸汽动力循环至今未采用卡诺循环。

7-3　蒸汽动力循环热效率不高的原因是冷凝器放热损失大，能否取消冷凝器而用压缩机将乏气送回锅炉？

答：冷凝器放出的热量数量虽大，但品质很低，其中大部分为无效能，而无效能是不能转变为功的。根据热力学第二定律，对于蒸汽动力循环，必须将这部分低品位的能量释放出去,才能保证热量连续不断地转化为功(可以从朗肯循环的 T-s 图上看出)。其实,用压缩机将乏汽送回锅炉的做法相当于耗功来换功(而非将热量转变为功来提高品位),是不能输出净功的。因此不能取消冷凝器而用压缩机将乏汽送回锅炉。

7-4　与思考题 7-3 同样的原因,能否取消冷凝器,直接将乏汽送回锅炉加热,以避免冷凝放热损失?

答:不能这样做。其根本理由与上题相同,即根据热力学第二定律必须将低品质能量释放掉。另外,取消冷凝器,直接将乏汽送回锅炉,意味着水泵也不用了,即只剩下锅炉和蒸汽轮机。没有了升压和放热过程,根本构不成循环输出净功。

7-5　蒸汽中间再过热的主要作用是什么? 是否总能通过再过热提高循环热效率? 什么条件下中间再过热才能对提高热效率有好处?

答:蒸汽中间再热的主要作用在于为提高初压,即为进一步提高循环热效率创造条件。因为提高初压可以提高热效率,但同时导致乏汽干度下降,而影响蒸汽轮机的安全运行。而中间再热可提高乏汽干度。即中间再热与提高初压匹配使用可有效提高循环热效率。

再热未必一定提高循环热效率。这主要取决于中间再热压力,只有选择合适的中间再热压力,使得再热过程的平均吸热温度高于之前的平均吸热温度,才能提高循环热效率。

7-6　抽汽回热循环,由于抽出蒸汽,减少了做功,为什么还能提高循环热效率呢?

答:抽汽回热是把本来要放给冷源的热量用于加热工质,以减少工质从外界吸收的热量。对于抽汽回热循环,没被抽出的工质的循环热效率未变,而被抽出的那部分工质将热量返回给了系统,而没向外界放热,其热效率为 100%,所以整个循环的热效率得到提升。

7-7　总结蒸汽参数对于循环的影响,有何利弊?

答:提高蒸汽的初温和初压都可以提高循环的热效率。因此,现代蒸汽动力循环朝着高参数方向发展。但是提高蒸汽初压将导致乏汽干度下降,对汽轮机的安全工作不利;而提高初温又要受到金属材料耐热性的限制。

降低乏汽压力可以提高循环热效率,但乏汽压力是受环境空气温度制约的。

7-8　热效率法和烟效率法有何不同?

答:热效率法和烟效率法都是用于分析系统以及其各个设备的能量利用情况。所不同的是,热效率法反映"能量数量"的利用率;而烟效率法,既反映"能量数量",又反映"能量品质",即有效能的利用率。从系统评价的全面性和指导性来看,烟效率法优于热效率法。

7-4　习题详解及简要提示

7-1　蒸汽朗肯循环的初温 $t_1 = 500℃$,背压(乏汽压力) $p_2 = 0.004$ MPa,忽略泵功,试求当初压 $p_1 = 4$、9 及 14 MPa 时的循环净功、加热量、热效率、汽耗率及汽轮机出

口干度 x_2。

解：忽略泵功，朗肯循环 T-s 图如图 7-9 所示。

以下以 $p_1=4$ MPa 为例，其他压力计算方法相同。

由 $p_1=4$ MPa，$t_1=500\,℃$，查得

$$h_1=3\,445.2\ \text{kJ/kg}, \quad s_1=7.090\,9\ \text{kJ/(kg·K)}$$

由 $p_2=0.004$ MPa，查得

$$h_2'=121.41\ \text{kJ/kg}, \quad h_2''=2\,554.1\ \text{kJ/kg}$$

$$s_2'=0.422\,4\ \text{kJ/(kg·K)}, \quad s_2''=8.474\,7\ \text{kJ/(kg·K)}$$

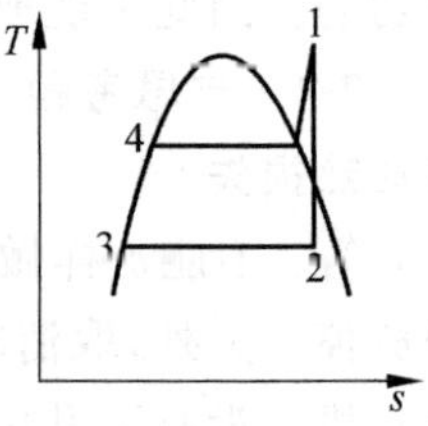

因为等熵膨胀，则 $\qquad s_2=s_1$

图 7-9

所以 汽轮机出口干度 $\quad x_2=\dfrac{s_1-s_2'}{s_z''-s_2'}=0.828$

$$h_2=x_2 h_2''+(1-x_2)h_2'$$
$$=2\,135.68\ \text{kJ/(kg·K)}$$

循环净功 $\qquad w=h_1-h_2=1\,309.52\ \text{kJ/kg}$

汽耗率 $\qquad d=\dfrac{3\,600}{w}=2.75\ \text{kg/(kW·h)}$

加热量 $\qquad q_1=h_1-h_2'=3\,323.78\ \text{kJ/kg}$

热效率 $\qquad \eta_t=\dfrac{w}{q_1}=39.4\%$

各压力下的计算结果汇总于下表。

p_1/MPa	4	9	14
w/(kJ/kg)	1 309.5	1 380.8	1 398.1
q_1/(kJ/kg)	3 323.8	3 265.0	3 201.6
η_t/%	39.4	42.3	43.7
d/(kg/(kW·h))	2.75	2.61	2.58
x_2	0.828	0.775	0.741

7-2 蒸汽朗肯循环的初压 $p_1=4$ MPa，背压 $p_2=4$ kPa，泵功忽略。试计算初温 $t_1=400\,℃$，$550\,℃$时的热效率及汽耗率。

解：计算方法与题 7-1 类似，汇总如下。

对于 $p_2=4$ kPa，查表有

$$h_2'=121.41\ \text{kJ/kg}, \quad h_2''=2\,554.1\ \text{kJ/kg},$$

$$s_2'=0.422\,4\ \text{kJ/(kg·K)}, \quad s_2''=8.474\,7\text{kJ/(kg·K)}$$

项　　目	$t_1 = 400℃$		$t_1 = 500℃$	
	查　表	查　图	查　表	查　图
$h_1/(\text{kJ/kg})$	3 214.5	3 202	3 559.2	3 543
$s_1/(\text{kJ/(kg·K)})$	6.771 3		7.233 8	
$x_2 = \dfrac{s_1 - s_2'}{s_2'' - s_2'}$	0.788		0.846	
$h_2 = x_2(h_2'' - h_2') + h_2'/(\text{kJ/kg})$	2 038.4	2 048	2 179.5	2 186
$w = h_1 - h_2/(\text{kJ/kg})$	1 175.02	1 154	1 379.7	1 357
$q_1 = h_1 - h_2'/(\text{kJ/kg})$	3 093.1	3 081	3 437.8	3 421.6
$\eta_t = \dfrac{w}{q_1}/\%$	38	37.45	40.1	39.7
$d = \dfrac{3\,600}{w}/(\text{kg/(kW·h)})$	3.06	3.12	2.61	2.65

7-3　冬天冷却水温度较低,可以降低冷凝压力,即 $p_2' = 0.004$ MPa,夏天冷却水温高,冷凝压力 p_2' 升为 0.007 MPa,忽略泵功。试计算当汽轮机进汽压力 $p_1 = 3.5$ MPa,进汽温度 $t_1 = 440℃$ 时,上述两种情况的热效率及汽耗率。

解：由 $p_1 = 3.5$ MPa, $t_1 = 440℃$ 查表有

$$h_1 = 3\,314.8 \text{ kJ/kg}, \quad s_1 = 6.979\,7 \text{ kJ/(kg·K)}$$

如查 h-s 图,有 $h_1 = 3\,302$ kJ/kg

计算方法与题 7-1 类似,计算结果汇总于下表。

项　　目	$p_2 = 0.004$ MPa		$p_2 = 0.007$ MPa	
	查　表	查　图	查　表	查　图
$h_1/(\text{kJ/kg})$	3 314.8	3 302	3 314.8	3 302
$s_1/(\text{kJ/(kg·K)})$	6.979 7		6.979 7	
$h_2'/(\text{kJ/kg})$	121.41		163.38	
$h_2''/(\text{kJ/kg})$	2 554.1		2 572.2	
$s_2'/(\text{kJ/(kg·K)})$	0.422 4		0.559 1	
$s_2''/(\text{kJ/(kg·K)})$	8.474 7		8.276	
$x_2 = \dfrac{s_1 - s_2'}{s_2'' - s_2'}$	0.814 3		0.832	
$h_2 = x_2 h_2'' + (1 - x_2)h_2'/(\text{kJ/kg})$	2 102.3	2 087	2 167.5	2 170
$w = h_1 - h_2/(\text{kJ/kg})$	1 212.5	1 215	1 147	1 132
$q_1 = h_1 - h_2'/(\text{kJ/kg})$	3 193.4	3 180.6	3 151.4	3 138.6
$\eta_t = \dfrac{w}{q_1}$	0.38	0.382	0.364	0.361
$d = \dfrac{3\,600}{w}/(\text{kg/(kW·h)})$	2.97	2.96	3.14	3.18

7-4 某蒸汽动力循环初温 $t_1 = 380℃$，初压 $p_1 = 2.6$ MPa，背压 $p_2 = 0.007$ MPa，若汽轮机相对内效率为 $\eta_{oi} = 0.8$，忽略泵功。求循环比功、热效率及汽耗率。

解：由 $p_1 = 2.6$ MPa 和 $t_1 = 380℃$ 查过热蒸汽表得

$$h_1 = 3\ 193.08\ \text{kJ/kg}, \quad s_1 = 6.937\ 3\ \text{kJ/(kg·K)}$$

由 $p_2 = 0.007$ MPa 查饱和蒸汽表得

$$h_2' = 163.38\ \text{kJ/kg}, \quad h_2'' = 2\ 572.2\ \text{kJ/kg},$$

$$s_2' = 0.559\ 1\ \text{kJ/kg·K}, \quad s_2'' = 8.276\ \text{kJ/(kg·K)}$$

而 $s_2 = s_1 = 6.937\ 3\ \text{kJ/(kg·K)}$，可得

$$x_2 = \frac{s_2 - s_2'}{s_2'' - s_2'} = \frac{6.937\ 3 - 0.559\ 1}{8.276 - 0.559\ 1} = 0.826\ 5$$

$$h_2 = h_2' + x_2(h_2'' - h_2')$$

$$= 163.38 + 0.826\ 5 \times (2\ 572.2 - 163.38) = 2\ 154.27\ \text{kJ/kg}$$

$$h_{2'} = h_1 - \eta_{oi}(h_1 - h_2)$$

$$= 3\ 193.08 - 0.8 \times (3\ 193.08 - 2\ 154.27) = 2\ 362\ \text{kJ/kg}$$

$$x_{2'} = \frac{h_{2'} - h_2'}{h_2'' - h_2'} = \frac{2\ 362 - 163.38}{2\ 572.2 - 163.38} = 0.912\ 7$$

循环比功

$$w_{net}' = h_1 - h_{2'} = 831.08\ \text{kJ/kg}$$

热效率

$$\eta_t' = \frac{w_{net}'}{q_1} = \frac{831.08}{3\ 193.08 - 163.38} = 27.4\%$$

汽耗率

$$d = \frac{3\ 600}{w_{net}'} = 4.33\ \text{kg/(kW·K)}$$

7-5 水蒸气再热循环的初压为 16.5 MPa，初温为 535℃，背压为 5.5 kPa，再热前压力为 3.5 MPa，再热后温度与初温相同。

(1) 求其热效率；

(2) 若因阻力损失，再热后压力为 3 MPa，求热效率。

解：水蒸气再热循环及各状态点如图 7-10 所示，其参数查表确定

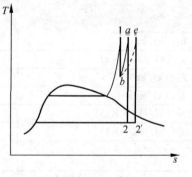

图 7-10

汽机入口 1 点：由 $p_1 = 16.5$ MPa 和 $t_1 = 535℃$ 查表得

$$h_1 = 3\ 390.6\ \text{kJ/kg}, \quad s_1 = 6.410\ 9\ \text{kJ/(kg·K)}$$

再热前状态 b 点，由 $p_b = 3.5$ MPa 和 $s_b = s_1 = 6.410\ 9\ \text{kJ/(kg·K)}$ 查表得

$$h_b = 2\ 954.43\ (\text{kJ/kg}), \quad t_b = 291.45℃$$

无阻力时再热后状态 a 点：由 $p_a = 3.5$ MPa 和 $t_a = 535℃$ 查表得

$$h_a = 3\ 529.95\ \text{kJ/kg}, \quad s_a = 7.262\ 8\ \text{kJ/(kg·K)}$$

有阻力时再热后状态 e 点：由 $p_e = 3$ MPa 和 $t_e = 535℃$ 查表得

$$h_e = 3\,534.9 \text{ kJ/kg}, \quad s_e = 7.333\,8 \text{ kJ/(kg} \cdot \text{K)}$$

无阻力时出口状态 2 点：由 $p_2 = 0.005\,5$ MPa 查表

$$h_2' = 144.91 \text{ kJ/kg}, \quad h_2'' = 2\,564.2 \text{ kJ/kg}$$

$$s_2' = 0.499\,5 \text{ kJ/(kg} \cdot \text{K)}, \quad s_2'' = 8.361\,3 \text{ kJ/(kg} \cdot \text{K)}$$

而 $\qquad s_2 = s_a = 7.262\,8 \text{ kJ/(kg} \cdot \text{K)}$

则 $\qquad x_2 = \dfrac{s_a - s_2'}{s_2'' - s_2'} = 0.86$

$$h_2 = x_2 h_2'' + (1 - x_2) h_2' = 2\,225.5 \text{ kJ/kg}$$

有阻力时出口状态 2′点：

$$s_{2'} = s_e = 7.333\,8 \text{ kJ/(kg} \cdot \text{K)}$$

则 $\qquad x_{2'} = \dfrac{s_e - s_2'}{s_2'' - s_2'} = 0.869$

$$h_{2'} = x_{2'} h_2'' + (1 - x_{2'}) h_2' = 2\,248 \text{ kJ/kg}$$

无阻力时的热效率：$\eta_t = \dfrac{(h_1 - h_b) + (h_a - h_2)}{(h_1 - h_2') + (h_a - h_b)} = 45.6\%$

有阻力时的热效率：$\eta_t = \dfrac{(h_1 - h_b) + (h_e - h_{2'})}{(h_1 - h_2') + (h_e - h_b)} = 45.0\%$

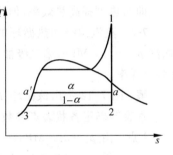

图 7-11

7-6 某蒸汽动力装置采用一次抽汽回热循环，已知新汽参数 $p_1 = 2.4$ MPa, $t_1 = 390℃$, 抽汽压力 $p_a = 0.12$ MPa, 乏汽压力 $p_2 = 5$ kPa。试计算其热效率、汽耗率并与朗肯循环比较。

解：抽汽回热蒸汽动力循环 T-s 图如图 7-11 所示，查表确定各点状态参数

1 点：由 $p_1 = 2.4$ MPa 和 $t_1 = 390℃$ 查表得

$$h_1 = 3\,219.18 \text{ kJ/kg}, \quad s_1 = 7.012\,96 \text{ kJ/(kg} \cdot \text{K)}$$

2 点：由 $p_2 = 0.005$ MPa 查表得

$$h_2' = 137.77 \text{ kJ/kg}, \quad h_2'' = 2\,561.2 \text{ kJ/kg}$$

$$s_2' = 0.476\,2 \text{ kJ/(kg} \cdot \text{K)}, \quad s_2'' = 8.395\,2 \text{ kJ/(kg} \cdot \text{K)}$$

又 $\qquad s_2 = s_1 = 7.012\,96 \text{ kJ/(kg} \cdot \text{K)}$

则 $\qquad x_2 = \dfrac{s_1 - s_2'}{s_2'' - s_1} = 0.825\,5$

$$h_2 = x_2 h_2'' + (1 - x_2) h_2' = 2\,138.2 \text{ kJ/kg}$$

a 点：由 $p_a = 0.12$ MPa 查表得

$$h_a' = 439.36 \text{ kJ/kg}, \quad h_a'' = 2\,683.8 \text{ kJ/kg}$$

$$s_a' = 1.360\,9 \text{ kJ/(kg} \cdot \text{K)}, \quad s_a'' = 7.299\,6 \text{ kJ/(kg} \cdot \text{K)}$$

a' 点：$h_{a'} = h_a' = 439.36 \text{ kJ/kg}$

3 点：$h_3 = h_2' = 137.77$ kJ/kg

因为 $$\alpha(h_a - h_{a'}) = (1 - \alpha)(h_{a'} - h_3)$$

所以 $$\alpha = \frac{h_{a'} - h_3}{h_a - h_3} = 0.1237$$

$$w_{net,\text{回}} = (h_1 - h_a) + (1 - \alpha)(h_a - h_2) = 1026.9 \text{ kJ/kg}$$

$$q_{1,\text{回}} = (h_1 - h_{a'}) = 2779.82 \text{ kJ/kg}$$

回热循环热效率 $$\eta_{t,\text{回}} = \frac{w_{net,\text{回}}}{q_{1,\text{回}}} = 36.9\%$$

朗肯循环热效率 $$\eta_{t,R} = \frac{h_1 - h_2}{h_1 - h_3} = 35.2\%$$

回热循环汽耗率 $$d_{\text{回}} = \frac{3600}{w_{net,\text{回}}} = 3.51 \text{ kg/(kW·h)}$$

朗肯循环汽耗率 $$d_R = \frac{3600}{w_R} = \frac{3600}{h_1 - h_2} = 3.33 \text{ kg/(kW·h)}$$

一次回热循环：热效率 36.9%，汽耗率 3.51 kg/(kW·h)

朗肯循环：热效率 35.2%，汽耗率 3.33 kg/(kW·h)

即回热可提高热效率，但汽耗率增大。

7-7 蒸汽两级回热循环的初参数为：$p_1 = 3.5$ MPa，$t_1 = 440℃$，背压为 6 kPa，第一级抽汽 $p_{a_1} = 1.4$ MPa，第二级抽汽 $p_{a_2} = 0.3$ MPa，试计算用混合式回热器时的抽汽率、热效率、汽耗率。

解：图 7-12 示出该循环 T-s 图。

查表等确定各状态点参数

1 点：由 $p_1 = 3.5$ MPa，$t_1 = 440℃$

得 $h_1 = 3314.8$ kJ/kg，$s_1 = 6.9797$ kJ/(kg·K)

a_1 点：$s_{a_1} = s_1 = 6.9797$ kJ/(kg·K)，而由 $p_{a_1} = 1.4$ MPa，查得 $s_{a_1}'' = 6.4683$ kJ/(kg·K) $< s_{a_1}$，故点 a_1 为过热蒸汽。由过热蒸汽表中 1.0 MPa，290℃ 和 300℃ 及 2.0 MPa，290℃ 和 300℃ 插值得 1.4 MPa，290℃ 和 300℃ 的 s 及 h 值，示于下表。

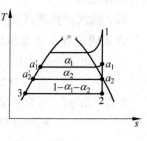

图 7-12

压力/MPa		1.0	1.4	2.0
s/(kJ/(kg·K))	290℃	7.0862	6.9424	6.7068
	300℃	7.1239	6.9815	6.7679
h/(kJ/kg)	290℃	3029.9	3018.18	3000.6
	300℃	3051.3	3040.38	3024.0

则

$$h_{a_1} = \frac{6.979\,7 - 6.942\,4}{6.981\,5 - 6.942\,4}(3\,040.38 - 3\,018.18) + 3\,018.18 = 3\,039.4 \text{ kJ/kg}$$

（注明，如果使用软件，则由 s_{a_1} 和 p_{a_1} 可直接确定 h_{a_1}）

a_2 点：$s_{a_2} = s_1 = 6.979\,7$ kJ/(kg·K)，由 $p_{a_2} = 0.3$ MPa 查表得

$$s'_{a_2} = 1.671\,7 \text{ kJ/(kg·K)}, \quad s''_{a_2} = 6.993\,0 \text{ kJ/(kg·K)}$$

$$h'_{a_2} = 561.4 \text{ kJ/kg}, \quad h''_{a_2} = 2\,725.5 \text{ kJ/kg}$$

所以 $x_{a_2} = \dfrac{s_1 - s'_{a_2}}{s''_{a_2} - s'_{a_2}} = 0.997\,5$

$$h_{a_2} = x_{a_2} h''_{a_2} + (1 - x_{a_2}) h'_{a_2} = 2\,720.1 \text{ kJ/kg}$$

2 点：$s_2 = s_1$，由 $p_2 = 0.006$ MPa 查表等

$$s'_2 = 0.520\,9 \text{ kJ/(kg·K)}, \quad s''_2 = 8.300\,5 \text{ kJ/(kg·K)}$$

$$h'_2 = 151.5 \text{ kJ/kg}, \quad h''_2 = 2\,567.1 \text{ kJ/kg}$$

所以 $x_2 = \dfrac{s_1 - s'_2}{s''_2 - s'_2} = 0.827$

$$h_2 = x_2 h''_2 + (1 - x_2) h'_2 = 2\,149.2 \text{ kJ/kg}$$

3 点：$h_3 = h'_2 = 151.5$ kJ/kg

a'_1 点：$h_{a'_1} = h'_{a_1} = 830.1$ kJ/kg

a'_2 点：$h_{a'_2} = h'_{a_2} = 561.4$ kJ/kg

一级抽汽的能量方程：$\alpha_1(h_{a_1} - h_{a'_1}) = (1 - \alpha_1)(h_{a'_1} - h_{a'_2})$

则一级抽汽率 $\alpha_1 = \dfrac{h_{a'_1} - h_{a'_2}}{h_{a_1} - h_{a'_2}} = 0.108\,4$

二级抽汽的能量方程：$\alpha_2(h_{a_2} - h_{a'_2}) = (1 - \alpha_1 - \alpha_2)(h_{a'_2} - h_3)$

则二级抽汽率 $\alpha_2 = \dfrac{(1 - \alpha_1)(h_{a'_2} - h_3)}{h_{a_2} - h_3} = 0.142\,3$

$w_{净} = (h_1 - h_{a_1}) + (1 - \alpha_1)(h_{a_1} - h_{a_2}) + (1 - \alpha_2 - \alpha_1)(h_{a_2} - h_2) = 986.7$ kJ/kg

$q_1 = h_1 - h_{a'_1} = 2\,484.7$ kJ/kg

汽耗率 $d = \dfrac{3\,600}{w_{净}} = 3.65$ kg/(kW·h)

热效率 $\eta_t = \dfrac{w_{净}}{q_1} = 39.7\%$

7-8 某蒸汽动力循环由一次再热及一级抽汽混合式回热所组成。蒸汽初参数 $p_1 = 16$ MPa，$t_1 = 535\,℃$，乏汽压力 $p_2 = 0.005$ MPa，再热压力 $p_b = 3$ MPa，再热后 $t_e = t_1$，回热抽汽压力 $p_a = 0.3$ MPa，试计算抽汽量 α、加热量 q_1、净功 w 及热效率 η_t。

解：该循环 T-s 图如图 7-13 所示。

查表等确定各状态点参数。

1 点：由 $p_1 = 16$ MPa 和 $t_1 = 535℃$ 得

$$h_1 = 3\,396.4 \text{ kJ/kg}, \quad s_1 = 6.430\,4 \text{ kJ/(kg·K)}$$

b 点：$s_b = s_1 = 6.430\,4$ kJ/(kg·K)，由 $p_b = 3$ MPa 查得

$$s_b'' = 6.185\,4 \text{ kJ/(kg·K)} < s_b$$

故 b 为过热蒸汽态，且查表对比知（$270 < t_b < 280$）。

所以 $h_b = \dfrac{6.430\,4 - 6.397\,4}{6.447\,7 - 6.397\,4}(2\,941.8 - 2\,914.2) +$

$2\,914.2 = 2\,932.2$ kJ/kg

如果使用水蒸气软件，则由 s_b 和 p_b 可直接确定 h_b。

e 点：由 $p_e = 3$ MPa 和 $t_e = 535℃$ 查表

$$h_e = 3\,534.9 \text{ kJ/kg}, \quad s_e = 7.333\,8 \text{ kJ/(kg·K)}$$

a 点：$s_a = s_e = 7.333\,8$ kJ/(kg·K)，由 $p_a = 0.3$ MPa 查得 $s_a'' = 6.99$ kJ/(kg·K) $< s_a$，

故 a 点为过热蒸汽态，查表插值得 $h_a = 2\,846.4$ kJ/kg

2 点：$s_2 = s_1$，由 $p_2 = 0.005$ MPa 查得

$$h_2' = 137.77 \text{ kJ/kg}, \qquad h_2'' = 2\,561.2 \text{ kJ/kg}$$

$$s_2' = 0.476\,2 \text{ kJ/(kg·K)}, \quad s_2'' = 8.395\,2 \text{ kJ/(kg·K)}$$

所以

$$x_2 = \frac{s_1 - s_2'}{s_2'' - s_2'} = 0.866$$

$$h_2 = h_2' + x_2(h_2'' - h_2') = 2\,236.5 \text{ kJ/kg}$$

3 点：$h_3 = h_2' = 137.77$ kJ/kg

a' 点：$h_{a'} = h_a' = 561.4$ kJ/kg

抽汽率：$\alpha = \dfrac{h_a' - h_3}{h_a - h_3} = 0.156\,4$

净功：$w_{\text{net}} = h_1 - h_b + h_e - h_a + (1 - \alpha)(h_a - h_2) = 1\,667$ kJ/kg

加热量：$q_1 = h_1 - h_{a'} + h_e - h_b = 3\,438$ kJ/kg

热效率：$\eta_t = \dfrac{w_{\text{net}}}{q_1} = \dfrac{1\,667}{3\,438} = 48.5\%$

汽耗率：$d = \dfrac{3\,600}{w_{\text{net}}} = \dfrac{3\,600}{1\,667} = 2.16$ kg/(kW·h)

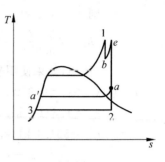

图 7-13

制冷及热泵循环

8-1　本章主要要求

　　掌握空气压缩制冷循环的分析、计算、回热；熟练掌握蒸气压缩制冷及热泵循环的分析、计算；充分理解过冷措施。

8-2　本章内容精要

　　制冷循环是一种逆向循环，其目的在于从低温物体（如冷藏室、冷库等）不断地取走热量，以维持物体的低温，此时从冷源取走的热量称为**制冷量**。

8-2-1　空气压缩制冷循环

　　空气压缩制冷循环的理想循环为勃雷登逆循环，图 8-1 为其 $T\text{-}s$ 图。T_0 和 T_{II} 分别为环境温度和冷库温度。工质可视为定比热理想气体的空气。

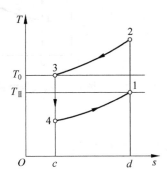

图 8-1　空气压缩制冷循环 $T\text{-}s$ 图

　　循环的吸热量（**制冷量**）为

$$q_2 = c_p(T_1 - T_4)$$

　　放热量为

$$q_1 = c_p(T_2 - T_3)$$

　　制冷系数为

$$\varepsilon = \frac{q_2}{q_1 - q_2} = \frac{T_1}{T_2 - T_1} = \frac{1}{\left(\dfrac{p_2}{p_1}\right)^{\frac{k-1}{k}} - 1} \tag{8-1}$$

可见，减小压比（p_2/p_1），可提高制冷系数，但将导致单位工质的制冷量 q_2 的减小。

参见图 8-1，可见，$\varepsilon < \varepsilon_c$，即空气压缩制冷循环的制冷系数小于同温限（环境温度 $T_0 = T_3$ 与冷库温度 T_{II}）间卡诺逆循环的制冷系数。

目前实际使用的是回热式空气压缩制冷循环。该类循环采用具有小压比大流量的叶轮式压气机和膨胀机替换活塞式压气机和膨胀机，以增加循环工质的流量，从而提高总制冷量。

8-2-2　蒸气压缩制冷循环

蒸气压缩制冷循环主要由压缩机、冷凝器、节流阀和蒸发器组成，如图 8-2 所示，图 8-3 为其理想循环的 T-s 图，工质在蒸发器出口为干饱和蒸气（点 1），在压缩机中被等熵压缩成过热蒸气（点 2），在冷凝器中可逆定压放热至饱和液态（点 4），然后经节流阀绝热节流（虚线）至湿蒸气态（点 5），在蒸发器可逆定压蒸发吸热至点 1。

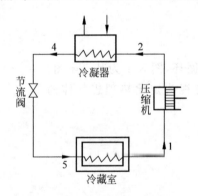

图 8-2　蒸气压缩制冷循环

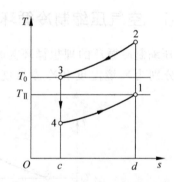

图 8-3　蒸气压缩制冷循环 T-s 图

循环的吸热量（制冷量）

$$q_2 = h_1 - h_5 = h_1 - h_4$$

耗功量

$$w_{\mathrm{net}} = h_2 - h_1$$

制冷系数

$$\varepsilon = \frac{q_2}{w_{\mathrm{net}}} = \frac{q_2}{q_1 - q_2} = \frac{h_1 - h_4}{h_2 - h_1} \tag{8-2}$$

式中，h_1 可以由 p_1 确定，如果是湿蒸气则还需要该点干度值；h_2 可以由 p_2 和 s_1（因为 $s_2 = s_1$）确定，如果压缩机内为不可逆压缩，则 1-2 过程为虚线，且 h_2 由 p_2 和 T_2 确定；h_4 为 p_2 压力下饱和液体的焓。

提示：蒸气压缩制冷循环使用的工质，与水类似(都是非理想气体)，其焓和熵等通过查图、表或软件确定。

蒸气压缩制冷循环中用节流阀取替了空气压缩制冷循环中的膨胀机。这样既简化了设备，也便于蒸发压力的控制。当然为此损失了膨胀机的做功量，而且还减少了与之相应的制冷量。但是由于此时工质干度很小，能做的膨胀功很少，因此这个替代是经济的。

如式(8-2)所示，蒸气压缩制冷循环的制冷量和耗功量均体现为焓差，所以为了便于分析，常将该循环表示在 p-h 图上，如图 8-4 所示。

实际应用中，为了提高制冷系数，常采用**过冷措施**，即冷凝器出口为过冷液(未饱和液)，如图 8-4 中的 $4'$ 点，过冷液经历绝热节流至 $5'$ 点，此时单位工质的制冷量增加了 $(h_5 - h_{5'})$，而压缩机耗功 $(h_2 - h_1)$ 未变，所以制冷系数得到提高。

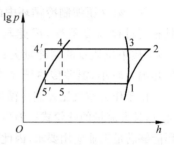

图 8-4 蒸气压缩制冷循环 p-h 图

8-2-3 热泵循环

热泵循环与蒸气压缩制冷循环基本原理相同，两者的区别在于目的不同，后者是制冷，而前者是向高温物体(如供暖的房间)供热，以维持高温物体的温度。向高温物体提供的热称为**制热量**或**供热量**。可参见图 8-3 来分析热泵。

循环的放热量(供热量、制热量)

$$q_1 = h_2 - h_4 = h_2 - h_5$$

耗功量

$$w_{net} = h_2 - h_1$$

供热系数(制热系数)

$$\varepsilon' = \frac{q_1}{w_{net}} = \frac{q_1}{q_1 - q_2} = \frac{h_2 - h_4}{h_2 - h_1} \tag{8-3}$$

以上各点焓值的确定与前述蒸气压缩制冷循环类似。

与蒸压缩制冷循环类似，实际上热泵也采用过冷措施，如图 8-4 所示，此时冷凝器中单位工质的吸热量增加了 $(h_4 - h_{4'})$，而压缩机耗功 $(h_2 - h_1)$ 未变，则供热系数得到提高。

热泵的优点 与其他供暖装置(如电加热器等)相比，热泵具有更高的能量利用率。这是因为电加热器仅将电能转化为热能以供暖，而热泵循环在此之上，还额外增加了取自于环境的热量。

如上所述，制冷和热泵循环的经济性指标分别是制冷系数 ε 和供热系数 ε'。二者也可以用性能系数(coefficient of performance，COP)来表示，即 $\varepsilon = (COP)_R$ 和 $\varepsilon' = (COP)_H$，其中下标 R 和 H 分别代表制冷(Refrigeration)和热泵(Heat pump)。

8-3 思考题及解答

8-1 蒸气压缩制冷循环与空气压缩制冷循环相比有哪些优点？为什么有些时候还要用空气压缩制冷循环？

答：蒸气压缩制冷循坏中的吸、放热过程主要是工质的相变过程,通常相变潜热较大,且相变过程温度不变,因此与空气压缩制冷循环相比,蒸气压缩制冷循环有以下优点：(1)工质单位质量的制冷量大；(2)由于工质是相变传热(工质温度在两相区内恒定),因此传热温差较小,温差传热导致的不可逆性较小。

由于作为空气压缩制冷循环工质的空气,具有廉价、易得,无任何污染,环保,不怕泄漏的优点,且大流量的叶轮式压缩机和膨胀机技术的不断发展,再加上采用回热,空气压缩制冷循环能够满足工业应用要求,因此还在应用。

8-2 蒸气压缩制冷循环可以采用节流阀来替代膨胀机,空气压缩制冷循环是否也可以采用这种方法？为什么？

答：空气压缩制冷循环不能用节流阀替代膨胀机。膨胀机的作用是同时降低空气的温度和压力,使得循环正常运行。如果改用节流阀,节流后焓不变,而空气近似为理想气体,则节流后其温度不变,这样无法同时达到降温降压的目的,不能保证空气压缩制冷循环正常工作。

8-3 如图 8-5 所示,若蒸气压缩制冷循环按照 1-2-3-4-6-1 运行,循环耗功量没有变化,仍为 h_1-h_2,而制冷量则由 h_1-h_5 增大为 h_1-h_6。可见这种循环的好处是明显的,但为什么没有被采用？

答：原因是这种循环难实现。且该循环与常规蒸气压缩制冷循坏的不同在于用 4-6 过程替代了原节流阀中的 4-5 过程。而要实现 4-6 过程,就必须使用符合该要求的特定膨胀机械,该膨胀机械的结构复杂且昂贵,而且出口压力(该参数直接影响蒸发温度)的控制一定比节流阀复杂得多；另一方面,由于该过程增加的制冷量相对较小,与添置特定膨胀机械的投资相比,不经济。

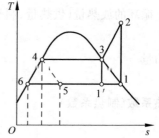

图 8-5 蒸气压缩制冷循环 $T\text{-}s$ 图

8-4 制冷循环与热泵循环相比,它们之间的异同点是什么？

答：二者的相同之处在于它们都是逆循环。

不同之处在于目的或工作温度水平不同。制冷循环是从比环境温度低的冷源吸热(或制冷),将热量释放到环境(热源)中,其目的是从冷源取热或制冷；热泵循环则是从环境(冷源)取热,将热量释放到比环境温度高的热源,其目的是向热源供热。

8-5 逆向卡诺循环的高温热源与低温热源之间的温差越大越好,还是越小越好？与正向卡诺循环的情况是否相同？

答：越小越好。与正向卡诺循环的情况正好相反。

8-6　为什么要首先限产直至禁用 CFC$_x$ 物质？

答：主要是出于保护环境，减小对臭氧层的破坏。由于在紫外线的照射下，CFC$_x$（氯氟烃类）物质中的氯游离成氯离子并与臭氧发生连锁反应，使得臭氧的浓度急剧减小，严重破坏臭氧层，大大削弱对紫外线的吸收能力，而影响地球上的人类及生态。

8-7　吸附式制冷为什么引起人们的注意？

答：吸附式制冷系统不消耗电能、无运动部件、系统简单、没有噪声、无污染、安全可靠、投资回收期短。它可以利用工业余热、地热以及太阳能作为热源。并可以获得比吸收式制冷循环更高的性能系数。因此随着能源危机的加剧，吸附式制冷引起人们的注意。

8-4　习题详解及简要提示

8-1　一制冷机工作在 245 K 和 300 K 之间，吸热量为 9 kW，制冷系数是同温限卡诺逆循环制冷系数的 75%。试计算：

（1）放热量；

（2）耗功量；

（3）制冷量为多少"冷吨"。

解：

（1）依题意，同温限卡诺逆循环的制冷系数

$$\varepsilon_c = \frac{T_2}{T_1 - T_2} = \frac{245}{300 - 245} = 4.45$$

则该制冷机的制冷系数

$$\varepsilon = 75\%\varepsilon_c = 0.75 \times 4.45 = 3.34$$

放热量

$$\dot{Q}_1 = \dot{Q}_2 + \frac{\dot{Q}_2}{\varepsilon} = 9 + \frac{9}{3.34} = 11.69 \text{ kW}$$

（2）耗功量 $\dot{W} = \dot{Q}_1 - \dot{Q}_2 = 11.69 - 9 = 2.69$ kW

（3）制冷量 $\dot{Q}_2 = \dfrac{9}{3.86} = 2.33$ 冷吨（每冷吨为 3.86 kW）

8-2　一卡诺热泵提供 250 kW 热量给温室，以便维持该室温度为 22℃。热量取自处于 0℃ 的室外空气。试计算供热系数、循环耗功量以及从室外空气中吸取的热量。

解：供热系数 $\varepsilon_c' = \dfrac{T_1}{T_1 - T_2} = \dfrac{22 + 273}{22 - 0} = 13.4$

耗功
$$\dot{W} = \frac{\dot{Q}}{\varepsilon_c'} = \frac{250}{13.4} = 18.7 \text{ kW}$$

吸热量 $\qquad \dot{Q}_2 = \dot{Q}_1 - \dot{W} = 250 - 18.7 = 231.3 \ \text{kW}$

8-3 一逆向卡诺循环,性能系数(COP)为 4,问高温热源温度与低温热源温度之比是多少?如果输入功率为 6 kW,试问制冷量为多少"冷吨"?如果这个系统作为热泵循环,试求循环的性能系数以及能提供的热量。

解:依题意,$(\text{COP})_R = \varepsilon = \dfrac{T_2}{T_1 - T_2} = 1$

所以两热源温度之比 $\quad \dfrac{T_1}{T_2} = \dfrac{5}{4} = 1.25$

制冷量 $\qquad \dot{Q}_2 = \varepsilon \dot{W} = 4 \times 6 = 24 \ \text{kW} = \dfrac{24}{3.86} = 6.22 \ \text{冷吨}$

当该系统作为热泵系统时

供热系数 $\qquad \varepsilon' = (\text{COP})_H = \dfrac{T_1}{T_1 - T_2} = \dfrac{1}{1 - \dfrac{T_2}{T_1}} = 5$

供热量 $\qquad \dot{Q} = \varepsilon' \dot{W} = 5 \times 6 = 30 \ \text{kW}$

8-4 卡诺制冷机,在 0℃下吸热,要求输入功率为 2.0 kW/冷吨,试确定循环制冷系数和放热的温度。如果循环上限温度为 40℃,试求需要输入的功量为多少 kW/冷吨?

解:1 冷吨(3.86 kJ/s)制冷量需要输入功率 2.0 kW,则

制冷系数 $\qquad \varepsilon = \dfrac{\dot{Q}_2}{\dot{W}} = \dfrac{3.86}{2.0} = 1.93$

放热温度 $\qquad T_1 = T_2 + \dfrac{T_2}{\varepsilon} = 273 + \dfrac{273}{1.93} = 414 \ \text{K}$

如果循环上限温度为 40℃,即 $T_{1'} = 40 + 273 = 313 \ \text{K}$ 则

$$\varepsilon_{1'} = \dfrac{T_2}{T_{1'} - T_2} = \dfrac{273}{313 - 273} = 6.83$$

则每冷吨需输入功量:$\dot{W}_{1'} = \dfrac{\dot{Q}_2}{\varepsilon_{1'}} = \dfrac{3.86}{6.83} = 0.565 \ \text{kW}$

8-5 采用勃雷登逆循环的制冷机,运行在 300 K 和 250 K 之间,如果循环增压比分别为 3 和 6,试计算它们的 COP。假定工质可视为理想气体,$c_p = 1.004 \ \text{kJ/(kg·K)}$,$k = 1.4$。

解:勃雷登逆循环制冷系数 $(\text{COP})_R = \dfrac{1}{\pi^{\frac{k-1}{k}} - 1}$

当增压比为 3 时,$(\text{COP})_R = \dfrac{1}{\pi^{\frac{k-1}{k}} - 1} = \dfrac{1}{3^{0.4/1.4} - 1} = 2.71$

当增压比为 6 时,$(\text{COP})_R = \dfrac{1}{\pi^{\frac{k-1}{k}} - 1} = \dfrac{1}{6^{0.4/1.4} - 1} = 1.50$

8-6 采用具有理想回热的勃雷登逆循环的制冷机,工作在 290 K 和 220 K 之间,循环增压比为 5,当输入功率为 3 kW 时循环的制冷量是多少"冷吨"? 循环的性能系数又是多少? 工质可视为理想气体,$c_p=1.04$ kJ/(kg·K),$k=1.3$。

解:图 8-6 中 $4\text{-}1_R\text{-}2_R\text{-}3_R\text{-}4$ 为理想回热的勃雷登逆循环,而 $1\text{-}2\text{-}3\text{-}4$ 为同温限勃雷登逆循环,前者的制冷系数为

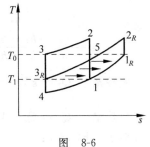

图 8-6

$$\varepsilon=\frac{q_2}{q_1-q_2}=\frac{1}{\dfrac{q_1}{q_2}-1}=\frac{1}{\dfrac{c_p(T_{2R}-T_5)}{c_p(T_1-T_4)}-1}$$

$$=\frac{1}{\dfrac{T_{2R}-T_5}{T_1-T_4}-1}=\frac{1}{\dfrac{T_{2R}-T_{1R}}{T_{3R}-T_4}-1}$$

而由于 $1_R\text{-}2_R$ 及 $4\text{-}3_R$ 为等熵过程,$\pi=\dfrac{p_2}{p_1}$

故

$$\frac{T_{2R}-T_{1R}}{T_{3R}-T_4}=\frac{T_{2R}-T_{2R}\left(\dfrac{1}{\pi}\right)^{\frac{k-1}{k}}}{T_{3R}-T_{3R}\left(\dfrac{1}{\pi}\right)^{\frac{k-1}{k}}}=\frac{T_{2R}}{T_{3R}}$$

$$=\frac{T_{1R}\pi^{\frac{k-1}{k}}}{T_{3R}}=\frac{T_0}{T_1}\pi^{\frac{k-1}{k}}$$

所以制冷系数 $=\dfrac{1}{\dfrac{T_0}{T_1}\pi^{\frac{k-1}{k}}-1}=\dfrac{1}{\dfrac{290}{220}\times 5^{\frac{1.3-1}{1.3}}-1}=1.1$

循环制冷量 $\dot{Q}_2=\varepsilon\dot{W}=1.1\times 3=3.3$ kW $=\dfrac{3.3}{3.86}=0.855$ 冷吨

提示:注意"工作在 290 K 和 220 K 之间",就是指热源温度,即冷凝器出口温度 T_5 为 290 K,冷源温度,即蒸发器的出口温度 T_1 为 220 K。

其次,不要受同温限间工作的 $\varepsilon_{回热}=\varepsilon_{非回热}$ 误导,而直接用非回热循环的 $\varepsilon=\dfrac{1}{\pi^{\frac{k-1}{k}}-1}$ 计算。事实上,如图 8-1 所示,同温限间的回热和非回热循环压比是不同的,上式中的 π 指的是非回热循环的压比,故回热循环不能用上式进行计算。如解答中推导所示回热循环的 $\varepsilon=\dfrac{1}{\dfrac{T_0}{T_1}\pi^{\frac{k-1}{k}}-1}$。

8-7 工作在 0℃和 30℃热源之间的氟利昂-12 制冷机的冷凝液为饱和液进入节流阀,压缩机入口为干饱和蒸气,消耗功率为 3.5 kW。试计算制冷量为多少"冷吨"? 放热量为多少(kW)? 如果改用替代物 HFC134a 作为工质,工作温度及制冷量不变,此时耗功量为多少? 放热量为多少?

解：依题意，画出该制冷循环的 T-s 图如图 8-7 所示。

查 R12 物性，1 点为 0℃的饱和气，4 点为 30℃的饱和液，2 点为过 1 点的等熵线与 30℃对应的等压线的交点。则

$$h_1 = 573.6 \text{ kJ/kg}$$
$$h_2 = 590.3 \text{ kJ/kg}$$
$$h_4 = 448 \text{ kJ/kg}$$

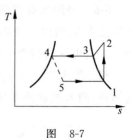

图 8-7

$$\varepsilon = \frac{q_2}{w} = \frac{h_1 - h_4}{h_2 - h_1} = \frac{573.6 - 448}{590.3 - 573.6} = 7.52$$

制冷量　$\dot{Q}_2 = \varepsilon \dot{W} = 7.52 \times 3.5 = 26.32 \text{ kW} = \dfrac{26.32}{3.86} = 6.82$ 冷吨

放热量　$\dot{Q}_1 = \dot{Q}_2 + \dot{W} = 26.32 + 3.5 = 29.82 \text{ kW}$

对于 HFC134a：

$$h_1 = 400 \text{ kJ/kg},$$
$$h_2 = 419 \text{ kJ/kg},$$
$$h_4 = 243 \text{ kJ/kg},$$

则　　　$\varepsilon = \dfrac{q_2}{w} = \dfrac{400 - 243}{419 - 400} = 8.26$

耗功量　　　$\dot{W} = \dfrac{\dot{Q}_2}{\varepsilon} = \dfrac{26.32}{8.26} = 3.19 \text{ kW}$

放热量　　　$\dot{Q}_1 = \dot{Q}_2 + \dot{W} = 29.51 \text{ kW}$

8-8　以氟利昂-12 为工质的制冷机，蒸发器温度为 −20℃，压缩机入口状态为干饱和蒸气，冷凝器温度为 30℃，其出口工质状态为饱和液体。制冷量为 1 kW。若工质改用替代物 HFC134a，其他参数不变。试比较它们之间的循环制冷系数、㶲效率、压缩机耗功量以及制冷剂流率。

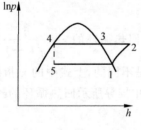

图 8-8

解：依题意，制冷循环 $\ln p$-h 图如图 8-8 所示。

以 HFC134a 为例，查 p-h 图得：

$$h_1 = 385 \text{ kJ/kg}$$
$$h_2 = 420 \text{ kJ/kg}$$
$$h_4 = 245 \text{ kJ/kg}$$

故制冷系数 $\varepsilon = \dfrac{q_2}{w} = \dfrac{h_1 - h_5}{h_2 - h_1} = \dfrac{h_1 - h_4}{h_2 - h_1} = 4$

㶲效率　$\eta_{\text{ex}} = \dfrac{\text{冷量㶲}}{\text{输入的㶲}} = \dfrac{q_2\left(\dfrac{T_0}{T_2} - 1\right)}{w}$

$$= \varepsilon\left(\frac{T_0}{T_1} - 1\right) = 4\left(\frac{273 + 30}{273 - 20} - 1\right) = 79.1\%$$

压缩机耗功量 $\qquad \dot{W}_{\mathrm{net}} = \dfrac{\dot{Q}_2}{\varepsilon} = 0.25 \text{ kW}$

制冷剂流率 $\qquad \dot{m} = \dfrac{\dot{Q}_2}{q_2} = \dfrac{\dot{Q}_2}{h_1 - h_4} = 0.006\,94 \text{ kg/s}$

8-9 以氟利昂-12 为工质的蒸气压缩制冷理想循环,运行在 900 kPa 和 261 kPa 之间。试确定循环性能系数、烟效率以及产生 3"冷吨"制冷量所需要的制冷剂的质量流率。

解:蒸气压缩制冷循环的 p-h 图,与题 8-8 类似。利用 R12 的 $\ln p$-h 图,
由 $p_1 = 261$ kPa 查得,

$$t_1 = -5\text{℃}, \quad h_1 = 571 \text{ kJ/kg}$$

由 $p_2 = 900$ kPa,查得

$$t_0 = 37\text{℃}, \quad h_2 = 595 \text{ kJ/kg}$$

$$h_4 = 456 \text{ kJ/kg}$$

故制冷系数 $\qquad \varepsilon = \dfrac{q_2}{w_{\mathrm{net}}} = \dfrac{h_1 - h_4}{h_2 - h_1} = \dfrac{571 - 456}{595 - 571} = 4.79$

烟效率 $\qquad \eta_{\mathrm{ex}} = \varepsilon\left(\dfrac{T_0}{T_1} - 1\right) = \varepsilon \times \left(\dfrac{310}{268} - 1\right) = 75.1\%$

制冷剂质量流率 $\qquad \dot{m} = \dfrac{Q_2}{q_2} = \dfrac{3 \times 3.86}{571 - 456} = 0.101 \text{ kg/s}$

8-10 以氟利昂-12 为工质的蒸气压缩制冷循环,蒸发器温度为 -5℃,它的出口是干饱和蒸气。冷凝器温度为 30℃,出口处干度为零。压缩机的压缩效率为 75%,试求循环耗功量。若工质改用 HFC134a,循环耗功量为多少? 它们的烟效率又为多少?

解:制冷循环如图 8-9 所示,依题意,由 $t_0 = 30\text{℃}$、$t_1 = -5\text{℃}$,查 R12 的 $\ln p$-h 图:

$$h_1 = 571.5 \text{ kJ/kg}$$
$$h_2 = 590.3 \text{ kJ/kg}$$
$$h_4 = 448 \text{ kJ/kg}$$

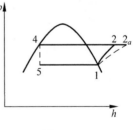

图 8-9

因为压缩机效率 $\qquad \eta_c = \dfrac{h_2 - h_1}{h_{2a} - h_1}$

则 $\qquad h_{2a} = h_1 + (h_2 - h_1)/\eta_c = 571.5 + (590.3 - 571.5)/75\%$
$$= 596.6 \text{ kJ/kg}$$

$$\varepsilon = \dfrac{q_2}{w} = \dfrac{h_1 - h_4}{h_{2a} - h_1} = \dfrac{571.5 - 448}{596.6 - 571.5} = 4.92$$

循环耗功 $\qquad w = h_{2a} - h_1 = 25.1 \text{ kJ/kg}$

㶲效率 $\qquad \eta_{ex} = \varepsilon\left(\dfrac{T_0}{T_1} - 1\right) = 4.92 \times \left(\dfrac{303}{268} - 1\right) = 64.3\%$

对于 HFC134a,查图得

$$h_1 = 396 \text{ kJ/kg}$$

$$h_2 = 420 \text{ kJ/kg}$$

$$h_4 = 243 \text{ kJ/kg}$$

同理, $\quad h_{2a} = h_1 + (h_2 - h_1)/\eta_c = 396 + (420 - 396)/75\% = 428 \text{ kJ/kg}$

循环耗功 $\qquad w = h_{2a} - h_1 = 32 \text{ kJ/kg}$

$$\varepsilon = \frac{q_2}{w} = \frac{h_1 - h_4}{h_{2a} - h_1} = \frac{153}{32} = 4.78$$

㶲效率 $\qquad \eta_{ex} = \varepsilon\left(\dfrac{T_0}{T_1} - 1\right) = 62.4\%$

8-11 一个以 CFC12 为工质的理想蒸气压缩制冷循环,运行在 900 kPa 和 300 kPa 之间,离开冷凝器的工质有 5℃的过冷度,试确定循环的性能系数。若工质改用 HFC134a,性能系数又为多少?

解:依题意,该制冷循环 $\ln p\text{-}h$ 如图 8-10 所示。

以 HFC134a 为例,查图得

$h_1 = 398 \text{ kJ/kg}, \quad h_2 = 418 \text{ kJ/kg}, \quad h_{4'} = 240 \text{ kJ/kg}$

则性能系数 $\quad (\text{COP})_R = \dfrac{h_1 - h_{4'}}{h_2 - h_1} = 7.85$

使用 CFC12 时计算方法相同,$(\text{COP})_R = 6.02$。

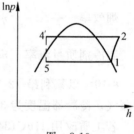

图 8-10

理想混合气体和湿空气

第9章

CHAPTER 9

9-1 本章主要要求

掌握理想混合气体的质量成分及摩尔成分的描述；掌握分压定律和分容积定律，特别是分压力的概念；掌握混合物参数计算，充分理解和熟练掌握其中的混合熵增的计算；熟练掌握湿空气的相关概念：饱和湿空气与未饱和湿空气，干球温度、湿球温度与露点温度，相对湿度与含湿量，湿空气的焓；理解湿空气基本热力过程在焓湿图上的表示及计算。

9-2 本章内容精要

9-2-1 混合气体的质量成分与摩尔成分

1. 质量成分与摩尔成分

质量成分：混合气体中第 i 种组元气体的质量 m_i 与混合气体总质量 m 的比。

$$\omega_i = \frac{m_i}{m} \tag{9-1}$$

且

$$\sum_{i=1}^{k} \omega_i = 1 \tag{9-2}$$

摩尔成分：混合气体中第 i 种组元气体的摩尔数 n_i 与混合气体摩尔数 n 的比。

$$x_i = \frac{n_i}{n} \tag{9-3}$$

且

$$\sum_{i=1}^{k} x_i = 1 \tag{9-4}$$

2. 质量成分与摩尔成分的换算

换算的主要依据是质量 m 与摩尔数 n、摩尔质量 M 间的关系：

$$m_i = n_i M_i \tag{9-5}$$

若已知 x_i 与 M_i，可确定 ω_i，

$$\omega_i = \frac{x_i M_i}{\sum\limits_{i=1}^{k} x_i M_i} \tag{9-6}$$

若已知 ω_i 与 M_i ，可确定 x_i ，

$$x_i = \frac{\omega_i / M_i}{\sum\limits_{i=1}^{k} \omega_i / M_i} \tag{9-7}$$

3. 混合气体的平均摩尔质量和折合气体常数

混合气体的平均摩尔质量

$$M = \sum_{i=1}^{k} x_i M_i \tag{9-8}$$

混合气体的折合气体常数

$$R = \frac{R_m}{M} \tag{9-9}$$

9-2-2 分压定律与分容积定律

1. 分压力与分压定律

分压力：组元气体与混合气体同温，并单独占有与混合气体相同的容积时所呈现的压力。

$$p_i = x_i p \tag{9-10}$$

分压力状态是各组元气体实际存在的状态。

道尔顿分压定律：理想混合气体的总压力等于各组元气体分压力 p_i 之和。

$$p = \sum_{i=1}^{k} p_i \tag{9-11}$$

2. 分容积与分容积定律

分容积：组元气体在混合气体温度 T 和压力 p 下单独存在时所占有的容积。

$$V_i = x_i V$$

容积成分 γ_i ：组元气体的分容积与混合气体总容积之比。

$$\gamma_i = V_i / V = x_i \tag{9-12}$$

阿麦加分容积定律：理想混合气体的总容积等于各组元气体分容积之和。

$$V = \sum_{i=1}^{k} V_i \tag{9-13}$$

9-2-3 混合气体的参数计算及绝热混合熵增

1. 混合气体的参数计算

（1）总参数的加和性

理想混合气体的各总参数是各组元在分压力状态下的分参数之和（总容积除外），

$$m = \sum_{i=1}^{k} m_i(T,V) = \sum_{i=1}^{k} m_i(T,p_i) = \sum_{i=1}^{k} m_i \qquad \text{质量守恒}$$

$$n = \sum_{i=1}^{k} n_i(T,V) = \sum_{i=1}^{k} n_i(T,p_i) = \sum_{i=1}^{k} n_i \qquad \text{摩尔数守恒}$$

$$p = \sum_{i=1}^{k} p_i(T,V) \qquad\qquad\qquad\qquad\qquad \text{分压定律}$$

$$U = \sum_{i=1}^{k} U_i(T,V) = \sum_{i=1}^{k} U_i(T,p_i) = \sum_{i=1}^{k} U_i(T) \qquad\qquad (9\text{-}14)$$

$$H = \sum_{i=1}^{k} H_i(T,V) = \sum_{i=1}^{k} H_i(T,p_i) = \sum_{i=1}^{k} H_i(T)$$

$$S = \sum_{i=1}^{k} S_i(T,V) = \sum_{i=1}^{k} S_i(T,p_i)$$

$$E_x = \sum_{i=1}^{k} E_{x_i}(T,V) = \sum_{i=1}^{k} E_{x_i}(T,p_i)$$

（2）比参数的加权性

理想混合气体的比参数（除比容外）等于各组元气体在分压力状态下相应比参数与成分的加权和。

若以质量为单位，则按质量成分 ω_i 的加权，

$$u = \sum_{i=1}^{k} \omega_i u_i(T,p_i) = \sum_{i=1}^{k} \omega_i u_i(T)$$

$$h = \sum_{i=1}^{k} \omega_i h_i(T,p_i) = \sum_{i=1}^{k} \omega_i h_i(T)$$

$$c_p = \sum_{i=1}^{k} \omega_i c_{p_i}(T,p_i) = \sum_{i=1}^{k} \omega_i c_{p_i}(T)$$

$$c_V = \sum_{i=1}^{k} \omega_i c_{v_i}(T,p_i) = \sum_{i=1}^{k} \omega_i c_{v_i}(T) \qquad\qquad (9\text{-}15)$$

$$s = \sum_{i=1}^{k} \omega_i s_i(T,p_i)$$

$$R = \sum_{i=1}^{k} \omega_i R_i$$

$$e_x = \sum_{i=1}^{k} \omega_i e_{xi}(T,p_i)$$

而比容为

$$v = \sum_{i=1}^{k} \omega_i v_i(T,p) \qquad\qquad (9\text{-}16)$$

综上,理想混合气体既具有单一理想气体的属性,例如适用理想气体状态方程等;又与单一的理想气体不同,即它的参数还与组元气体的种类及成分有关。

2. 理想气体的绝热混合熵增

两种或多种理想气体的混合过程是高度不可逆的。在绝热条件下混合必将导致熵的增加,简称**混合熵增**。

A 与 B 两种理想气体同温及同压下绝热混合,1摩尔混合气体的绝热混合总熵增为

$$\Delta S_{\mathrm{mix}} = x_A(S'_m - S_m)_A + x_B(S'_m - S_m)_B$$

$$= -R_m \sum x_i \ln x_i \qquad (9\text{-}17)$$

上式表明,混合总熵增与组元气体的种类无关,仅取决于其摩尔成分 x_i。必须指出,上式只适用于非同种气体间的混合。同种气体在同温同压下绝热混合,熵增为零,因为单一理想气体不适用分压力的概念。

对于不同参数下理想气体的混合熵增,只要注意各组元的分压力状态是其真实状态,以及熵是状态参数具有可加性,便可得混合熵增计算公式:

$$\Delta S_{\mathrm{mix}} = \sum_{i=1}^{k} m_i \left(C_{pi} \ln \frac{T_{i2}}{T_{i1}} - R \ln \frac{P_{i2}}{P_{i1}} \right)$$

$$\Delta S_{m,\mathrm{mix}} = \sum_{i=1}^{k} n_i \left(C_{pm,i} \ln \frac{T_{i2}}{T_{i1}} - R_m \ln \frac{P_{i2}}{P_{i1}} \right)$$

9-2-4 湿空气及其性质

湿空气:由干空气和水蒸气组成的混合气体。由于湿空气中水蒸气含量很少,其分压力很低,可视为理想气体,所以湿空气是一种理想混合气体,理想气体的状态方程和一些定律以及混合气体计算公式等都适用。但是湿空气中的水蒸气可能部分冷凝,其含量将随之改变,故有一些特殊的处理方法。

1. 饱和与未饱和湿空气

根据湿空气中水蒸气是否为饱和态,将湿空气分成**饱和湿空气**与**未饱和湿空气**两大类。

未饱和湿空气:由干空气和过热水蒸气组成的湿空气,如图9-1中的点1所示。其分压力低于温度 T 所对应的水蒸气饱和压力 $p_s(T)$,未饱和湿空气中所含水蒸气的量尚未达到饱和,还有可能增加。

饱和湿空气:由干空气与饱和水蒸气组成的湿空气,如图9-1中点3所示。饱和湿空气中水蒸气处于饱和状态,已达极限值,不能再增加,当超过此极限,就有可能析出水滴悬浮在空气中形成雾。

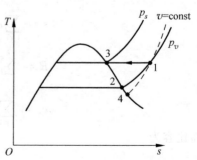

图9-1 湿空气中蒸汽的状态

2. 结露和露点

露点温度（露点）T_d：与水蒸气分压力相对应的饱和温度，如图 9-1 中的 2 点。

结露：湿空气达到露点后，若进一步冷却便冷凝结露。

3. 相对湿度及含湿量

为了能表征湿空气中所含水蒸气量偏离极限（即饱和）的程度，或者为了适应湿空气中水蒸气的含量可能变化而干空气含量往往不变的情况，通常分别采用相对湿度或含湿量来表征湿空气的成分，而非前述的质量成分或摩尔成分。

相对湿度 φ：湿空气中水蒸气分压 p_v 与同温下饱和压力 p_s 的比，

$$\varphi = \frac{p_v}{p_s} \tag{9-18}$$

$\varphi = 0$ 时，为干空气；

φ 值越小，湿空气越干燥，吸水能力越强；

φ 值越大，空气越潮湿，吸水能力越弱；

$\varphi = 1$ 时为饱和湿空气。

比湿度（含湿量）d：单位质量干空气所含有的水蒸气的质量，

$$d = \frac{m_v}{m_a} = \frac{\rho_v}{\rho_a} \quad \text{kg 水蒸气 /kg 干空气} \tag{9-19}$$

显然，比湿度随着湿空气中水蒸气含量的减少而减小，在干空气时等于零。

比湿度与相对湿度的关系：

$$d = 0.622 \frac{p_v}{p - p_v} = 0.622 \frac{\varphi p_s}{p - \varphi p_s}, \tag{9-20}$$

上式表明，湿空气压力 p 一定时，比湿度 d 只取决于水蒸气分压 p_v，并随 p_v 的提高而增大；相对湿度增大，比湿度未必一定增大。

4. 湿空气的焓值

湿空气的焓（以单位质量干空气为基准），

$$h = \frac{H}{m_a} = \frac{m_a \cdot h_a + m_v \cdot h_v}{m_a} = h_a + d \cdot h_v \quad \text{kJ/kg 干空气} \tag{9-21}$$

工程上干空气比焓为

$$h_a = c_p t = 1.005t \quad \text{kJ/kg 干空气}$$

水蒸气焓

$$h_v = 2501 + 1.863t \quad \text{kJ/kg 水蒸气}$$

则

$$h = 1.005 \cdot t + d \cdot (2\,501 + 1.863t) \quad \text{kJ/kg 干空气} \tag{9-22}$$

9-2-5　比湿度的确定和湿球温度

1. 绝热饱和温度法确定比湿度

比湿度或相对湿度都只能间接地测量。绝热饱和过程法为间接测量法之一,如图 9-2 所示。未饱和的湿空气(1 点),经过足够长的通道后,变为饱和湿空气(2 点),温度为 T_2 (绝热饱和温度)。

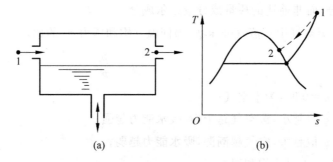

| (a) | (b) |

图 9-2　绝热饱和温度法确定比湿度

可推得入口未饱和湿空气的比湿度为

$$d_1 = \frac{c_{p,a}(T_2 - T_1) + d_2(h_{v,2} - h_f)}{h_{v,1} - h_f} \tag{9-23}$$

而上式右侧各参数都可通过测定 T_1 和 T_2 确定,则比湿度 d_1 可确定。

2. 湿球温度

上述绝热饱和过程法用起来不方便,所以实际中采用简便的**干湿球温度法**确定比湿度,如图 9-3 所示。

干球温度 t:干球温度计测得的湿空气的温度。

湿球温度 t_w:湿球温度计测得的湿纱布的温度。

式(9-23)中的绝热饱和温度 T_2,近似地用湿球温度 t_w 替换,则可确定湿空气的比湿度 d。比湿度一旦确定,则由式(9-20)就可确定出相比湿度 φ 值。

对于未饱和湿空气,干球温度 t 高于湿球温度 t_w,而湿球温度高于露点温度 t_d,即 $t > t_w > t_d$。

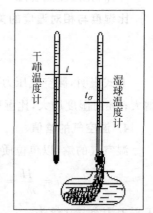

图 9-3　干湿球温度计

9-2-6　湿空气的焓湿图及基本热力过程

1. 湿空气的焓湿图

湿空气的焓湿图(又称温湿图),不仅可表示湿空气的状态,确定状态参数,而且可直观地表示湿空气的状态变化过程。

　　焓湿图是在固定大气压力下，焓 h 与比湿度 d 的坐标图，图上有定焓、定干球温度、定相对湿度、定水蒸气分压等各组线簇，图 9-4 为其示意图，其中未饱和湿空气（1 点）的干球温度 t、湿球温度 t_w 和露点温度 t_d 也示于图中。

　　用湿空气变化过程前后的焓差与比湿度差的比值来表示该过程中焓和比湿度的变化，称为**热湿比**（也称**角系数**），

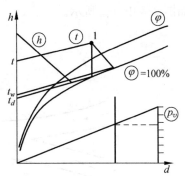

$$\varepsilon = \frac{h_2 - h_1}{d_2 - d_1} = \frac{\Delta h}{\Delta d} \quad \text{kJ/kg} \qquad (9\text{-}24)$$

它可以反映过程的方向与特征。在 $h\text{-}d$ 图上，只要湿空气变化过程的 ε 相同，则其过程线是相互平行的。

图 9-4　湿空气焓湿图的示意图

2. 湿空气的基本热力过程

（1）加热或冷却过程

对湿空气单纯地加热或冷却的过程，其特征是比湿度 d 不变，热湿比 $\varepsilon = \pm\infty$，过程沿定 d 线进行。

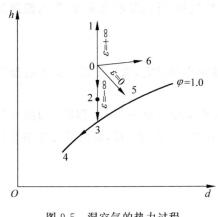

　　加热时朝焓增加方向变化，如图 9-5 中 0-1 所示，湿空气温度升高，相对湿度降低。单纯冷却过程正好与加热过程相反，如 0-2 所示。过程中加入或放出的热量为

$$q = \Delta h$$

（2）冷却去湿过程

　　若将状态点 2 的湿空气进一步冷却到露点温度 t_d（图 9-5 中的点 3）后，仍然继续冷却，则有水蒸气冷凝析出，湿空气总处于饱和态，并沿 $\varphi = 1.0$ 线向比湿度减小、温度降低的方向变化，如图中 0-4 所示。冷却去湿过程放出的热量为

图 9-5　湿空气的热力过程

$$q = (h_0 - h_4) - (d_0 - d_4)h_w$$

式中，h_w 为凝结水的焓。

（3）绝热加湿过程

　　在绝热条件下向湿空气加入水分以增加其比湿度，称为**绝热加湿**。因为绝热，水分蒸发所吸收的潜热完全来自湿空气自身，使湿空气温度降低，故又称**蒸发冷却过程**。

　　能量平衡方程为

$$h_0 + \Delta d \cdot h_w = h_5$$

或 $\qquad h_0 \approx h_5$

即绝热加湿过程可近似地看成**定焓加湿过程**,沿定 h 线向 d 和 ϕ 增大、t 降低的方向进行,如图 9-5 中 0-5 所示。

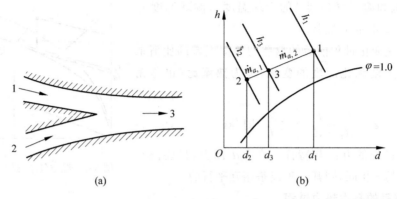

(a)   (b)

图 9-6   湿空气绝热混合

（4）加热加湿过程

向湿空气同时加入水分和热量,湿空气的焓和比湿度都将增加,$\varepsilon > 0$,如图 9-5 中 0-6 所示。若加热量恰好等于水分蒸发吸收的潜热,则湿空气初、终态的温度不变,称为**定温加湿过程**。

（5）绝热混合过程

将两股或多股不同状态的湿空气绝热混合得到的湿空气状态,取决于混合前各股湿空气的状态和它们的流量比。

如图 9-6 所示,两股分别处于状态 1 和 2、干空气质量流量分别为 $\dot{m}_{a,1}$ 和 $\dot{m}_{a,2}$ 的湿空气流,在管内绝热混合。混合后的湿空气流状态点 3 将直线 12 分为两段,这两段与参加混合的干空气质量流量成反比。

9-3   思考题及解答

9-1   用质量成分及摩尔成分对混合气体的描述方法除理想气体以外,对非理想气体混合物是否适用?

答:该方法是建立在质量守恒定律基础上的,与气体的性质无关,因此也适用于非理想气体混合物。

9-2   理想混合气体的比内能是否是温度的单值函数?

答:由理想气体比内能的计算式,$u = \sum \omega_i \times u_i(T)$,可见,虽然每一组元的内能是温度的单值函数,但是混合气体的内能还与其组元所占份额 ω_i 相关,因此不是温度的单值函数。

9-3 理想混合气体的$(c_p - c_v)$是否仍遵循迈耶公式？

答：对于一个组分确定的理想气体混合物，有

$$c_p = \frac{dh}{dT} = \frac{d\left(\sum \omega_i h_i\right)}{dT} = \frac{d \sum \omega_i (u_i + p_i v)}{dT}$$

$$= \frac{d\left(\sum \omega_i u_i\right) + d\left(\sum \omega_i p_i v\right)}{dT}$$

$$= \frac{d\left(\sum \omega_i u_i\right) + d\left(\sum \omega_i \frac{R_m}{M_i} T\right)}{dT}$$

$$= \frac{d\left(\sum \omega_i u_i\right)}{dT} + \sum \left(\omega_i \frac{R_m}{M_i} \frac{dT}{dT}\right)$$

$$= \frac{du}{dT} + R_m \sum \left(\frac{\omega_i}{M_i}\right)$$

$$= c_V + R_m \frac{1}{M}$$

$$= c_V + R$$

其中 M 为理想气体混合物的平均摩尔质量；R 为理想气体混合物的折合气体常数。可见理想混合气体仍遵循迈耶公式。

9-4 凡质量成分较大的组元气体，其摩尔成分是否也一定较大？

答：根据换算公式：

$$x_i = \frac{\dfrac{\omega_i}{M_i}}{\sum \left(\dfrac{\omega_i}{M_i}\right)} = \frac{\omega_i}{M_i} \times M$$

对于一个组分固定的气体混合物，其平均摩尔质量 M 不变。由上式可见，某一组元的摩尔成分 x_i 的大小取决于其质量成分 ω_i 和摩尔质量 M_i 的比值。所以质量成分 ω_i 较大的组元，其摩尔成分 x_i 未必一定大。

9-5 为什么在计算理想混合气体中组元气体的熵时必须采用分压力而不能用总压力？

答：因为理想混合气中各组元分压力的状态是其实际的状态，熵是状态参数，计算组元气体的熵时必须用其状态参数即分压力。

9-6 解释降雾、结霜和结露现象，并说明它们发生的条件。

答：降雾、结霜和结露的基本原理是类似的。

降雾：当环境温度低于湿空气露点以下，湿空气就会达到饱和状态，并以空气中的烟尘为核心，凝结出细小的水滴，浮游于空中，而形成雾。

结露：当冷面温度低于湿空气的露点温度，湿空气中的水蒸气就会在冷面结露。

结霜：当冷面温度低于湿空气的露点温度，并且低于 0℃ 时，湿空气中的水蒸气会在冷

面结霜。

9-7 对于未饱和湿空气,湿球温度,干球温度和露点温度三者哪个大? 哪个小? 对于饱和湿空气它们的大小又将如何?

答:对于未饱和湿空气,干球温度最大,湿球温度其次,露点温度最小;对于饱和湿空气,三者一样大。

9-8 相对湿度越大,比湿度越高,这种说法对吗?

答:这种说法不对。根据比湿度与相对湿度的关系式

$$d = 0.622 \frac{p_v}{p - p_v} = 0.622 \frac{\varphi p_s}{p - \varphi p_s}$$

可见,比湿度除了与相对湿度 φ 有关,还与湿空气的总压 p 以及湿空气的温度所对应的水蒸气的饱和压力 p_s 有关。只有在湿空气的温度和总压相同的情况下,相对湿度越大,比湿度才越大。

9-9 冬季室内供暖时,为什么会感到空气干燥? 用火炉取暖时,经常在火炉上放一壶水,目的何在?

答:室内供暖时,室内空气被加热,干球温度上升,湿空气温度所对应的水蒸气饱和压力也增加,而比湿度不变(湿空气中水蒸气的质量不变),即水蒸气分压不变,所以相对湿度减小,因此人们感到空气干燥。

在火炉上放一盆水,目的是增加湿空气中水蒸气的含量,即增加水蒸气分压,使相对湿度下降得少一些,使人感觉比较舒服。

9-10 若 φ 一定时,湿空气的温度越高,是否其比湿度也越大? 若比湿度一定时,湿空气的温度越高,是否其相对湿度也越大?

答:湿空气温度越高,则相应的水蒸气饱和压力越大,而相对湿度又一定,那么水蒸气分压一定要增大,所以其比湿度也越大。

若比湿度一定时,即水蒸气分压不变,而湿空气的温度越高,则水蒸气饱和压力越大,所以其相对湿度应越小。

9-11 如果等量的干空气与湿空气降低的温度相同,两者放出的热量相等吗? 为什么?

答:不相等,且前者小于后者。原因是,湿空气由干空气和水蒸气组成,干空气的比热容小于水蒸气的比热容,所以等量的干空气和湿空气降低同样的温度,前者放出的热量必然小于后者。而且如果降温至湿空气露点温度以下,湿空气中水蒸气将部分冷凝,则放出的热量更多。

9-4 习题详解及简要提示

9-1 N_2 和 CO_2 的混合气体,在温度为 40℃,压力为 5×10^5 Pa 时,比容为 0.166 m^3/kg,求混合气体的质量成分。

解:对于混合气体,有

$$pv = RT,$$
$$R = \omega_{N_2} \cdot R_{N_2} + \omega_{CO_2} \cdot R_{CO_2},$$
$$\omega_{N_2} + \omega_{CO_2} = 1$$

所以
$$\frac{pv}{T} = \omega_{N_2} R_{N_2} + (1 - \omega_{N_2})R_{CO_2}$$

质量成分
$$\omega_{N_2} = \frac{\dfrac{pv}{T} - R_{CO_2}}{R_{N_2} - R_{CO_2}} = \frac{\dfrac{pv}{T} - \dfrac{R_m}{M_{CO_2}}}{\dfrac{R_m}{M_{N_2}} - \dfrac{R_m}{M_{CO_2}}} = \frac{\dfrac{pv}{R_m T}M_{CO_2} - 1}{\dfrac{M_{CO_2}}{M_{N_2}} - 1}$$

$$= \frac{\dfrac{5 \times 10^5 \times 0.166}{8\,314.3 \times (40 + 273)} \times 44 - 1}{\dfrac{44}{28} - 1} = 0.706$$

$$\omega_{CO_2} = 1 - \omega_{N_2} = 1 - 0.706 = 0.294$$

9-2 某锅炉烟气的容积成分为 $\gamma_{CO_2} = 13\%$，$\gamma_{H_2O} = 6\%$，$\gamma_{SO_2} = 0.55\%$，$\gamma_{N_2} = 73.45\%$，$\gamma_{O_2} = 7\%$，试求各组元气体的质量成分和各组元气体的分压力。烟气的总压力为 0.75×10^5 Pa。

解：因为 $\gamma_i = x_i$，而 $M = \sum x_i M_i$

所以
$$M = \sum \gamma_i M_i = 0.13 \times 44 + 0.06 \times 18 + 0.005\,5 \times 64$$
$$+ 0.734\,5 \times 28 + 0.07 \times 32 = 29.958 \text{ kg/kmol}$$

因 $\omega_i = \dfrac{x_i M_i}{M}$，$p_i = x_i p = \gamma_i p$，则可得各组元的质量成分和分压力：

$$\omega_{CO_2} = \frac{0.13 \times 44}{29.958} = 19.09\%$$

$$p_{CO_2} = \gamma_{CO_2} \cdot p = 0.13 \times 75 = 9.75 \text{ kPa}$$

$$\omega_{H_2O} = \frac{0.06 \times 18}{29.958} = 3.61\%$$

$$p_{H_2O} = \gamma_{H_2O} \cdot p = 0.06 \times 75 = 4.5 \text{ kPa}$$

$$\omega_{SO_2} = \frac{0.005\,5 \times 64}{29.958} = 1.17\%$$

$$p_{SO_2} = \gamma_{SO_2} \cdot p = 0.005\,5 \times 75 = 0.412\,5 \text{ kPa}$$

$$\omega_{N_2} = \frac{28}{29.958} \times 0.734\,5 = 68.65\%$$

$$p_{N_2} = \gamma_{N_2} \cdot p = 0.734\,5 \times 75 = 55.09 \text{ kPa}$$

$$\omega_{O_2} = \frac{32}{29.958} \times 0.07 = 7.48\%$$

$$p_{O_2} = \gamma_{O_2} \cdot p = 0.07 \times 75 = 5.25 \text{ kPa}$$

9-3 烟气的摩尔成分为 $x_{CO_2} = 0.15$，$x_{N_2} = 0.70$，$x_{H_2O} = 0.12$，$x_{O_2} = 0.03$，空气的摩尔

成分为 $x_{N_2}=0.79$，$x_{O_2}=0.21$。以 50 kg 烟气与 75 kg 空气混合，混合后气体压力为 3.0×10^5 Pa，求混合后气体的：

（1）摩尔成分；

（2）质量成分；

（3）平均摩尔质量和折合气体常数；

（4）各组元气体的分压力。

解：混合前，对于烟气：

$$M_{烟} = \sum x_i M_i$$

$$= 0.15\times44+0.7\times28+18\times0.12+32\times0.03 = 29.32 \text{ kg/kmol}$$

$$R_{烟} = \frac{R_m}{M_{烟}} = \frac{8.314}{M_{烟}} = 0.283 \text{ kJ/(kmol} \cdot \text{K)}$$

$$n_{烟} = \frac{m_{烟}}{M_{烟}} = \frac{50}{29.32} = 1.705 \text{ kmol}$$

混合前，对于空气：

$$M_a = \sum x_i M_i = 0.79\times28+0.21\times32 = 28.84 \text{ kg/kmol}$$

$$R_a = \frac{R_m}{M_a} = \frac{8.314}{28.84} = 0.288 \text{ kJ/(kmol} \cdot \text{K)}$$

$$n_a = \frac{m_a}{M_a} = \frac{75}{28.84} = 2.6 \text{ kmol}$$

混合后，对于混合气体 $\quad n = n_{烟} + n_a = 4.305 \text{ kmol}$

$$x_{烟} = \frac{n_{烟}}{n} = \frac{1.705}{4.305} = 0.396$$

$$x_a = 1 - x_{烟} = 0.604$$

平均摩尔质量 $\quad M = x_{烟} \cdot M_{烟} + x_a \cdot M_a$

$$= 0.396\times29.32+0.604\times28.84 = 29.03 \text{ kg/kmol}$$

折合气体常数 $\quad R = \frac{R_m}{M} = \frac{8.314}{29.03} = 0.286 \text{ kJ/(kmol} \cdot \text{K)}$

各组元摩尔成分

$$x_{CO_2} = x_{CO_2,烟} \cdot x_{烟} = 0.15\times0.396 = 0.059$$

$$x_{N_2} = x_{N_2,烟} \cdot x_{烟} + x_{N_2,a} \cdot x_a = 0.7\times0.396+0.79\times0.604 = 0.754$$

$$x_{H_2O} = x_{H_2O,烟} \cdot x_{烟} = 0.12\times0.396 = 0.048$$

$$x_{O_2} = x_{O_2,烟} \cdot x_{烟} + x_{O_2,a} \cdot x_a = 0.03\times0.396+0.21\times0.604 = 0.139$$

因 $\omega_i = \frac{x_i M_i}{M}$，$p_i = x_i p$，则

各组元质量成分

$$\omega_{CO_2} = \frac{0.059 \times 44}{29.03} = 0.09$$

$$\omega_{N_2} = \frac{0.754 \times 28}{29.03} = 0.727$$

$$\omega_{H_2O} = \frac{0.048 \times 18}{29.03} = 0.03$$

$$\omega_{O_2} = \frac{0.139 \times 32}{29.03} = 0.153$$

各组元分压力

$$p_{CO_2} = 0.059 \times 3 \times 10^5 = 0.177 \times 10^5 \, Pa$$

$$p_{N_2} = 0.754 \times 3 \times 10^5 = 2.262 \times 10^5 \, Pa$$

$$p_{H_2O} = 0.048 \times 3 \times 10^5 = 0.144 \times 10^5 \, Pa$$

$$p_{O_2} = 0.139 \times 3 \times 10^5 = 0.417 \times 10^5 \, Pa$$

9-4　有三股压力相等的气流在定压下绝热混合。第一股是氧,$t_{O_2} = 300℃$,$\dot{m}_{O_2} = 115 \, kg/h$;第二股是一氧化碳,$t_{CO} = 200℃$,$\dot{m}_{CO} = 200 \, kg/h$;第三股是空气,$t_a = 400℃$,混合后气流温度为275℃。试求每小时的混合熵产(用比定压热容计算,且把空气视作单一成分的气体处理,即不考虑空气中的氧与第一股氧气之间产生混合熵产的情况)。

解:

(1) 先求空气流的流率$\dot{m}_a$。

题中三种气体都是双原子气体,所以具有相同的摩尔比定压热容:

$$C_{p,m} = \frac{7}{2} R_m$$

而各气体的比定压热容分别为:

$$c_{p,O_2} = \frac{7}{2} \frac{R_m}{M_{O_2}}$$

$$c_{p,a} = \frac{7}{2} \frac{R_m}{M_a}$$

$$c_{p,CO} = \frac{7}{2} \frac{R_m}{M_{CO}}$$

气体绝热混合,$Q = 0$,由热力学第一定律,得 $\Delta H = 0$,即

$$\Delta H_{O_2} + \Delta H_{CO} + \Delta H_a = 0$$

$$\dot{m}_{O_2} c_{p,O_2} (275 - 300) + \dot{m}_a c_{p,a} (275 - 400) + \dot{m}_{CO} c_{p,CO} (275 - 200) = 0$$

所以　$\dot{m}_a = \dfrac{75 \dot{m}_{CO} c_{p,CO} - 25 \dot{m}_{O_2} c_{p,O_2}}{125 c_{p,a}}$

$$= \frac{75 \times 200 \times \dfrac{7 R_m}{2 \times 28} - 25 \times 115 \times \dfrac{7 R_m}{2 \times 32}}{125 \times \dfrac{7 \, R_m}{2 \times 28.97}}$$

$$= 103.3 \text{ kg/h}$$

混合气体流率 $\dot{m} = \dot{m}_{O_2} + \dot{m}_a + \dot{m}_{CO} = 115 + 103.3 + 200 = 418.3 \text{ kg/h}$

(2) 计算混合后的组元成分,列表如下。

	O₂	air	CO
质量成分 $\omega_i = \dot{m}_i / \dot{m}$	0.275	0.247	0.478
$M_i / (\text{kg/mol})$	32×10^{-3}	28.97×10^{-3}	28×10^{-3}
$\dfrac{\omega_i}{M_i}$	8.594	8.529	17.071
摩尔成分 $x_i = \dfrac{\dfrac{\omega_i}{M_i}}{\sum \dfrac{\omega_i}{M_i}}$	0.251 4	0.249 4	0.499 2

(3) 求熵的变化

每 1 kmol 混合气体熵变

$$
\begin{aligned}
\Delta S_{m,\text{mix}} &= x_{O_2} \Delta S_{m,O_2} + x_a \Delta S_{m,a} + x_{CO} \Delta S_{m,CO} \\
&= x_{O_2} [S_m(p_{O_2}, 275) - S_m(p, 300)]_{O_2} + x_a [S(p_a, 275) - S(p, 400)]_a + \\
&\quad x_{CO}[S_m(p_{CO}, 275) - S_m(p, 200)]_{CO} \\
&= x_{O_2}\left(C_{p,m} \ln \frac{275}{300} - R_m \ln \frac{p_{O_2}}{p}\right) + x_a\left(C_{p,m} \ln \frac{275}{400} - R_m \ln \frac{p_a}{p}\right) + \\
&\quad x_{CO}\left(C_{p,m} \ln \frac{275}{200} - R_m \ln \frac{p_{CO}}{p}\right)
\end{aligned}
$$

因为 $\qquad p_{O_2} = x_{O_2} p, \quad p_a = x_a p, \quad p_{CO} = x_{CO} p$

所以 $\quad \Delta S_{m,\text{mix}} = x_{O_2}\left(\dfrac{7R_m}{2} \ln \dfrac{275}{300} - R_m \ln x_{O_2}\right) + x_a\left(\dfrac{7R_m}{2} \ln \dfrac{275}{400} - R_m \ln x_a\right) +$

$$x_{CO}\left(\frac{7R_m}{2} \ln \frac{275}{200} - R_m \ln x_{CO}\right)$$

代入 $R_m = 8.314 \text{ kJ/(kmol·K)}$ 及(2)中算得的 x_{O_2}, x_a, x_{CO},可得

$$\Delta S_{m,\text{mix}} = 8.971 \text{ kJ/(kmol·K)}$$

而各气体的摩尔流率为

$$\dot{n}_{O_2} = \frac{\dot{m}_{O_2}}{M_{O_2}} = 3\,593.75, \quad \dot{n}_a = \frac{\dot{m}_a}{M_a} = 3\,566.99, \quad \dot{n}_{CO} = \frac{\dot{m}_{CO}}{M_{CO}} = 7\,142.86$$

故混合气体的摩尔流率为

$$\dot{n} = 14\,303.6 \text{ mol/h}$$

所以每小时的混合熵变为

$$\Delta \dot{S} = \dot{n} \cdot \Delta S_{m,\text{mix}} = 128.32 \text{ kJ/(h} \cdot \text{K)}$$

9-5 容积为 V 的刚性容器内,盛有压力为 p,温度为 T 的二元理想混合气体,其容积成分为 γ_1 和 γ_2。若放出 x (kg)混合气体,并加入 y (kg)第二种组元气体后,混合气体在维持原来的压力 p 和温度 T 下容积成分从原来的 γ_1 变成 γ_1',γ_2 变成 γ_2'。设两种组元气体是已知的,试确定 x 和 y 的关系式。

解:原来及充放气后容器内气体的质量分别记为 m 和 m',则依题意有,

$$m - x + y = m'$$

所以
$$x = m - m' + y$$

而由理想气体状态方程知

原混合气体,
$$m = \frac{pV}{RT},$$

充放气后的混合气体
$$m' = \frac{pV}{R'T}$$

x 与 y 的关系式
$$x = \frac{pV}{T}\left(\frac{1}{R} - \frac{1}{R'}\right) + y$$

其中
$$R = \frac{R_m}{\gamma_1 M_1 + \gamma_2 M_2}, \quad R' = \frac{R_m}{\gamma_1' M_1 + \gamma_2' M_2}$$

9-6 设刚性容器中原有压力为 p_1,温度为 T_1 的 m_1 kg 第一种理想气体,当第二种理想气体充入后使混合气体的温度仍维持不变,但压力升高到 p,试确定第二种气体的充入量。

解:在只有第一种气体的情况下:
$$p_1 V = m_1 R_1 T_1$$

第二种气体充入后,其分压为:$p_2 = p - p_1$
又
$$p_2 V = m_2 R_2 T_1$$

故第二种气体的充入量为
$$m_2 = \frac{p_2 V}{R_2 T_1} = \frac{p - p_1}{p_1} \frac{R_1}{R_2} m_1$$

注意:第二种气体的加入导致总压升高,但对第一种气体的压力(分压)无影响,由此可确定第二种气体的压力,$P_2 = P - P_1$。

9-7 设空气的容积成分由 21% 的 O_2 与 79% 的 N_2 组成,已知 1.013×10^5 Pa,25℃下 O_2 与 N_2 的摩尔熵分别为 $S_{m_{O_2}} = 205.17$ kJ/(kmol·K)和 $S_{m_{N_2}} = 191.63$ kJ/(kmol·K),为了求 1.013×10^5 Pa,25℃下空气的摩尔熵[kJ/(kmol·K)],现有以下几种答案,试分析哪些是正确的,并说明原因。

(1) $S_m(1.013 \times 10^5 \text{ Pa}, 25℃)$

$= \sum S_{mi}(1.013 \times 10^5 \text{ Pa}, 25℃)$

$= S_{m_{O_2}}(1.013 \times 10^5 \text{ Pa}, 25℃) + S_{m_{N_2}}(1.013 \times 10^5 \text{ Pa}, 25℃)$

$= 205.17 + 191.63 = 396.80 \text{ kJ/(kmol} \cdot \text{K)}$

(2) $S_m(1.013 \times 10^5 \text{ Pa}, 25℃)$

$$= \sum x_i S_{mi}(1.013 \times 10^5 \text{ Pa}, 25℃)$$

$$= 0.21 \times 205.17 + 0.79 \times 191.63$$

$$= 194.47 \text{ kJ/(kmol} \cdot \text{K)}$$

(3) $S_m(1.013 \times 10^5 \text{ Pa}, 25℃)$

$$= \Delta S_{\text{mix}} = -R_m \sum x_i \ln x_i$$

$$= -8.3143(0.21\ln 0.21 + 0.79\ln 0.79)$$

$$= 4.2732 \text{ kJ/(kmol} \cdot \text{K)}$$

(4) $S_m(1.013 \times 10^5 \text{ Pa}, 25℃)$

$$= \sum x_i S_{mi}(p_i, 25℃)$$

$$= 0.21 \times S_{m_{O_2}}(p_{O_2}, 25℃) + 0.79 \times S_{m_{N_2}}(p_{N_2}, 25℃)$$

$$= 0.21 \times [S_{m_{O_2}}(1.013 \times 10^5 \text{ Pa}, 25℃) - R_m \ln x_{O_2}]$$

$$\quad + 0.79 \times [S_{m_{N_2}}(1.013 \times 10^5 \text{ Pa}, 25℃) - R_m \ln x_{N_2}]$$

$$= 198.74 \text{ kJ/(kmol} \cdot \text{K)}$$

(5) $S_m(1.013 \times 10^5 \text{ Pa}, 25℃)$

$$= \sum x_i S_{mi}(1.013 \times 10^5 \text{ Pa}, 25℃) + \Delta S_{\text{mix}}$$

$$= 198.74 \text{ kJ/(kmol} \cdot \text{K)}$$

解：第(4)种和第(5)种答案正确。

第(1)种算法错误。既没有考虑其加权性,也没有考虑各气体的熵要在其分压下计算。

第(2)种算法错误。未考虑分压问题。

第(3)种算法错误。将熵增等同于总熵。

第(4)种算法正确。从组元出发,即各组元混合前的熵加上混合过程各组元的熵增,之后再相加。

第(5)种算法正确。从混合气体整体出发,即混合前气体总熵加上混合过程总的熵增。

9-8 湿空气的温度为30℃,压力为 0.9807×10^5 Pa,相对湿度为70%,试求:

(1) 比湿度;

(2) 水蒸气分压力;

(3) 相对于单位质量干空气的湿空气焓值;

(4) 由 h-d 图查比湿度、水蒸气分压力,并和(1)与(2)的答案对比;

(5) 如果将其冷却到10℃,在这个过程中会分出多少水分? 放出多少热量(用 h-d 图)?

解：

(1) 由 $T = 273 + 30 = 303$ K,得对应的饱和压力,

$$p_s(T) = 0.04241 \times 10^5 \text{ Pa}$$

比湿度 $d = 0.622 \times \dfrac{\varphi p_s}{p_0 - p_s \varphi} = 0.622 \times \dfrac{0.7 \times 0.042\,41 \times 10^5}{0.980\,7 \times 10^5 - 0.7 \times 0.042\,41 \times 10^5}$

$\qquad = 0.019\,4$ kg/kg 干空气

(2) $p_v = \varphi p_s(T) = 0.7 \times 0.042\,41 \times 10^5 = 0.029\,7 \times 10^5$ Pa

(3) $h = 1.005t + d(2\,501 + 1.863\,t)$

$\qquad = 1.005 \times 30 + 0.019\,4 \times (2\,501 + 1.863 \times 30) = 79.8$ kJ/kg 干空气

(4) 由 $t = 30℃$ 及 $\varphi = 70\%$ 查 h-d 图,有

$\qquad d = 19.0$g/kg 干空气,$p_v = 0.03 \times 10^5$ Pa,$h = 79$ kJ/kg 干空气

(5) 由 $30℃$,70% 开始冷却至 $10℃$,查 h-d 图可见,由始点沿等分压线降至 $24℃$ 则达饱和,之后应沿饱和线析出冷凝水并降到 $10℃$ 饱和点,此处,

$\qquad\qquad d_2 = 7.6$ g/kg 干空气,$h_2 = 29.5$ kJ/kg 干空气

在此过程中析出水分:

$\qquad\qquad \Delta d = d_1 - d_2 = 19.0 - 7.6 = 11.4$ g/kg 干空气

放出热量:$\Delta h = h_1 - h_2 = 79 - 29.5 = 49.5$ kJ/kg 干空气

9-9 $p = 0.1$ MPa,$t_1 = 20℃$ 及 $\varphi = 60\%$ 的空气作干燥用。空气在加热器中被加热到 $t_2 = 50℃$,然后进入干燥器,由干燥器出来时,相对湿度为 $\varphi_3 = 80\%$,设空气的流量为 $5\,000$ kg 干空气/h。试求:

(1) 使物料蒸发 1 kg 水分需要多少干空气?

(2) 每小时蒸发水分多少千克?

(3) 加热器每小时向空气加入的热量及蒸发 1 kg 水分所耗费的热量。

解:空气在加热器和干燥器中分别经历 1-2 单纯加热(d 不变)和 2-3 绝热加湿(近似等熵)过程,其 h-d 图如图 9-7 所示。

由 $t_1 = 20℃$ 和 $\varphi = 60\%$ 查由 h-d 图得,

$\qquad h_1 = 42.8$ kJ/kg $\quad d_1 = 8.8$ g/kg 干空气

由 $d_2 = d_1$,$t_2 = 50℃$ 查 h-d 图得

$\qquad\qquad h_2 = 73$ kJ/kg

由 $h_3 = h_2$,$\varphi = 80\%$,查 h-d 图得

$\qquad\qquad d_3 = 18.2$ g/kg 干空气

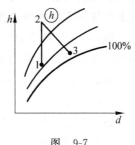

图 9-7

(1) $\Delta d = d_3 - d_2 = 18.2 - 8.8 = 9.4$ g/kg 干空气

蒸发 1 kg 水需干空气:$m_a' = \dfrac{1000}{\Delta d} = 106.38$ kg 干空气

(2) 每小时蒸发水分:$\Delta m_v = \dot{m}_a \cdot \Delta d = 5\,000 \times 9.4 \times 10^{-3} = 47$ kg/h

(3) 每小时加热量:$\dot{Q} = \dot{m}_a(h_2 - h_1) = 5\,000 \times (73 - 42.8) = 151\,000$ kJ/h

蒸发 1 kg 水耗热:$Q' = m_a'(h_2 - h_1) = 106.38 \times (73 - 42.8) = 3\,213$ kJ/kg 水分

9-10 试用 h-d 图分别确定下列参数($p = 0.1$ MPa):

$h/$ kJ/kg 干空气	$d/$ kg/kg 干空气	$t/$ ℃	φ %	$p_v/$ Pa	$t_w/$ ℃	$t_d/$ ℃
	0.02		75			
				0.035×10^5	28	
			70		15	
		30		p_s		
		35				20
56	0.01					
		−10	75			

解：查图得

$h/$ kJ/kg 干空气	$d/$ kg/kg 干空气	$t/$ ℃	φ %	$p_v/$ kPa	$t_w/$ ℃	$t_d/$ ℃
80.8	0.02	29.7	75	3.1	26	25
89.3	0.024	32.2	75	3.5	28	26.7
42.0	0.009 3	18.5	70	1.4	15	13
100.0	0.027 5	30	100	$p_s(4.2)$	30	30
73	0.015	35	42	2.36	24.5	20
56	0.01	30.5	37	1.57	19.7	14
−7.0	0.001 2	−10	75	0.2	−10.5	−13

注：表中阴影部分为已知数据。

9-11 为满足某车间对空气温、湿度的要求，需将 $p=0.1$ MPa，$t_1=10$℃，$\varphi_1=30\%$ 的空气加热后再送入车间。设加热后空气的温度 $t_2=21$℃，处理空气过程的角系数 $\varepsilon=3\,500$，试求空气终态及处理过程的热、湿变化。

解：在 h-d 图上，由 t_1 和 φ_1 确定点 1，过点 1 作与 $\varepsilon=3\,500$ 平行的直线，与 $t=21$℃的等温线的交点就是点 2，并查得：

初态：$d_1=2.2$ g/kg 干空气，　$h_1=15.5$ kJ/kg 干空气

终态：$d_2=13.8$ g/kg 干空气，　$h_2=55.5$ kJ/kg 干空气，　$\varphi_2=82\%$

热量的变化量：$\Delta h=h_2-h_1=55.5-15.5=40$ kJ/kg 干空气

湿度的变化量：$\Delta d=d_2-d_1=13.8-2.2=11.6$ g/kg 干空气

9-12 氟利昂 12 和氩的混合物在定容下从 90℃，7×10^5 Pa 被冷却到 −28℃时，氟利昂 12 开始凝结，试问混合物的摩尔成分是多少？已知 −28℃时氟利昂 12 的饱和压力为 1.097×10^5 Pa。

解：混合物由 $p_1=7\times10^5$ Pa，$T_1=273+90=363$ K 等容冷却到 $T_2=273-28=245$ K，

则此时 $p_2=p_1\dfrac{T_2}{T_1}=7\times10^5\times\dfrac{245}{363}=4.724\,5\times10^5$ Pa

依题意，终态时 R12 开始凝结，则其分压 $p_{2,\text{R12}}=p_{s,\text{R12}}=1.097\times10^5$ Pa

所以摩尔成分 $\quad x_{R12}=\dfrac{p_{2,R12}}{p_2}=\dfrac{1.097\times10^5}{4.724\,5\times10^5}=0.23$

$$x_{Ar}=1-x_{R12}=0.77$$

9-13 某设备的容积 $V=60\ \mathrm{m}^3$，内装饱和水蒸气及温度为 $50℃$ 的干空气的混合物，容器内的真空度为 $0.3\times10^5\ \mathrm{Pa}$。经一段时间后，由外界漏入 $1\ \mathrm{kg}$ 质量的干空气。此时，容器中有 $0.1\ \mathrm{kg}$ 的水蒸气被凝结。设大气压力为 $1\times10^5\ \mathrm{Pa}$，试求终态时容器内工质的压力和温度。

解：初态 $t=50℃$ 的饱和水蒸气，查表得

$$v_1''=12.036\,5\ \mathrm{m}^3/\mathrm{kg},\qquad p_{v_1}''=p_s=0.123\,34\times10^5\ \mathrm{Pa}$$

所以水蒸气质量 $m_{v_1}=\dfrac{V}{v_1''}=\dfrac{60}{12.036\,5}=4.98\ \mathrm{kg}$

又 $\quad p_1=p_b-p_{真空}=1\times10^5-0.3\times10^5=0.7\times10^5\ \mathrm{Pa}$

空气分压 $\quad p_{a_1}=p_1-p_{v_1}''=0.7\times10^5-0.123\,34\times10^5=0.576\,7\times10^5\ \mathrm{Pa}$

空气质量 $\quad m_{a_1}=\dfrac{p_{a_1}V}{R_aT_1}=\dfrac{0.576\,7\times10^5\times60}{287\times(50+273)}=37.33\ \mathrm{kg}$

终态（漏入空气及水蒸气凝结后）

空气 $\qquad m_{a_2}=m_{a_1}+1=37.33+1=38.33\ \mathrm{kg}$

水蒸气 $\qquad m_{v_2}=m_{v_1}-0.1=4.98-1=4.88\ \mathrm{kg}$，

$$v_2''=\frac{V}{m_{v_2}}=\frac{60}{4.88}=12.295\ \mathrm{m}^3/\mathrm{kg}$$

仍是饱和状态，由 v_2'' 查饱和水蒸气表并插值可得水蒸气饱和压力 p_s，

$$p_{v_2}=p_s=0.120\,7\times10^5\ \mathrm{Pa},$$

$t_2=t_s=49.56\ ℃$，即为容器内工质的温度

而空气 $\quad p_{a_2}=\dfrac{m_{a_2}R_aT_2}{V}=\dfrac{38.33\times287\times(273+49.56)}{60}=0.591\,4\times10^5\ \mathrm{Pa}$

则总压 $\quad p_2=p_s+p_{a_2}=0.712\times10^5\ \mathrm{Pa}$，即为容器内工质的压力。

9-14 $t_1=32℃$，$p=10^5\ \mathrm{Pa}$ 及 $\varphi_1=65\%$ 的湿空气送入空调机后，首先被冷却盘管冷却和冷凝除湿，温度降为 $t_2=10℃$；然后被电加热器加热到 $t_3=20℃$（参看图 9-8），试确定：

（1）各过程中湿空气的初、终态参数；

（2）相对于单位质量干空气的湿空气在空调机中除去的水分 m_w；

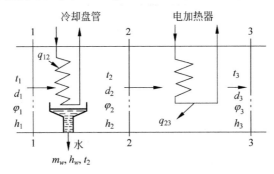

图 9-8 习题 9-14 图

（3）相对于单位质量干空气的湿空气被冷却而带走的热量 q_{12} 和从电加热器吸入的热量 q_{23}（用 $h\text{-}d$ 图计算）。

解：依题意，画出过程示意图，见图 9-9

（1）确定各点湿空气参数

查 $p=10^5$ Pa 的湿空气焓湿图，由 $t_1=32℃$，$\varphi_1=65\%$ 确定

$$h_1 = 82.9 \text{ kJ/kg 干空气}, \quad d_1 = 0.019\,8 \text{ kg/kg 干空气}$$

再过 1 点作垂线与 $\varphi=100\%$ 线相交，并沿此线与 $t=10℃$ 定温线交于点 2，

$$h_2 = 29.5 \text{ kJ/kg 干空气}, \quad d_2 = 0.007\,7 \text{ kg/kg 干空气}$$

1-2 即为湿空气在空调机中的过程。

在饱和蒸汽表中查得 10℃饱和水的焓

$$h_w = 42 \text{ kJ/kg}$$

过 2 点作垂线与 $t_3=20℃$ 等温线交于点 3，

$$h_3 = 39.7 \text{ kJ/kg 干空气}$$

2-3 为被电加热器加热的过程。

（2）空调中除去的水分

$$m_w = d_1 - d_2 = 0.019\,8 - 0.007\,7 = 0.012 \text{ kg/kg 干空气}$$

（3）空调带走的热量 q_{12}

$$q_{12} = h_1 - h_2 - (d_1 - d_2)h_w = 82.9 - 29.5 - (0.019\,8 - 0.007\,7) \times 42$$
$$= 52.9 \text{ kJ/kg 干空气}$$

从加热器吸入的热量 q_{23}

$$q_{23} = h_3 - h_2 = 39.7 - 29.5 = 10.2 \text{ kJ/kg 干空气}$$

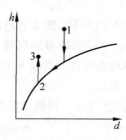

图 9-9

热力学微分关系式及实际气体的性质

10-1　本章主要要求

记住吉布斯方程,会推导麦克斯韦关系式和偏导数关系；了解 $s,u,h,$ f,g,c_p,c_V,c_p-c_V 与 p,v,T 的关系；熟练掌握克拉贝龙方程与焦-汤系数的含义；掌握维里方程及**范德瓦尔状态方程**的特点和局限性；熟练掌握压缩因子和对比态原理,以及利用通用压缩因子图确定基本状态参数的方法。

10-2　本章内容精要

热力学微分关系式由热力学第一定律和第二定律导出,具有普适性,揭示了各热力参数间的内在联系,对工质热力性质的理论研究与实验测试都有重要意义。本章仅限于讨论简单可压缩纯物质系统的热力学微分关系式。主要目的在于:

(1) 建立 $\Delta u,\Delta h,\Delta s$ 与可测参数 (p,v,T,c_p) 之间的关系式。

(2) 建立比热容与 p,v,T 参数之间的关系式。

(3) 确定比定压热容 c_p 与比定容热容 c_V 之间的关系式。

10-2-1　吉布斯方程及麦克斯韦关系

1. 吉布斯方程

根据热力学第一定律与第二定律可导出以下 4 个重要的热力学基本关系式,又称为**吉布斯方程**:

$$\mathrm{d}u = T\mathrm{d}s - p\mathrm{d}v \tag{10-1}$$

$$\mathrm{d}h = T\mathrm{d}s + v\mathrm{d}p \tag{10-2}$$

$$\mathrm{d}f = -s\mathrm{d}T - p\mathrm{d}v \tag{10-3}$$

$$\mathrm{d}g = -s\mathrm{d}T + v\mathrm{d}p \tag{10-4}$$

其中 $f=u-Ts$ 为**亥姆霍兹函数**,是可逆定温条件下内能中可以自由释放转变为功的那部分,因此称**亥姆霍兹自由能**。$g=h-Ts$ 是**吉布斯函数**,是可逆定温条件下焓中能够转变为功的那部分,故又称**吉布斯自由焓**。

2. 特征函数

$u=u(s,v)$, $h=h(s,p)$, $f=f(T,v)$ 和 $g=g(T,p)$ 都是特征函数。由

已知的特征函数可以确定系统的所有参数,即能表征该系统的特性。

3. 全微分的条件

变量 z 是 x 与 y 的连续函数(点函数)的充要条件:

$$\frac{\partial^2 z}{\partial x \partial y} = \frac{\partial^2 z}{\partial y \partial x} \tag{10-5}$$

4. 麦克斯韦关系

由吉布斯方程,利用全微分的条件,可导出如下**麦克斯韦关系**:

$$\left(\frac{\partial T}{\partial v}\right)_s = -\left(\frac{\partial p}{\partial s}\right)_v \tag{10-6}$$

$$\left(\frac{\partial T}{\partial p}\right)_s = \left(\frac{\partial v}{\partial s}\right)_p \tag{10-7}$$

$$\left(\frac{\partial v}{\partial T}\right)_p = -\left(\frac{\partial s}{\partial p}\right)_T \tag{10-8}$$

$$\left(\frac{\partial p}{\partial T}\right)_v = \left(\frac{\partial s}{\partial v}\right)_T \tag{10-9}$$

它们把无法直接测量的参数 s 与容易测得的参数 p, v, T 之间建立了联系。

由吉布斯方程,利用比较系数法,还可导出八个有用的偏导数:

$$\left.\begin{array}{ll}
\left(\dfrac{\partial u}{\partial s}\right)_v = T, & \left(\dfrac{\partial u}{\partial v}\right)_s = -p \\[2mm]
\left(\dfrac{\partial h}{\partial s}\right)_p = T, & \left(\dfrac{\partial h}{\partial p}\right)_s = v \\[2mm]
\left(\dfrac{\partial f}{\partial v}\right)_T = -p, & \left(\dfrac{\partial f}{\partial T}\right)_v = -s \\[2mm]
\left(\dfrac{\partial g}{\partial p}\right)_T = v, & \left(\dfrac{\partial g}{\partial T}\right)_p = -s
\end{array}\right\} \tag{10-10}$$

10-2-2 熵、内能、焓及比热容的微分关系式

1. 热系数

弹性系数,定容下压力随温度的变化率与压力的比值,

$$\alpha_v = \frac{1}{p}\left(\frac{\partial p}{\partial T}\right)_v \quad K^{-1} \tag{10-11}$$

定压热膨胀系数,定压下比容随温度的变化率与比容的比值,

$$\alpha_p = \frac{1}{v}\left(\frac{\partial v}{\partial T}\right)_p \quad K^{-1} \tag{10-12}$$

定温压缩系数,定温下比容随压力的变化率与比容的比值,

$$\beta_T = -\frac{1}{v}\left(\frac{\partial v}{\partial p}\right)_T \quad Pa^{-1} \tag{10-13}$$

这三个系数统称为热系数,可由实验测定或利用状态方程求得。三者的关系:

$$\alpha_p = \alpha_v \cdot \beta_T \cdot p \tag{10-14}$$

2. 熵、内能及焓的微分关系式

熵、内能和焓等不能直接测量,由 Maxwell 关系式等可将 ds 表示成可测参数 p,v,t 及 c_p,c_v 的微分关系式,即熵的 3 个微分关系式:

$$\mathrm{d}s = \frac{c_V}{T}\mathrm{d}T + \left(\frac{\partial p}{\partial T}\right)_v \mathrm{d}v \tag{10-15}$$

$$\mathrm{d}s = \frac{c_p}{T}\mathrm{d}T - \left(\frac{\partial v}{\partial T}\right)_p \mathrm{d}p \tag{10-16}$$

$$\mathrm{d}s = \left[\frac{c_p}{T}\left(\frac{\partial T}{\partial p}\right)_v - \left(\frac{\partial v}{\partial T}\right)_p\right]\mathrm{d}p + \frac{c_p}{T}\left(\frac{\partial T}{\partial v}\right)_p \mathrm{d}v \tag{10-17}$$

将熵的 3 个微分关系式代入热力学恒等式 $\mathrm{d}u=T\mathrm{d}s-p\mathrm{d}v$,可得到内能的 3 个微分关系式,其中常用的是

$$\mathrm{d}u = c_V\mathrm{d}T + \left[\left(\frac{\partial p}{\partial T}\right)_v - p\right]\mathrm{d}v \tag{10-18}$$

同理,将熵的 3 个微分关系式代入热力学恒等式 $\mathrm{d}h=T\mathrm{d}s+v\mathrm{d}p$,可得到焓的 3 个微分关系式,其中常用的是

$$\mathrm{d}h = c_p\mathrm{d}T + \left[v - T\left(\frac{\partial v}{\partial T}\right)_p\right]\mathrm{d}p \tag{10-19}$$

3. 比热容的微分方程

1) 比热容与压力及比容的关系

理想气体的定压和比定容热容都只是温度的单值函数;但实际气体比热容不仅与 T 有关,而且还随 p 或 v 而变,由式(10-15)和(10-16),可得

$$\left(\frac{\partial c_V}{\partial v}\right)_T = T\left(\frac{\partial^2 p}{\partial T^2}\right)_v \tag{10-20}$$

$$\left(\frac{\partial c_p}{\partial p}\right)_T = -T\left(\frac{\partial^2 v}{\partial T^2}\right)_p \tag{10-21}$$

这两个关系式可用于:

(1) 由已知状态方程确定实际气体的比热容;

(2) 检验实际气体状态方程的准确性;

(3) 结合比热容的实验数据,建立实际气体的状态方程等。

2) 比定压热容与比定容热容的关系

由于 c_V 一般难于测量或测准,故通常利用易测的 c_p 由下式推算:

$$c_p - c_V = -T\left(\frac{\partial v}{\partial T}\right)_p^2 \cdot \left(\frac{\partial p}{\partial v}\right)_T \geqslant 0 \tag{10-22}$$

由上式可见,同温下 c_p 总大于 c_V,且当 $T=0$ 时,$c_p=c_V$。

液体和固体的 $\left(\frac{\partial v}{\partial T}\right)_p$ 很小,所以液体和固体的这两种比热容一般相差很小。因此通常

只说比热容,而不指明过程特征。

10-2-3 克拉贝龙方程和焦-汤系数

由吉布斯方程和 Maxwell 关系还可导出其他一些微分关系式,其中特别有用的是克拉贝龙方程和焦-汤系数。

1. 克拉贝龙方程

纯物质相变时,其强度参数温度和压力不变,但熵、内能、焓、容积等广延参数要发生变化。由吉布斯方程和 Maxwell 关系可导出**克拉贝龙方程**:

$$\left(\frac{\mathrm{d}p}{\mathrm{d}T}\right)_s = \frac{s'' - s'}{v'' - v'} = \frac{h'' - h'}{T_s(v'' - v')} = \frac{r}{T_s(v'' - v')} \tag{10-23}$$

其中下标 s 表示饱和状态,上标 $''$ 和 $'$ 分别表示饱和蒸气和饱和液,r 为气化潜热。克拉贝龙方程表明由测得的 p,v,T 可计算出相变时的熵变($s'' - s'$)及焓变($h'' - h'$)。

运用克拉贝龙方程还能估算饱和温度与饱和压力的依变关系,

$$\ln p_s = -\frac{r}{RT_s} + A$$

2. 焦-汤系数

焦-汤系数:度量绝热节流过程温度效应的参数。

$$\mu_J = \left(\frac{\partial T}{\partial p}\right)_h \begin{cases} < 0, & T_2 > T_1, \quad \text{热效应}; \\ = 0, & T_2 = T_1, \quad \text{零效应}; \\ > 0, & T_2 < T_1, \quad \text{冷效应}。 \end{cases} \tag{10-24}$$

焦-汤系数与 p,v,T 的关系:

$$\mu_J c_p = T\left(\frac{\partial v}{\partial T}\right)_p - v \tag{10-25}$$

可见,由焦-汤系数以及 p,v,T,可确定流体的 c_p;反之,有了 p,v,T 和 c_p 的数据,也可确定焦-汤系数。

10-2-4 实际气体对理想气体性质的偏离

研究实际气体的性质,最重要的是建立其状态方程,即 p,v,T 的关系,这样便可利用上述热力学微分关系式进一步导出 u,s,h 及比热容的计算式,从而进行过程和循环的热力计算。

实际气体与理想气体的偏离程度用**压缩因子**表示:

$$Z = \frac{pv}{RT} \tag{10-26}$$

压缩因子的物理意义:同一压力和温度下,实际气体与理想气体比容的比值:

$$Z = \frac{pv}{RT} = \frac{v}{v_0}$$

$$Z > 1, \quad v > v_0, \quad \text{实际气体比理想气体难压缩}$$

$$Z < 1, \quad v < v_0, \quad \text{实际气体比理想气体易压缩}$$

压缩因子 Z 的实质是反映气体压缩性的大小。分子间的吸引力有助于气体的压缩；而分子本身具有体积又不利于压缩。两者的综合作用决定实际气体对理想气体的偏离程度。

10-2-5 维里方程与范德瓦尔状态方程

1. 维里方程

基于分子之间的相互作用，以压缩因子表示的实际气体状态方程，

$$Z = 1 + B'p + C'p^2 + \cdots \tag{10-27}$$

或

$$Z = 1 + \frac{B}{v} + \frac{C}{v^2} + \cdots \tag{10-28}$$

系数 B, B', C, C' 等称为**维里系数**，与气体种类及温度有关。各套维里系数之间存在一定关系。

维里方程具有坚实的理论基础，从统计力学方法也能导出维里方程并赋予维里系数明确的物理意义。例如，式(10-28)中第二及三项分别反映了两个分子之间及三个分子间的相互作用。

实际中应用的是**截断形维里方程**，即根据精度要求截取前二项或三项。但截断形维里方程有一定的适用范围。

2. 范德瓦尔状态方程

范德瓦尔通过对理想气体状态方程的修正：实际分子本身占有容积，自由空间减小，同温下增加碰撞壁面的机会，压力上升，所以在代表气体总容积的项上减去 b 值；实际分子间有吸引力，减少对壁面的压力，减去一项 $\frac{a}{v^2}$，提出了**范德瓦尔状态方程**：

$$p = \frac{RT}{v - b} - \frac{a}{v^2} \tag{10-29}$$

范德瓦尔方程与实验结果，至少在饱和液体与饱和蒸气的两相区内符合不好。范德瓦尔常数 a 和 b，与临界参数 p_c, T_c, v_c 一样，与气体种类相关。

范德瓦尔状态方程最早提出并有重大影响，它可以较好地定性描述实际气体的基本特性，但是定量上不够准确，后人在此基础上不断改进和发展，提出了多种状态方程。

10-2-6 对比态原理与通用压缩因子图

实际气体的状态方程都包含有各流体所特有的常数(如 a 和 b 等)，不具备普遍性。鉴于接近临界点时，所有工质的性质相似，因此利用**对比参数**，即温度、压力和比容与临界温

度、临界压力和临界比容的比值，对比温度 $T_r(T/T_c)$、对比压力 $p_r(p/p_c)$ 和对比比容 $v_r(v/v_c)$，得到普遍化的状态方程。

对比态原理：满足同一普遍化状态方程 $f(p_r,T_r,v_r)=0$ 的各种气体，只要 p_r 与 T_r 分别相同，它们的 v_r 也相同。

可推得用压缩因子表示的普遍化的状态方程

$$Z=f_2(p_r,T_r,Z_c) \tag{10-30}$$

对于大多数物质 $Z_c\approx0.23\sim0.29$，对于给定的 Z_c，则

$$Z=f_3(p_r,T_r) \tag{10-31}$$

以 Z 和 p_r 作为坐标，则 Z-p_r 图中不同 T_r 的定对比温度线适用于具有相同 Z_c 的任何气体，这种图称为**通用压缩因子图**。该图的简化示意图如图 10-1 所示。

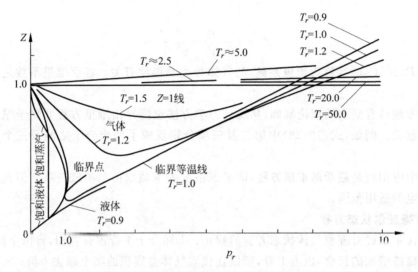

图 10-1 通用压缩因子示意图(Z_c＝常数)

通用压缩因子图是根据实验数据绘制的。已知工质的临界参数 p_c,T_c,v_c 以及 p,v,T 中任意两个参数，可以利用通用压缩因子图确定其另一个参数。

已知 p_c,T_c,v_c 以及 p 和 T，则可得 p_r,T_r，依此查通用压缩因子图可得 Z，则 $v=Z\dfrac{RT}{p}$ 可求。

若已知 p_c,T_c,v_c 以及 v 和 T，则可得 T_r 以及 $Z=Z_c\dfrac{v_r}{T_r}p_r=Cp_r$，$Z$ 与 p_r 均为未知数，但 C 已知，因此可在通用压缩因子图中画出 $Z=Cp_r$ 的直线，此直线与 T_r 线的交点即为所求的状态点，即查得 p_r，从而可确定 p。

10-3　思考题及解答

10-1　热力学微分关系式能否指明特定物质的具体性质？若欲知某物质的特性，一般还采取什么手段？

答：热力学微分关系式不能指明特定物质的具体性质。（热力学微分关系式的主要作用是建立不可测热力学参数（s、u、h 等）与可测热力学参数（压力、温度、比容和比定压热容）之间的关系）。若欲知某物质的特性，一般需知道该物质的状态方程。

10-2　特征函数有什么作用？试说明 $v(T,p)$ 是否为特征函数？

答：简单可压缩的纯物质系统的任一个状态参数都可表示成为另外两个独立参数的函数。特征函数可以确定系统的特性，即只要知道该特征函数，系统的其他参数都可确定。

$v(T,p)$ 不是特征函数，因为由该函数不能确定其他参数。实际上该函数不包含 s，或者说未与热力学第二定律建立联系。而 $du=Tds-pdv$ 以及 h、g、f 的微分定义式均包含 s（本质上是由热力学第一定律和热力学第二定律导出的），显然是不能由 $v(T,p)$ 确定的。

10-3　微元准静态过程的膨胀功为 $\delta w=pdv$，试判明 δw 是否为全微分？

答：δw 不是全微分，证明如下：

由 $\delta w=pdv=pdv+0\times dp$，

得，$\left(\dfrac{\partial p}{\partial p}\right)_v=1\neq 0=\left(\dfrac{\partial 0}{\partial v}\right)_p$，　即不满足全微分条件，所以 δw 不是全微分。

10-4　试由任意一个麦克斯韦关系导出其余的麦克斯韦关系。

答：对于简单可压缩纯物质系统，证明如下：

以 $\left(\dfrac{\partial T}{\partial v}\right)_s=-\left(\dfrac{\partial p}{\partial s}\right)_v$ 为例，则

$$\left(\frac{\partial T}{\partial p}\right)_s=\frac{\left(\dfrac{\partial T}{\partial p}\right)_s\left(\dfrac{\partial p}{\partial v}\right)_s}{\left(\dfrac{\partial p}{\partial v}\right)_s}=\frac{\left(\dfrac{\partial T}{\partial v}\right)_s}{\left(\dfrac{\partial p}{\partial v}\right)_s}=\frac{-\left(\dfrac{\partial p}{\partial s}\right)_v}{\left(\dfrac{\partial p}{\partial v}\right)_s}=\frac{\left(\dfrac{\partial p}{\partial v}\right)_s\left(\dfrac{\partial v}{\partial s}\right)_p}{\left(\dfrac{\partial p}{\partial v}\right)_s}=\left(\frac{\partial v}{\partial s}\right)_p$$

$$\left(\frac{\partial v}{\partial T}\right)_p=\left(\frac{\partial v}{\partial s}\right)_p\left(\frac{\partial s}{\partial T}\right)_p=\left(\frac{\partial T}{\partial p}\right)_s\left(\frac{\partial s}{\partial T}\right)_p=\frac{-1}{\left(\dfrac{\partial p}{\partial s}\right)_T}=-\left(\frac{\partial s}{\partial p}\right)_T$$

$$\left(\frac{\partial p}{\partial T}\right)_v=\left(\frac{\partial p}{\partial s}\right)_v\left(\frac{\partial s}{\partial T}\right)_v=-\left(\frac{\partial T}{\partial v}\right)_s\left(\frac{\partial s}{\partial T}\right)_v=\frac{1}{\left(\dfrac{\partial v}{\partial s}\right)_T}=\left(\frac{\partial s}{\partial v}\right)_T$$

10-5　如何利用状态方程和热力学微分关系式，分析实际气体的定温过程？

答：首先根据状态方程和比热容的微分关系式 $\left(\dfrac{\partial c_p}{\partial p}\right)_T=-T\left(\dfrac{\partial^2 v}{\partial T^2}\right)_p$，可得

$$c_p=c_p^*-\left[\int_{p\to 0}^{p}T\left(\frac{\partial^2 v}{\partial T^2}\right)_p dp\right]_T$$

然后将其代入熵、内能、焓等微分关系式

$$ds = c_p \frac{dT}{T} - \left(\frac{\partial v}{\partial T}\right)_p dp$$

$$du = \left[c_p - p\left(\frac{\partial v}{\partial T}\right)_p\right]dT - \left[T\left(\frac{\partial v}{\partial T}\right)_p + p\left(\frac{\partial v}{\partial p}\right)_T\right]dp$$

$$dh = c_p dT + \left[v - T\left(\frac{\partial v}{\partial T}\right)_p\right]dp$$

注意,对于等温过程 $dT=0$,且各式右侧各偏导数都可由已知的状态方程确定。

10-6 试分析不可压缩流体的内能、焓与熵是否均为温度与压力的函数。

答:不可压流体即有 $v = \text{const}$。

因为 $\left(\dfrac{\partial s}{\partial p}\right)_v = -\left(\dfrac{\partial v}{\partial T}\right)_p = 0$,所以 $s = s(T)$,熵只是温度的函数;

因为 $\left(\dfrac{\partial u}{\partial p}\right)_v = \left(\dfrac{\partial u}{\partial s}\right)_v\left(\dfrac{\partial s}{\partial p}\right)_v = -T\left(\dfrac{\partial v}{\partial T}\right)_s = 0$,所以 $u = u(T)$,内能只是温度的函数;

因为 $\left(\dfrac{\partial h}{\partial p}\right)_v = \left[\dfrac{\partial(u+pv)}{\partial p}\right]_v = v \neq 0$,所以 $h = h(T, p)$,焓是温度和压力的函数。

10-7 试证明理想气体的 α_p 为 T^{-1}。

答:将理想气体状态方程 $v = RT/p$ 代入 α_p 定义式并整理:

$$\alpha_p = \frac{1}{v}\left(\frac{\partial v}{\partial T}\right)_p = \frac{1}{v}\frac{R}{p} = \frac{R}{RT} = T^{-1}$$

10-8 本章导出的 ds、dh 和 du 等热力学微分关系式能否适用于不可逆过程?

答:适用。因为 s、h 和 u 都是状态参数,与过程无关。

10-9 在实际气体状态方程的研究过程中,为何对范德瓦尔状态方程的评价很高?

答:范德瓦尔状态方程是针对实际气体与理想气体的差异,对理想气体状态方程进行了两方面的修正而得到的,即考虑到分子本身有体积,自由空间减小,同温下增加碰撞壁面的机会,压力上升;分子间有吸引力,对壁面的压力减少。该方程每一项都有明确的物理含义,为后来提出更精确的经验性状态方程奠定了基础。

10-10 理想气体状态方程、范德瓦尔方程、截断形维里方程、普遍化状态方程、通用压缩因子图各有什么特点?有何区别?各适用于什么范围?

答:理想气体状态方程是基于理想气体的假设建立的,形式简单易用,仅适用于低压高温的场合。

范德瓦尔状态方程则是针对实际气体与理想气体的差异,进行了两方面修正,能较好地定性描述实际气体的基本特性和气液相变行为,是其他经验性气体方程的基础,但定量上不准确。

截断形维里方程用压缩因子来表征实际气体与理想气体的偏离,具有很好的精度,但维里系数需由实验确定,而且只适用于临界密度以下的范围。

由于流体在接近临界点时呈现出相似的性质,以对比参数表示的普遍化状态方程适用于任意气体,可利用临界参数进行计算,但其精度和适用范围取决于普遍化所基于的方程。

通用压缩因子图是根据对比态原理得出 $Z=f_2(p_r,T_r,Z_C)$,结合实验数据绘制而成,适用于任意气体、任意范围,精度较高,但查图比较麻烦,而且在临界点附近和两相区误差较大。

10-4　习题详解及简要提示

10-1　试证　$\dfrac{c_p}{c_V}=\dfrac{\beta_T}{\beta_s}$。

证明:

因为

$$c_p=\left(\frac{\partial h}{\partial T}\right)_p=\left(\frac{\partial h}{\partial s}\right)_p\left(\frac{\partial s}{\partial T}\right)_p=T\left(\frac{\partial s}{\partial T}\right)_p$$

$$c_V=\left(\frac{\partial u}{\partial T}\right)_v=\left(\frac{\partial u}{\partial s}\right)_v\left(\frac{\partial s}{\partial T}\right)_v=T\left(\frac{\partial s}{\partial T}\right)_v$$

所以

$$\frac{c_p}{c_V}=\frac{\left(\frac{\partial s}{\partial T}\right)_p}{\left(\frac{\partial s}{\partial T}\right)_v}=\frac{\left(\frac{\partial s}{\partial v}\right)_p\left(\frac{\partial v}{\partial T}\right)_p}{\left(\frac{\partial s}{\partial p}\right)_v\left(\frac{\partial p}{\partial T}\right)_v}=\frac{\left(\frac{\partial T}{\partial v}\right)_s\left(\frac{\partial v}{\partial T}\right)_p}{\left(\frac{\partial T}{\partial p}\right)_s\left(\frac{\partial p}{\partial T}\right)_v}=\frac{\left(\frac{\partial v}{\partial T}\right)_p\left(\frac{\partial T}{\partial p}\right)_v}{\left(\frac{\partial v}{\partial p}\right)_s}$$

$$=-\frac{\left(\frac{\partial v}{\partial p}\right)_T}{\left(\frac{\partial v}{\partial p}\right)_s}=\frac{\beta_T}{\beta_s}$$

10-2　试证$\left(\dfrac{\partial T}{\partial p}\right)_s=\dfrac{Tv\alpha_p}{c_p}$。

证明一:

因为

$$\left(\frac{\partial T}{\partial p}\right)_s\left(\frac{\partial p}{\partial s}\right)_T\left(\frac{\partial s}{\partial T}\right)_p=-1$$

所以

$$\left(\frac{\partial T}{\partial p}\right)_s=-\frac{1}{\left(\frac{\partial p}{\partial s}\right)_T\left(\frac{\partial s}{\partial T}\right)_p}=-\frac{\left(\frac{\partial s}{\partial p}\right)_T}{\left(\frac{\partial s}{\partial T}\right)_p}=\frac{\left(\frac{\partial v}{\partial T}\right)_p}{\frac{c_p}{T}}=\frac{T}{c_p}\left(\frac{\partial v}{\partial T}\right)_p$$

而

$$\alpha_p v=\left(\frac{\partial v}{\partial T}\right)_p$$

故

$$\left(\frac{\partial T}{\partial p}\right)_s=\frac{Tv\alpha_p}{c_p}$$

证明二:

$$\left(\frac{\partial T}{\partial p}\right)_s=\left(\frac{\partial v}{\partial s}\right)_p=\left(\frac{\partial v}{\partial T}\right)_p\left(\frac{\partial T}{\partial s}\right)_p=\frac{\left(\frac{\partial v}{\partial T}\right)_p}{\left(\frac{\partial s}{\partial T}\right)_p}=\frac{T\cdot v\cdot\frac{1}{v}\left(\frac{\partial v}{\partial T}\right)_p}{T\left(\frac{\partial s}{\partial T}\right)_p}=\frac{T\cdot v\alpha_p}{c_p}$$

10-3 试证 在 h-s 图上定温线的斜率等于 $T-\dfrac{1}{\alpha_p}$；定容线的斜率等于 $T+(c_p-c_V)/$

$(c_V \cdot \alpha_p)$，并确定定压线的斜率，比较孰大孰小。

证明：h-s 图上定温线-定容线及定压线的斜率分别为 $\left(\dfrac{\partial h}{\partial s}\right)_T$、$\left(\dfrac{\partial h}{\partial s}\right)_v$ 和 $\left(\dfrac{\partial h}{\partial s}\right)_p$

$$\left(\frac{\partial h}{\partial s}\right)_T = \left(\frac{\partial h}{\partial s}\right)_p + \left(\frac{\partial h}{\partial p}\right)_s \left(\frac{\partial p}{\partial s}\right)_T = T - v\left(\frac{\partial T}{\partial v}\right)_p = T - \frac{1}{\alpha_p}$$

$$\left(\frac{\partial h}{\partial s}\right)_v = \left(\frac{\partial h}{\partial s}\right)_p + \left(\frac{\partial h}{\partial p}\right)_s \left(\frac{\partial p}{\partial s}\right)_v = T + v\left(\frac{\partial p}{\partial s}\right)_v = T + v\frac{\left(\frac{\partial p}{\partial T}\right)_v}{\left(\frac{\partial s}{\partial T}\right)_v}$$

$$= T - v\frac{\left(\frac{\partial p}{\partial v}\right)_T \left(\frac{\partial v}{\partial T}\right)_p}{\left(\frac{\partial s}{\partial T}\right)_v}$$

$$而 \frac{c_p-c_V}{\alpha_p c_V} = \frac{-T\left(\frac{\partial v}{\partial T}\right)_p^2 \left(\frac{\partial p}{\partial v}\right)_T}{\frac{1}{v}\left(\frac{\partial v}{\partial T}\right)_p \cdot T\left(\frac{\partial s}{\partial T}\right)_v} = -v\frac{\left(\frac{\partial v}{\partial T}\right)_p \left(\frac{\partial p}{\partial v}\right)_T}{\left(\frac{\partial s}{\partial T}\right)_v}$$

所以 $\quad\left(\dfrac{\partial h}{\partial s}\right)_v = T + \dfrac{c_p-c_V}{\alpha_p c_V}$

又 $\quad\left(\dfrac{\partial h}{\partial s}\right)_p = T$

故 $\quad\left(\dfrac{\partial h}{\partial s}\right)_v > \left(\dfrac{\partial h}{\partial s}\right)_p > \left(\dfrac{\partial h}{\partial s}\right)_T$

提示：对于 $\left(\dfrac{\partial h}{\partial s}\right)_v = T + \dfrac{c_p-c_V}{\alpha_p c_V}$ 还可证明如下：

$$\left(\frac{\partial h}{\partial s}\right)_v = \frac{\left(\frac{\partial h}{\partial T}\right)_v}{\left(\frac{\partial s}{\partial T}\right)_v} = \frac{\left[c_V + v\left(\frac{\partial p}{\partial T}\right)_v\right]}{\frac{c_V}{T}} = T + \frac{Tv}{c_V}\left(\frac{\partial p}{\partial T}\right)_v$$

$$而 \frac{c_p-c_V}{\alpha_p} = \frac{-T\left(\frac{\partial v}{\partial p}\right)_p^2 \left(\frac{\partial p}{\partial v}\right)_T}{\frac{1}{v}\left(\frac{\partial v}{\partial T}\right)_p} = -Tv\left(\frac{\partial v}{\partial p}\right)_p \left(\frac{\partial p}{\partial v}\right)_T = Tv\left(\frac{\partial p}{\partial T}\right)_v$$

所以 $\quad\left(\dfrac{\partial h}{\partial s}\right)_v = T + \dfrac{c_p-c_V}{\alpha_p c_V}$

10-4 试证理想气体满足下列关系：

(1) $\alpha_p = f(T)$，$\beta_T = f(p)$；

(2) $u = f(T)$，$h = f(T)$；

(3) $c_p - c_V = R$。

证明： 对于理想气体，$pv = RT$，故

(1) $\alpha_p = \dfrac{1}{v}\left(\dfrac{\partial v}{\partial T}\right)_p = \dfrac{1}{v}\dfrac{R}{p} = \dfrac{1}{T} = f(T)$

$\quad\ \ \beta_T = -\dfrac{1}{v}\left(\dfrac{\partial v}{\partial p}\right)_T = \dfrac{1}{p} = f(p)$

(2) 由于 $\mathrm{d}u = c_V \mathrm{d}T + \left[T\left(\dfrac{\partial p}{\partial T}\right)_v - p\right]\mathrm{d}v$

则，$\left(\dfrac{\partial u}{\partial v}\right)_T = T\left(\dfrac{\partial p}{\partial T}\right)_v - p = T\dfrac{R}{v} - p = 0$，即 u 与 v 无关

而 $\left(\dfrac{\partial u}{\partial p}\right)_T = \left(\dfrac{\partial u}{\partial v}\right)_T \cdot \left(\dfrac{\partial v}{\partial p}\right)_T = 0$，即 u 与 p 无关

所以 u 只与 T 相关，即 $u = f(T)$

因为 $\left(\dfrac{\partial h}{\partial v}\right)_T = \left(\dfrac{\partial u}{\partial v}\right)_T + \left(\dfrac{\partial RT}{\partial v}\right)_T = 0$，即 h 与 v 无关

而 $\left(\dfrac{\partial h}{\partial p}\right)_T = \left(\dfrac{\partial h}{\partial v}\right)_T\left(\dfrac{\partial v}{\partial p}\right)_T = 0$，即 h 与 p 无关

所以 $h = f(T)$

提示： 很多同学将 $\left(\dfrac{\partial p}{\partial T}\right)_v = \dfrac{R}{v}$ 代入 $\mathrm{d}u = c_V \mathrm{d}T + \left[T\left(\dfrac{\partial p}{\partial T}\right)_v - p\right]\mathrm{d}v$ 得到 $\mathrm{d}u = c_V \mathrm{d}T$，则 $u = f(T)$。这是不完整的，因为并没有证明 c_V 和 c_p 仅为 T 的单值函数，因此也不能说明 u 及 h 只与 T 有关。

(3) $c_p - c_V = T\left(\dfrac{\partial p}{\partial T}\right)_v\left(\dfrac{\partial v}{\partial T}\right)_p = T\dfrac{R}{v}\dfrac{R}{p} = R$

故命题得证。

10-5 设理想气体经历了参数 x 保持不变的可逆过程，该过程的比热容为 c_x，试证其过程方程为 $pv^f = c$，$f = \dfrac{c_x - c_p}{c_x - c_V}$。

证法一：

依题意有 $\delta q = c_x \mathrm{d}T$，则

$$c_x \mathrm{d}T = c_p \mathrm{d}T - v\mathrm{d}p, \qquad c_x \mathrm{d}T = c_V \mathrm{d}T + p\mathrm{d}v$$

即 $\qquad\qquad -v\mathrm{d}p = (c_x - c_p)\mathrm{d}T, \quad p\mathrm{d}v = (c_x - c_V)\mathrm{d}T$

所以 $\qquad\qquad\qquad\qquad -\dfrac{v\mathrm{d}p}{p\mathrm{d}v} = \dfrac{c_x - c_p}{c_x - c_V}$

$$\dfrac{\mathrm{d}p}{p} + \dfrac{c_x - c_p}{c_x - c_V}\dfrac{\mathrm{d}v}{v} = 0$$

所以 $\qquad\qquad\qquad\qquad \ln p + \dfrac{c_x - c_p}{c_x - c_V}\ln v = C$

即
$$pv^f = c, \quad f = \frac{c_x - c_p}{c_x - c_V}$$

证法二： 依题意有 $\delta q = c_x dT$

所以
$$c_x dT = \delta q = c_V dT + p dv = c_V dT + RT \frac{dv}{v} = c_V dT + (c_p - c_V) T \frac{dv}{v}$$

整理，得
$$\frac{c_x - c_V}{c_p - c_V} \frac{dT}{T} = \frac{dv}{v}$$

由理想气体 $pv = RT$，得 $\dfrac{dT}{T} = \dfrac{dp}{p} + \dfrac{dv}{v}$

所以
$$\frac{c_x - c_V}{c_p - c_V} \frac{dp}{p} = \left[1 - \frac{c_x - c_V}{c_p - c_V}\right] \frac{dv}{v} = \frac{c_p - c_x}{c_p - c_V} \frac{dv}{v}$$

$$\frac{dp}{p} + \frac{c_x - c_p}{c_x - c_V} \frac{dv}{v} = 0$$

所以
$$\ln p + \frac{c_x - c_p}{c_x - c_V} \ln v = C$$

$$pv^f = c, \quad f = \frac{c_x - c_p}{c_x - c_V}$$

10-6 试证状态方程为 $p(v-b) = RT$ 的气体（其中 b 为常数）：

(1) 其内能只与 T 有关；

(2) 其焓除与 T 有关外，还与 p 有关；

(3) 其 $c_p - c_V$ 为常数；

(4) 其可逆绝热过程的过程方程为 $p(v-b)^k = \text{const}$；

(5) 当状态方程中的 b 值为正时，这种气体经绝热节流后温度升高。

证明： 气体状态方程为 $p(v-b) = RT$

(1) 因为
$$du = c_V dT + \left[T\left(\frac{\partial p}{\partial T}\right)_v - p\right] dv$$

所以
$$\left(\frac{\partial u}{\partial v}\right)_T = T\left(\frac{\partial p}{\partial T}\right)_v - p = T \frac{R}{v-b} - p = 0,\ \text{即}\ u\ \text{与}\ v\ \text{无关}$$

而
$$\left(\frac{\partial u}{\partial p}\right)_T = \left(\frac{\partial u}{\partial v}\right)_T \left(\frac{\partial v}{\partial p}\right)_T = 0,\ \text{即}\ u\ \text{与}\ p\ \text{无关}$$

所以 u 只与 T 有关。

(2) 因为
$$\left(\frac{\partial h}{\partial v}\right)_T = \left(\frac{\partial u}{\partial v}\right)_T + \left(\frac{\partial RT}{\partial v}\right)_T = 0,\ \text{所以}\ h\ \text{与}\ v\ \text{无关}$$

又因为
$$dh = c_p dT + \left[v - T\left(\frac{\partial v}{\partial T}\right)_p\right] dp$$

所以
$$\left(\frac{\partial h}{\partial p}\right)_T = v - T\left(\frac{\partial v}{\partial T}\right)_p = b \neq 0$$

$$h = f(T \cdot p)$$

(3) $c_p - c_V = T\left(\dfrac{\partial p}{\partial T}\right)_v \left(\dfrac{\partial v}{\partial T}\right)_p = T\dfrac{R}{v-b}\cdot\dfrac{R}{p} = R$

(4) $\left(\dfrac{\partial p}{\partial v}\right)_s = \left(\dfrac{\partial p}{\partial T}\right)_s \left(\dfrac{\partial T}{\partial v}\right)_s = \left(\dfrac{c_p}{Tv\alpha_p}\right)\left(-\dfrac{T\alpha_p}{c_V\beta_T}\right) = -\dfrac{k}{v}\dfrac{1}{\beta_T} = \dfrac{k}{v}\cdot v\left(\dfrac{\partial p}{\partial v}\right)_T = -\dfrac{kp}{v-b}$

所以对于可逆绝热过程有，$\dfrac{\mathrm{d}p}{p} = -k\dfrac{\mathrm{d}(v-b)}{v-b}$

即 $\qquad\qquad\qquad\qquad\qquad p\,(v-b)^k = \mathrm{const}$

(5) 因为 $\qquad\qquad\qquad\qquad \mathrm{d}h = c_p\mathrm{d}T + \left[v - T\left(\dfrac{\partial v}{\partial T}\right)_p\right]\mathrm{d}p$

所以 $\qquad\qquad \left(\dfrac{\partial T}{\partial p}\right)_h = \dfrac{1}{c_p}\left[T\left(\dfrac{\partial v}{\partial T}\right)_p - v\right] = \dfrac{1}{c_p}\left(T\dfrac{R}{p} - v\right) = -\dfrac{b}{c_p}$

气体经绝热节流 p 下降，在 b 值为正时，T 必然升高。

10-7 对于范德瓦尔气体，试证：

(1) $\mathrm{d}u = c_V\mathrm{d}T + \dfrac{a}{v^2}\mathrm{d}v$；

(2) $\left(\dfrac{\partial u}{\partial v}\right)_T \neq 0$；

(3) $c_p - c_V = \dfrac{R}{1 - \dfrac{2a(v-b)^2}{RTv^3}}$；

(4) 定温过程的焓差为 $(h_2 - h_1)_T = p_2v_2 - p_1v_1 + a\left(\dfrac{1}{v_1} - \dfrac{1}{v_2}\right)$；

(5) 定温过程的熵差为 $(s_2 - s_1)_T = R\ln\dfrac{v_2 - b}{v_1 - b}$；

(6) 可逆定温过程的膨胀功为 $w_T = RT\ln\dfrac{v_2 - b}{v_1 - b} + a\left(\dfrac{1}{v_2} - \dfrac{1}{v_1}\right)$；

(7) 可逆定温过程的热量为 $q_T = RT\ln\dfrac{v_2 - b}{v_1 - b}$；

(8) 绝热膨胀功为 $w = -\displaystyle\int_1^2 c_V\mathrm{d}T + a\left(\dfrac{1}{v_2} - \dfrac{1}{v_1}\right)$；

(9) 绝热自由膨胀时 $\mathrm{d}T = -\dfrac{a\mathrm{d}v}{c_V v^2}$。

证明： 范德瓦尔气体，满足 $p = \dfrac{RT}{v-b} - \dfrac{a}{v^2}$，则

$$\left(\dfrac{\partial p}{\partial T}\right)_v = \dfrac{R}{v-b},$$

$$\left(\dfrac{\partial p}{\partial v}\right)_T = -\left[\dfrac{RT}{(v-b)^2} - \dfrac{2a}{v^3}\right]$$

(1) $\mathrm{d}u = c_V\mathrm{d}T + \left[T\cdot\left(\dfrac{\partial p}{\partial T}\right)_v - p\right]\cdot\mathrm{d}v = c_V\mathrm{d}T + \left[\dfrac{RT}{v-b} - p\right]\cdot\mathrm{d}v = c_V\mathrm{d}T + \dfrac{a}{v^2}\mathrm{d}v$

(2) $\left(\dfrac{\partial u}{\partial v}\right)_T = T \cdot \left(\dfrac{\partial p}{\partial T}\right)_v - p = T \cdot \dfrac{R}{v-b} - p = \dfrac{a}{v^2} \neq 0$

(3) $c_p - c_V = T \cdot \left(\dfrac{\partial v}{\partial T}\right)_p \cdot \left(\dfrac{\partial p}{\partial T}\right)_v = T \cdot \dfrac{-1}{\left(\dfrac{\partial T}{\partial p}\right)_v \left(\dfrac{\partial p}{\partial v}\right)_T} \cdot \left(\dfrac{\partial p}{\partial T}\right)_v$

$\qquad = -T \dfrac{\left(\dfrac{\partial p}{\partial T}\right)_v^2}{\left(\dfrac{\partial p}{\partial v}\right)_T} = -T \dfrac{\left(\dfrac{R}{v-b}\right)^2}{\dfrac{-RT}{(v-b)^2} - \dfrac{2a}{v^3}} = \dfrac{R}{1 - \dfrac{2a(v-b)^2}{RTv^3}}$

(4) 等温过程，$dT=0$

而 $dh = du + d(pv) = c_V dT + \left[T\left(\dfrac{\partial p}{\partial T}\right)_v - p\right]dv + d(pv)$

$\qquad = \left(T\dfrac{R}{v-b} - p\right)dv + d(pv) = a\dfrac{dv}{v^2} + d(pv) = d(pv) - a\,d\left(\dfrac{1}{v}\right)$

所以 $(h_2 - h_1)_T = \displaystyle\int_1^2 d(pv) - \int_1^2 a\,d\dfrac{1}{v} = p_2 v_2 - p_1 v_1 + a\left(\dfrac{1}{v_1} - \dfrac{1}{v_2}\right)$

(5) 等温过程，$dT=0$

因为 $ds = \dfrac{c_p}{T}dT + \left(\dfrac{\partial p}{\partial T}\right)_v dv = \left(\dfrac{\partial p}{\partial T}\right)_v dv = \dfrac{R\,dv}{v-b} = \dfrac{R}{v-b}d(v-b)$

所以 $(s_2 - s_1)_T = R\displaystyle\int_1^2 d\ln(v-b) = R\ln\dfrac{v_2-b}{v_1-b}$

(6) 可逆等温过程，T 不变

膨胀功 $w = \displaystyle\int_1^2 p\,dv = \int_1^2 \left(\dfrac{RT}{v-b} - \dfrac{a}{v^2}\right)dv = RT\int_1^2 \dfrac{d(v-b)}{v-b} - a\int_1^2 \dfrac{dv}{v^2}$

$\qquad = RT\ln\dfrac{v_2-b}{v_1-b} + a\left(\dfrac{1}{v_2} - \dfrac{1}{v_1}\right)$

(7) 可逆等温过程，$\delta q = Tds$，$dT=0$

且 $\qquad\qquad ds = c_V\dfrac{dT}{T} - \left(\dfrac{\partial p}{\partial T}\right)_v dv$

所以 $\quad \delta q = Tds = c_V dT - T\left(\dfrac{\partial p}{\partial T}\right)_v dv = -T\left(\dfrac{\partial p}{\partial T}\right)_v dv = -\dfrac{RT}{v-b}dv$

则 $\qquad\qquad q_T = -RT\displaystyle\int_1^2 \dfrac{d(v-b)}{v-b} = RT\ln\dfrac{v_2-b}{v_1-b}$

(8) 绝热膨胀过程，$\delta q = 0$，则

$\delta w = -du = -\left\{c_V dT + \left[T\left(\dfrac{\partial p}{\partial T}\right)_v - p\right]dv\right\} = -\left[c_V dT + \left(\dfrac{TR}{v-b} - p\right)dv\right]$

$\qquad = -\left(c_V dT + \dfrac{a}{v^2}dv\right)$

所以 $\qquad w = \displaystyle\int_1^2 c_V dT - a\int_1^2 \dfrac{dv}{v^2} = -\int_1^2 c_V dT + a\left(\dfrac{1}{v_2} - \dfrac{1}{v_1}\right)$

(9) 绝热自由膨胀, $\delta q = 0$, $\delta w = 0$, 所以 $\mathrm{d}u = 0$

而 $\mathrm{d}u = c_V \mathrm{d}T + \left[T\left(\dfrac{\partial p}{\partial T}\right)_v - p \right]\mathrm{d}v = c_V \mathrm{d}T + \left(\dfrac{RT}{v-b} - p\right)\mathrm{d}v = c_V \mathrm{d}T + \dfrac{a}{v^2}\mathrm{d}v = 0$

所以 $\mathrm{d}T = -\dfrac{a\mathrm{d}v}{c_V v^2}$

10-8 已知状态方程为 $v = \dfrac{RT}{p} - \dfrac{c}{T^3}$, 试证:

(1) $\left(\dfrac{\partial c_p}{\partial p}\right)_T = \dfrac{12c}{T^4}$;

(2) $\mu_J = \dfrac{1}{c_p}\dfrac{4c}{T^3}$。

证明:

(1) 因为 $\qquad\qquad\qquad v = \dfrac{RT}{p} - \dfrac{c}{T^3}$

所以 $\qquad\qquad\qquad \left(\dfrac{\partial v}{\partial T}\right)_p = \dfrac{R}{p} + 3\dfrac{c}{T^4}$

故 $\qquad\qquad\qquad \left(\dfrac{\partial^2 v}{\partial T^2}\right)_p = -\dfrac{12c}{T^5}$

$$\left(\dfrac{\partial c_p}{\partial p}\right)_T = -T\left(\dfrac{\partial^2 v}{\partial T^2}\right)_p = \dfrac{12c}{T^4}$$

(2) $\mu_J = \dfrac{1}{c_p}\left[T\left(\dfrac{\partial v}{\partial T}\right)_p - v \right] = \dfrac{1}{c_p}\left(\dfrac{RT}{p} + \dfrac{3c}{T^3} + \dfrac{c}{T^3} - \dfrac{RT}{p}\right) = \dfrac{1}{c_p}\dfrac{4c}{T^3}$

10-9 已知 $\alpha_p = \dfrac{R}{pv}$, $\alpha_v = \dfrac{1}{T}$, 求状态方程。

解:

由已知 $\alpha_p = \dfrac{R}{pv}$ 及定义式 $\qquad \alpha_p = \dfrac{1}{v}\left(\dfrac{\partial v}{\partial T}\right)_p$,

可得 $\qquad\qquad\qquad \left(\dfrac{\partial T}{\partial v}\right)_p = \dfrac{1}{\alpha_p v} = \dfrac{p}{R}$

由已知 $\alpha_v = \dfrac{1}{T}$ 及定义式 $\qquad \alpha_v = \dfrac{1}{p}\left(\dfrac{\partial p}{\partial T}\right)_v$,

可得, $\qquad\qquad\qquad \left(\dfrac{\partial T}{\partial p}\right)_v = \dfrac{1}{p\alpha_v} = \dfrac{T}{p}$

所以 $\qquad\qquad \mathrm{d}T = \left(\dfrac{\partial T}{\partial p}\right)_v \mathrm{d}p + \left(\dfrac{\partial T}{\partial v}\right)_p \mathrm{d}v = \dfrac{T}{p}\mathrm{d}p + \dfrac{p}{R}\mathrm{d}v$

整理得 $\qquad\qquad \mathrm{d}v = \dfrac{R}{p}\mathrm{d}T - \dfrac{RT}{p^2}\mathrm{d}p$ $\qquad\qquad\qquad\qquad\qquad\qquad$ (1)

在 T 不变下对式(1)积分, 有: $\qquad v = \dfrac{RT}{p} + \phi(T)$ $\qquad\qquad\qquad\qquad$ (2)

再对式(2)全微分有: $\qquad\qquad \mathrm{d}v = \left[\dfrac{R}{p} + \dfrac{\mathrm{d}\phi(T)}{\mathrm{d}T}\right]\mathrm{d}T - \dfrac{RT}{p^2}\mathrm{d}p$ $\qquad\qquad$ (3)

比较式(1)和式(2),则

$$\frac{\mathrm{d}\phi(T)}{\mathrm{d}T}=0$$

所以

$$\phi(T)=C_0$$

代入式(2):

$$v=\frac{RT}{p}+C_0,$$

而当 $p\to 0$ 时需满足理想气体,即

$$pv=RT$$

所以

$$C_0=0$$

故状态方程为:

$$pv=RT$$

10-10 已知某种气体其 $pv=f(T)$,$u=u(T)$,求状态方程。

解：因为

$$\mathrm{d}u=c_V\mathrm{d}T+\left[T\left(\frac{\partial p}{\partial T}\right)_v-p\right]\mathrm{d}v$$

所以

$$\left(\frac{\partial u}{\partial v}\right)_T=T\left(\frac{\partial p}{\partial T}\right)_v-p,$$

而由题意

$$u=u(T)$$

则

$$\left(\frac{\partial u}{\partial v}\right)_T=0$$

所以

$$T\left(\frac{\partial p}{\partial T}\right)_v-p=0 \tag{1}$$

又由题意,$pv=f(T)$,

则

$$\left(\frac{\partial p}{\partial T}\right)_v=\frac{1}{v}\left[\frac{\partial f(T)}{\partial T}\right]_v$$

代入式(1),有

$$\frac{T}{v}\left[\frac{\partial f(T)}{\partial T}\right]_v-\frac{1}{v}f(T)=0$$

即

$$T\frac{\partial f(T)}{\partial T}-f(T)=0$$

所以

$$f(T)=CT$$

即状态方程为 $pv=CT$,$C=$const。

10-11 已知 Ar 在 $100\,℃$ 下的 $h(p)=h_0+ap+bp^2$,其中,$a=-5.164\times 10^{-5}$ kJ/(kmol·Pa),$b=4.785\,6\times 10^{-13}$ kJ/(kmol·Pa^2),$100\,℃$ 下 $p\to 0$ 时的 $h_0=2\,089.2$ kJ/kmol。$100\,℃$,300×10^5 Pa 下的 $c_p=27.34$ kJ/(kmol·K),求此时 Ar 的焦-汤系数 μ_J。

解：因为

$$\mu_J=\left(\frac{\partial T}{\partial p}\right)_h=\frac{-\left(\frac{\partial h}{\partial p}\right)_T}{\left(\frac{\partial h}{\partial T}\right)_p}=\frac{-\left(\frac{\partial h}{\partial p}\right)_T}{c_p}$$

而由 $h(p)=h_0+ap+bp^2$,得

$$\left(\frac{\partial h}{\partial p}\right)_T=a+2bp$$

则
$$\mu_J = -\frac{a+2bp}{c_p}$$

所以 $100℃$, $p=300\times10^5\,\mathrm{Pa}$ 时,

$$\mu_J = -\frac{-5.164\times10^{-5}+2\times4.785\,6\times10^{-13}\times300\times10^5}{27.34} = 0.083\,86\times10^{-5}\,\mathrm{K/Pa}$$

10-12 试用通用压缩因子图计算 $-88℃$, $44\times10^5\,\mathrm{Pa}$ 时, $1\,\mathrm{kmol}\,O_2$ 的容积。已知 O_2 的 Z_c 值为 0.288, $T_c=154.6\,\mathrm{K}$, $p_c=50.5\times10^5\,\mathrm{Pa}$。

解:

由
$$T = (-88+273.15)\mathrm{K}, \quad p = 44\times10^5\,\mathrm{Pa}$$

则
$$T_r = \frac{T}{T_c} = \frac{185.15}{154.6} = 1.198, \quad p_r = \frac{p}{p_c} = \frac{44\times10^5}{50.5\times10^5} = 0.871$$

由以上 T_r 和 p_r 查 $Z_c=0.288$ 的通用压缩因子图,可得
$$Z = 0.83$$

故
$$v = \frac{ZR_m T}{p} = \frac{0.83\times8\,314\times185.15}{44\times10^5} = 0.29\ \mathrm{m^3/kmol}$$

10-13 试用通用压缩因子图确定 O_2 在 $160\,\mathrm{K}$ 与 $0.007\,4\ \mathrm{m^3/kg}$ 时的压力。已知 $T_c=154.6\,\mathrm{K}$, $p_c=50.5\times10^5\,\mathrm{Pa}$。

解: 依题意,有 $T_r = \dfrac{T}{T_c} = \dfrac{160}{154.6} = 1.034\,9$

则,
$$Z = \frac{pv}{RT} = \frac{p_r p_c v}{RT} = \frac{p_c v}{RT}p_r = \frac{50.5\times10^5\times0.007\,4}{\dfrac{8\,314}{32}\times160}p_r = 0.899p_r$$

在 $Z_c=0.288$ 的通用压缩因子图上做直线 $Z=0.899p_r$,与 $T_r=1.034\,9$ 曲线的交点得:
$$p_r=0.788\,1, Z=0.708\,5$$

所以 $p = p_c \cdot p_r = 50.5\times10^5\times0.788\,1 = 39.8\times10^5\,\mathrm{Pa}$

10-14 $0.5\,\mathrm{kg}\,CH_4$ 在 $5\,\mathrm{L}$ 容器内的温度为 $100℃$,试用理想气体状态方程式及范德瓦尔状态方程分别计算其压力。

解:

$$v = \frac{V}{m} = \frac{5\times10^{-3}}{0.5} = 0.01\ \mathrm{m^3/kg}$$

(1)利用理想气体状态方程计算,$p = \dfrac{RT}{v} = \dfrac{518.2\times(100+273)}{0.01} = 19.33\times10^6\,\mathrm{Pa}$

(2)利用范德瓦尔状态方程计算

对 CH_4,查得:$a=2.285\times10^5\ \mathrm{Pa}\left(\dfrac{\mathrm{m^3}}{\mathrm{kmol}}\right)^2$, $b=0.042\,7\ \dfrac{\mathrm{m^3}}{\mathrm{kmol}}$

则
$$p = \frac{R_m T}{vM-b} - \frac{a}{(vM)^2} = \frac{8\,314\times373}{0.01\times16.043-0.042\,7} - \frac{2.285\times10^5}{(0.01\times16.043)^2}$$
$$= 17.46\times10^6\,\mathrm{Pa}$$

气体在喷管中的流动

11-1 思考题及解答

11-1 气体在喷管中加速有力学条件和几何条件之分。两个条件之间的关系如何？哪个条件为主？不满足几何条件会发生什么问题？

答：气体在喷管中加速的根本原因是存在压差，是由于气体压力降低、温度降低使气流的焓转化为气流的动能。几何条件是使气流可逆加速，即不产生损失的外部条件。这两个条件是相互独立的，同时满足力学条件和几何条件才能使工质得到加速，并且得到最大的加速。

两个条件中，力学条件为主。

在力学条件得到满足的前提下，几何条件就变成决定性的了。不满足几何条件，则膨胀过程的不可逆损失会很大，动能的增加量就减小，喷管出口截面上的气体流速不能达到最大。

11-2 气体在喷管中流动加速时，为什么会出现要求喷管截面积逐渐扩大的情况？常见的河流和小溪，遇到流道狭窄处，水流速度会明显上升；很少见到水流速度加快处会是流道截面积加大的地方，这是为什么？

答：由喷管截面变化 dA 与气流速度变化 dc 之间的关系式 $\dfrac{dA}{A} = (Ma^2 - 1)\dfrac{dc}{c}$ 可见，当气流处于超声速时，$Ma > 1$，要使气体在喷管中流动加速（$dc > 0$），喷管的截面积必须不断地扩大（即 $dA > 0$）。

空气中的声速在 1 个标准大气压和 15℃ 的条件下约为 340 m/s，而常见的河流和小溪中，水流速远远小于声速，处于亚声速情况下，即 $Ma < 1$，因此常见的河流中，遇到流道狭窄处（$dA < 0$），水流速会明显上升（$dc > 0$）。

11-3 当气流速度分别为亚声速和超声速时，图 11-1 中各种形状管道宜于作喷管还是作扩压管？

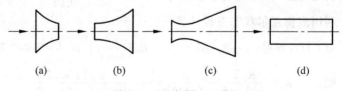

(a)　　　　(b)　　　　(c)　　　　(d)

图 11-1　思考题 11-3 图

答：由 $\dfrac{\mathrm{d}A}{A} = (Ma^2 - 1)\dfrac{\mathrm{d}c}{c}$ 分析，当气流速度为亚声速时，题图中各种形状依次为(a)宜于作喷管；(b)宜于作扩压管；(c)宜于作喷管；(d)$\mathrm{d}A = 0$，$\mathrm{d}c = 0$，既不宜于作喷管，也不宜于作扩压管。

当气流速度为超声速时，题图中各种形状依次为(a)宜于作扩压管；(b)宜于作喷管；(c)宜于作扩压管；(d)既不宜于作喷管，也不宜于作扩压管。

11-4　如图 11-2 所示，设 $p_1 = 1.5$ MPa，$p_b = 0.1$ MPa，图(a)为渐缩喷管，图(b)为缩放喷管。如果沿 $2'$—$2'$ 截面将尾部切掉，将产生什么影响？出口截面上的压力、流速和质量流量是否发生变化？

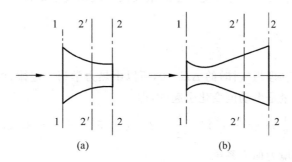

图 11-2　思考题 11-4 图

答：对于图(a)渐缩喷管，如果沿 $2'$—$2'$ 截面将尾部切掉，若此时背压大于临界压力，则出口截面上的压力变大，流速变小，流量变大；若此时背压小于或等于临界压力，则出口截面上的压力不变，流速不变，流量变大。

对于图(b)缩放喷管，沿 $2'$—$2'$ 截面将尾部切掉，出口截面上压力变小，流速减小，流量不变。

11-5　什么叫临界压力比？临界压力比在分析气体在喷管中流动情况方面起什么作用？

答：临界压力比是流速达到当地声速时，工质压力与滞止压力之比。

临界压力比是分析管内流动的一个非常重要的参数，截面上工质的压力与滞止压力之比等于临界压力比，是气流速度从亚声速到超声速的转折点。

11-6　什么叫当地声速？马赫数 Ma 表明什么？

答：所谓当地声速，就是指所考虑的流道某一截面上的声速。

马赫数 Ma 表示流体流动速度与当地声速的比值。它是研究流体流动特性的一个很重要的参数。当 $Ma < 1$，即流体流速小于当地声速，称为亚声速；当 $Ma > 1$ 时，流速大于当地声速，称为超声速。

11-7　气体在喷管中绝热流动，不管其过程是否可逆，都可以用 $c_2 = 1.414\sqrt{h_1 - h_2}$ 进行计算。这是否说明，可逆过程和不可逆过程所得到的效果相同？或者说不可逆过程会在什么地方表现出能量的损失？

答：不能说明可逆过程和不可逆过程所得到的效果相同。

有损失与无损失的终态焓值 h_2 是不同的，这就体现了不可逆流动过程的能量损失。

11-2　习题详解及简要提示

11-1　空气以 2 kg/s 的流率定温地流经水平放置的等截面积（0.02 m²）的金属管。进口处空气比容为 0.05 m³/kg。出口处流速为 10.5 m/s。管内空气和管外环境温度相同，均为 293 K。问管内的空气是否与环境发生热量交换？流动过程是否可逆？

解：按题设有

进口流速为：$c_1 = \dfrac{\dot{m}v_1}{A} = \dfrac{2 \times 0.05}{0.02} = 5$ m/s

对于等温，则空气（理想气体）的 $\Delta H = 0$，所以由热力学第一定律，可得稳定流动的管内空气与环境交换的热量是由动能变化引起的，即

$$\dot{Q} = \frac{1}{2}\dot{m}(c_2^2 - c_1^2) = \frac{1}{2} \times 2 \times (10.5^2 - 5^2) = 85.25 \text{ J/s}$$

取管中空气与环境为孤立系统

$$\Delta \dot{S}_{\text{iso}} = \Delta \dot{S}_{空气} + \Delta \dot{S}_{环境}$$

而 $v_2 = \dfrac{Ac_2}{\dot{m}} = \dfrac{0.02 \times 10.5}{2} = 0.105$ m³/kg

$$\Delta \dot{S}_{空气} = \dot{m}R\ln\frac{v_2}{v_1} = 2 \times 287 \times \ln\frac{0.105}{0.05} = 425.9 \text{ J/(K·s)}$$

$$\Delta \dot{S}_{环境} = \frac{\dot{Q}}{T_0} = \frac{-85.25}{293} = -0.29 \text{ J/(K·s)}$$

所以 $\Delta \dot{S}_{\text{iso}} = \Delta \dot{S}_{空气} + \Delta \dot{S}_{环境} = 425.6$ J/(K·s)> 0

故为不可逆过程。

11-2　试确定喷管的形状并计算它的出口截面积。工质是可视为空气的燃气，初始状态 $p_1 = 0.7$ MPa，$t_1 = 750℃$，背压 $p_b = 0.5$ MPa，质量流量 $\dot{m} = 0.6$ kg/s。初速度可以忽略不计且不存在摩阻。

解：首先确定气流流动范围，对空气有

$$\gamma_{\text{cr}} = \left(\frac{2}{k+1}\right)^{\frac{k}{k-1}} = \left(\frac{2}{1.4+1}\right)^{\frac{1.4}{1.4-1}} = 0.5283$$

其临界压力：$p_{\text{cr}} = p_1 \cdot \gamma_{\text{cr}} = 0.7 \times 0.528 = 0.3696$ MPa

$p_b > p_{\text{cr}}$，故气流在亚声速范围内流动，只可膨胀至 p_b

即 $p_2 = p_b$，所以应采用渐缩喷管，以下计算出口面积 A_2。

因为 $v_2 = v_1 \left(\dfrac{p_1}{p_2}\right)^{\frac{1}{k}} = \dfrac{RT_1}{p_1}\left(\dfrac{p_1}{p_2}\right)^{\frac{1}{k}} = \dfrac{287 \times 1\,023}{7 \times 10^5}\left(\dfrac{0.7}{0.5}\right)^{\frac{1}{1.4}} = 0.533 \text{ m}^3/\text{kg}$

$$T_2 = \frac{p_2 v_2}{R} = \frac{0.5 \times 10^6 \times 0.533}{287} = 929 \text{ K}$$

$$c_2 = \sqrt{2c_p(T_1 - T_2)} = \sqrt{2 \times 1\,005 \times (1\,023 - 929)} = 435 \text{ m/s}$$

所以 $A_2 = \dfrac{\dot{m}v_2}{c_2} = \dfrac{0.6 \times 0.533}{435} = 7.35 \text{ cm}^2$

11-3 同上题,如果背压被改变为 $p_b = 0.2 \text{ MPa}$。

解:依题意,当 $p_b = 0.2 \text{ MPa}$,显然 $p_b < p_{cr}$,故气流能够由亚声速加速至超声速,且 $p_2 = p_b$,则应采用缩放喷管,先求最小面积 A_{min}。

因为 $v_{cr} = \dfrac{RT_1}{p_1}\left(\dfrac{p_1}{p_{cr}}\right)^{\frac{1}{k}} = \dfrac{287 \times 1\,023}{0.7 \times 10^6} \times 0.528^{1.4} = 0.662 \text{ m}^3/\text{kg}$

$$T_{cr} - \frac{p_{cr}v_{cr}}{R} = \frac{0.369\,6 \times 10^6 \times 0.662}{287} = 853 \text{ K}$$

$$c_{cr} = \sqrt{2c_p(T_1 - T_{cr})} = \sqrt{2 \times 1\,005 \times (1\,023 - 853)} = 585 \text{ m/s}$$

所以 $A_{min} = \dfrac{\dot{m}v_{cr}}{c_{cr}} = \dfrac{0.6 \times 0.662}{585} = 6.79 \text{ cm}^2$

再计算出口截面积 A_2:

因为 $v_2 = \dfrac{RT_1}{p_1}\left(\dfrac{p_1}{p_2}\right)^{\frac{1}{k}} = \dfrac{287 \times 1\,023}{7 \times 10^5}\left(\dfrac{0.7}{0.2}\right)^{\frac{1}{1.4}} = 1.026 \text{ m}^3/\text{kg}$

$$T_2 = \frac{p_2 v_2}{R} = \frac{0.2 \times 10^6 \times 1.026}{287} = 715 \text{ K}$$

$$c_2 = \sqrt{2c_p(T_1 - T_2)} = \sqrt{2 \times 1\,005 \times (1\,023 - 715)} = 787 \text{ m/s}$$

所以 $A_2 = \dfrac{\dot{m}v_2}{c_2} = \dfrac{0.6 \times 1.026}{787} = 7.82 \text{ cm}^2$

11-4 某渐缩喷管出口截面积为 5 cm^2,进口空气参数为 $p_1 = 0.6 \text{ MPa}$,$t_1 = 580℃$。问背压为多大时达到最大的质量流量?并计算出 $\dot{m}_{max}$。

解:当背压为临界压力时,达最大质量流量。

$$p_b = p_{cr} = p_1 \gamma_{cr} = 0.6 \times 0.528 = 0.316\,8 \text{ MPa}$$

$$\dot{m}_{max} = A_2 \cdot \sqrt{2\frac{k}{k+1}\left(\frac{2}{k+1}\right)^{\frac{2}{k-1}}\frac{p_1}{v_1}}$$

$$= 5 \times 10^{-4} \times \sqrt{\frac{2 \times 1.4}{2.4}\left(\frac{2}{2.4}\right)^{\frac{2}{0.4}} \times \frac{1}{287 \times 853} \times 0.6 \times 10^6}$$

$$= 0.415 \text{ kg/s}$$

11-5 水蒸气由初态 1.0 MPa,$300℃$定熵地流经渐缩喷管射入压力 $p_b = 0.6 \text{ MPa}$ 的空

间。若喷管的出口截面积为 30 cm², 初速度可以忽略不计。试求喷管出口处蒸汽的压力、温度、流速以及质量流量。

解: 首先判断 $p_{cr} \leqslant p_b$ 是否成立, 若成立, 则有 $p_2 = p_b$, 依题意查得水蒸气在喷管中为过热蒸汽。

$$\gamma_{cr} = 0.546, \quad p_{cr} = p_1 \cdot \gamma_{cr} = 0.546 \text{ MPa} < p_b$$

所以出口压力 $p_2 = p_b = 0.6$ MPa

因此
$$T_2 = T_1 \left(\frac{p_2}{p_1}\right)^{\frac{k-1}{k}} = 573 \times \left(\frac{0.6}{1}\right)^{\frac{0.3}{1.3}} = 509 \text{ K} = 236 \text{℃}$$

$$v_2 = \frac{RT_1}{p_1} \left(\frac{p_1}{p_2}\right)^{\frac{1}{k}} = \frac{\frac{8\,314.3}{18} \times 573}{1 \times 10^6} \times \left(\frac{1}{0.6}\right)^{\frac{1}{1.3}} = 0.392 \text{ m}^3/\text{kg}$$

由 $p_1 = 1$ MPa, $t_1 = 300 \text{℃}$, $p_2 = 0.6$ MPa, $t_2 = 236 \text{℃}$, 查得

$$h_1 = 3\,052 \text{ kJ/kg}, \quad h_2 = 2\,928 \text{ kJ/kg}, \quad v_2 = 0.414 \text{ m}^3/\text{kg}$$

所以
$$c_2 = \sqrt{2(h_1 - h_2)} = \sqrt{2 \times (3\,043 - 2\,928) \times 10^3} = 498 \text{ m/s}$$

$$\dot{m} = \frac{A_2 c_2}{v_2} = \frac{0.003 \times 498}{0.414} = 3.6 \text{ kg/s}$$

11-6 同上题, p_b 改变为 0.3 MPa, 喷管的最小截面积为 30 cm²。

解: 依题意

因为 $p_b < p_{cr}$, 所以 $p_2 = p_{cr} = 0.546$ MPa

查焓熵图有

$$h_2 = 2\,904 \text{ kJ/kg}, \quad t_2 = 228 \text{℃}, \quad v_2 = 0.406 \text{ m}^3/\text{kg}$$

则
$$c_2 = \sqrt{2(h_1 - h_2)} = \sqrt{2 \times (3\,043 - 2\,904) \times 10^3} = 527 \text{ m/s}$$

所以
$$\dot{m} = \frac{A_2 c_2}{v_2} = \frac{0.003 \times 527}{0.406} = 3.89 \text{ kg/s}$$

11-7 初态为 1.0 MPa, 27℃的氢气在收缩喷管中膨胀到 0.8 MPa。已知喷管的出口截面积为 80 cm², 若可忽略摩阻损失, 试确定气体在喷管中绝热流动和定温流动的质量流量各为多少？假定氢气比定压热容为定值 $c_p = 14.32$ kJ/(kg·K), $k = 1.4$。

解:

(1) 绝热流动

$$T_2 = T_1 \left(\frac{p_2}{p_1}\right)^{\frac{k-1}{k}} = 300 \times \left(\frac{0.8}{1}\right)^{\frac{0.4}{1.4}} = 281.5 \text{ K}$$

$$c_2 = 1.414 \sqrt{c_p(T_1 - T_2)} = 1.414 \times \sqrt{14\,320 \times (300 - 281.5)} = 727.8 \text{ m/s}$$

$$v_2 = \frac{RT_2}{p_2} = \frac{\frac{8\,314.3}{2} \times 281.5}{0.8 \times 10^6} = 1.463 \text{ m}^3/\text{kg}$$

$$\dot{m} = \frac{A_2 c_2}{v_2} = 3.98 \text{ kg/s}$$

（2）定温流动

$$q = -RT_1 \ln \frac{p_2}{p_1} = -\frac{8\,314.3}{2} \times 300 \times \ln \frac{0.8}{1} = 2.78 \times 10^5 \text{ J/kg}$$

$$c_2 = \sqrt{2q} = \sqrt{2 \times 2.78 \times 10^5} = 746 \text{ m/s}$$

$$v_2 = \frac{RT_2}{p_2} = \frac{\dfrac{8\,314.3}{2} \times 300}{0.8 \times 10^6} = 1.56 \text{ m}^3/\text{kg}$$

$$\dot{m} = \frac{A_2 c_2}{v_2} = \frac{80 \times 10^{-4} \times 746}{1.56} = 3.83 \text{ kg/s}$$

11-8　空气流经喷管作定熵流动。已知进口截面参数为 $p_1 = 0.6$ MPa，$t_1 = 600℃$，$c_1 = 120$ m/s，出口截面压力 $p_2 = 0.101\,35$ MPa，质量流量 $\dot{m} = 5$ kg/s。求喷管出口截面上的温度 t_2，比容 v_2，流速 c_2 以及出口截面积 A_2，并分别计算进、出截面处的当地声速。说明喷管中气体流动的情况。设 $c_p = 1.004$ kJ/(kg·K)，$k = 1.4$。

解： 依题意，有

$$T^* = T_1 + \frac{c_1^2}{2c_p} = (600 + 273) + \frac{120^2}{2 \times 1\,004} = 880 \text{ K}$$

$$p^* = p_1 \left(\frac{T^*}{T_1}\right)^{\frac{k}{k-1}} = 0.6 \times \left(\frac{880}{873}\right)^{3.5} = 0.617 \text{ MPa}$$

$$v^* = \frac{RT^*}{p^*} = \frac{287 \times 880}{0.617} = 0.409 \text{ m}^3/\text{kg}$$

则可得如下出口参数，

$$v_2 = v^* \left(\frac{p_1^*}{p_2}\right)^{\frac{1}{k}} = 0.409 \times \left(\frac{0.617}{0.101\,35}\right)^{\frac{1}{1.4}} = 1.486 \text{ m}^3/\text{kg}$$

$$T_2 = T^* \left(\frac{p_1}{p_2}\right)^{\frac{0.4}{1.4}} = 880 \times \left(\frac{0.101\,35}{0.6}\right)^{\frac{0.4}{1.4}} = 529 \text{ K}$$

$$c_2 = \sqrt{2c_p(T^* - T_2)} = \sqrt{2 \times 100\,4 \times (880 - 529)} = 839 \text{ m/s}$$

$$A_2 = \frac{\dot{m}v_2}{c_2} = \frac{5 \times 1.486}{839} = 88.56 \text{ cm}^2$$

$$a_1 = \sqrt{kRT_1} = \sqrt{1.4 \times 287 \times 873} = 592 \text{ m/s}$$

$$a_2 = \sqrt{kRT_2} = \sqrt{1.4 \times 287 \times 529} = 461 \text{ m/s}$$

喷管中气体流动情况为由亚声速流动到超声速流动。

11-9　空气流经喷管作定熵流动，已知进口截面空气参数为 $p_1 = 2$ MPa，$T_1 = 150℃$，出口截面马赫数 $Ma_2 = 2.6$，质量流量 $\dot{m} = 3$ kg/s。

（1）求出口截面的压力 p_2，温度 T_2，截面积 A_2 及临界截面积 A_{cr}；

（2）如果背压 $p_b = 1.4$ MPa 时，喷管出口截面的温度 T_2，马赫数 Ma_2 及面积各为多少？设 $c_p = 1.004$ kJ/(kg·K)，$k = 1.4$。

解：

(1) 依题意，有 $c_2 = 2.6\sqrt{kRT_2}$

且 $c_2 = 1.414\sqrt{c_p(T_1 - T_2)} = 1.414 \times \sqrt{1.004 \times (423 - T_2) \times 1\,000}$

则可解得 $T_2 = 179.8$ K

$$p_2 = p_1 \left(\frac{T_2}{T_1}\right)^{\frac{k}{k-1}} = 2 \times \left(\frac{179.8}{423}\right)^{\frac{1.4}{0.4}} = 0.1 \text{ MPa}$$

$$c_2 = 1.414\sqrt{c_p(T_1 - T_2)} = 1.414 \times \sqrt{1.004 \times (423 - 179.8)} = 698.8 \text{ m/s}$$

$$v_2 = \frac{RT_2}{p_2} = \frac{287 \times 179.8}{0.1 \times 10^6} = 0.516 \text{ m}^3/\text{kg}$$

$$A_2 = \frac{\dot{m}v_2}{c_2} = \frac{3 \times 0.516}{698.8} = 22.2 \text{ cm}^2$$

$$p_{cr} = p_1 \times 0.528 = 2 \times 0.528 = 1.056 \text{ MPa}$$

$$T_{cr} = T_1 \left(\frac{p_c}{p_1}\right)^{\frac{k-1}{k}} = 423 \times \left(\frac{1.056}{2}\right)^{\frac{0.4}{1.4}} = 352 \text{ K}$$

$$v_{cr} = \frac{287 \times 352}{1.056 \times 10^6} = 0.095\,7 \text{ m}^3/\text{kg}$$

$$c_{cr} = \sqrt{kRT_{cr}} = \sqrt{1.4 \times 287 \times 352} = 376 \text{ m/s}$$

$$A_{cr} = \frac{\dot{m}v_{cr}}{c_{cr}} = \frac{3 \times 0.095\,7}{376} = 7.64 \text{ cm}^2$$

(2) $T_2 = T_1 \left(\frac{p_2}{p_1}\right)^{\frac{k-1}{k}} = 423 \times \left(\frac{1.4}{2}\right)^{\frac{0.4}{1.4}} = 382$ K

$$c_2 = \sqrt{2c_p(T_1 - T_2)} = \sqrt{2 \times 1\,004 \times (423 - 382)} = 286.9 \text{ m/s}$$

$$a_2 = \sqrt{kRT_2} = \sqrt{1.4 \times 287 \times 382} = 391.8 \text{ m/s}$$

$$Ma_2 = \frac{c_2}{a_2} = \frac{286.9}{391.8} = 0.732$$

$$v_2 = \frac{RT_2}{p_2} = \frac{287 \times 382}{1.4 \times 10^6} = 0.078\,3 \text{ m}^3/\text{kg}$$

$$A_2 = \frac{\dot{m}v_2}{c_2} = \frac{3 \times 0.078\,3}{286.9} = 8.18 \text{ cm}^2$$

11-10 空气流经渐缩喷管作定熵流动。已知进口截面上空气参数为 $p_1 = 0.6$ MPa，$t_1 = 700\,℃$，$c_1 = 120$ m/s，出口截面积 $A_2 = 30$ mm^2。试确定滞止参数、临界参数、最大质量流量及达到最大质量流量时的背压为多少？

解： $T^* = T_1 + \dfrac{c_1^2}{2c_p} = (700 + 273) + \dfrac{97\,344}{2 \times 1\,004} = 1\,021$ K

$$p^* = p_1 \left(\frac{T^*}{T_1}\right)^{\frac{k}{k-1}} = 0.6 \times \left(\frac{1\,021}{973}\right)^{3.5} = 0.71 \text{ MPa}$$

$$v^* = \frac{RT^*}{p^*} = \frac{287 \times 1\,021}{0.71 \times 10^6} = 0.413 \text{ m}^3/\text{kg}$$

$$p_{cr} = 0.528 p^* = 0.528 \times 0.71 = 0.375 \text{ MPa}$$

$$T_{cr} = T^* \left(\frac{p_{cr}}{p^*}\right)^{\frac{k-1}{k}} = 1\,021 \times \left(\frac{0.375}{0.71}\right)^{\frac{0.4}{1.4}} = 850.8 \text{ K}$$

$$v_{cr} = \frac{RT_{cr}}{p_{cr}} = \frac{287 \times 850.8}{0.375 \times 10^6} = 0.651 \text{ m}^3/\text{kg}$$

$$c_{cr} = \sqrt{kRT_{cr}} = \sqrt{1.4 \times 287 \times 850.8} = 584.7 \text{ m/s}$$

$$\dot{m}_{max} = \frac{A_2 c_{cr}}{v_{cr}} = \frac{30 \times 10^{-6} \times 584.7}{0.651} = 0.026\,9 \text{ kg/s}$$

达到 $\dot{m}_{max}$ 时,有 $p_b \leqslant 0.375$ MPa

11-11 氦气从恒定压力 $p_1 = 0.695$ MPa,温度 $t_1 = 27℃$ 的储气罐内流入一喷管。如果喷管效率 $\eta_N = \dfrac{h_1 - h_{2'}}{h_1 - h_2} = 0.89$,求喷管里静压力 $p_2 = 0.138$ MPa 处的流速为多少?其他条件不变,只是工质由氦气改为空气,其流速变为多少?氦气的 $c_p = 5.234$ kJ/(kg·K),$k = 1.667$,空气的 $c_p = 1.004$ kJ/(kg·K),$k = 1.4$。

解:对于氦气

$$T_2 = T_1 \left(\frac{p_2}{p_1}\right)^{\frac{k-1}{k}} = (27 + 273) \times \left(\frac{0.138}{0.695}\right)^{\frac{1.667-1}{1.667}} = 157 \text{ K}$$

$$\text{所以 } h_1 - h_{2'} = \eta_N (h_1 - h_2) = \eta_N c_p (T_1 - T_2)$$

$$= 0.89 \times 5.234 \times (300 - 157) = 666 \text{ kJ/kg}$$

$$c_{2'} = \sqrt{2(h_1 - h_{2'})} = \sqrt{2 \times 666 \times 1\,000} = 1\,154 \text{ m/s}$$

对于空气

$$T_2 = T_1 \left(\frac{p_2}{p_1}\right)^{\frac{k-1}{k}} = 300 \times \left(\frac{0.138}{0.695}\right)^{\frac{1.4-1}{1.4}} = 189 \text{ K}$$

$$\text{所以 } h_1 - h_{2'} = \eta_N (h_1 - h_2) = \eta_N c_p (T_1 - T_2)$$

$$= 0.89 \times 1.004 \times (300 - 189) = 99.2 \text{ kJ/kg}$$

$$c_{2'} = \sqrt{2(h_1 - h_{2'})} = \sqrt{2 \times 99.2 \times 1\,000} = 445 \text{ m/s}$$

11-12 试以理想气体工质为例,证明在 $h\text{-}s$ 图上,两条定压线之间的定熵焓降越向图的右上方数值越大。

解:对于理想气体 $\qquad -\Delta h = -c_p(T_2 - T_1) = c_p T_1 \left(1 - \dfrac{T_2}{T_1}\right)$

而等熵过程 $\qquad \dfrac{T_2}{T_1} = \left(\dfrac{p_2}{p_1}\right)^{\frac{k-1}{k}}$

所以 $\qquad -\Delta h = c_p T_1 \left[1 - \left(\dfrac{p_2}{p_1}\right)^{\frac{k-1}{k}}\right]$

上式表明定压线间定熵焓降$(-\Delta h)$的大小仅取决于T_1；T_1越大，即越向图的右上方，则数值越大。

11-13 初态为$p_1 = 3$ MPa和$t_1 = 300℃$的水蒸气在缩放喷管中绝热膨胀到$p_2 = 0.5$ MPa。已知喷管出口蒸汽流速为800 m/s，质量流量为14 kg/s。假定摩阻损失仅发生在喷管的渐扩部分，试确定：

(1) 喷管临界速度；

(2) 喷管出口截面积；

(3) 渐扩部分喷管效率。（喷管效率定义参见题11-11）

解 由$p_1 = 3$ MPa和$t_1 = 300℃$查过热蒸汽表，得

$$h_1 = 2\,992.4 \text{ kJ/kg}$$

$$s_1 = 6.537\,1 \text{ kJ/(kg·K)}$$

$$v_1 = 0.081\,126 \text{ m}^3/\text{kg}$$

对应的临界流速

$$c_{cr} = \sqrt{\frac{2k}{k+1}p_1 v_1} = \sqrt{\frac{2 \times 1.3}{1.3+1} \times 3 \times 10^6 \times 0.081\,126} = 524.5 \text{ m/s}$$

由$p_2 = 0.5$ MPa查饱和蒸汽表，有

$$s_2' = 1.861\,0 \text{ kJ/(kg·K)}, \quad s_2'' = 6.821\,4 \text{ kJ/(kg·K)}$$

$$h_2' = 640.35 \text{ kJ/kg}, \quad h_2'' = 2\,748.59 \text{ kJ/kg}$$

$$v_2' = 0.001\,092\,5 \text{ m}^3/\text{kg}, \quad v_2'' = 0.374\,86 \text{ m}^3/\text{kg}$$

则对应的理想出口$(s_2 = s_1)$的干度，焓值及速度如下

$$x_2 = \frac{s_2 - s_2'}{s_2'' - s_2'} = \frac{6.537\,1 - 1.861\,0}{6.821\,4 - 1.861\,0} = 0.942\,7$$

$$h_2 = h_2'' x_2 + (1 - x_2)h_2' = 2\,748.59 \times 0.942\,7 + (1 - 0.942\,7) \times 640.35$$

$$= 262\,7.79 \text{ kJ/kg}$$

$$c_2 = \sqrt{2(h_1 - h_2)} = \sqrt{2(299\,2.4 - 2\,627.79) \times 10^3} = 853.9 \text{ m/s}$$

实际出口参数

$$h_{2实} = h_1 - \frac{c_{2实}^2}{2} = 2\,992.4 - \frac{800^2}{2 \times 1\,000} = 2\,672.4 \text{ kJ/kg}$$

$$x_{2实} = \frac{h_{2实} - h_2'}{h_2'' - h_2'} = \frac{2\,672.4 - 640.35}{2\,748.59 - 640.35} = 0.963\,9$$

$$v_{2实} = v_2'' x_{2实} + (1 - x_{2实})v_2' = 0.374\,86 \times 0.963\,9 + (1 - 0.963\,9) \times 0.001\,092\,5$$

$$= 0.361\,4 \text{ m}^3/\text{kg}$$

$$A_2 = \frac{\dot{m} v_{2实}}{c_{2实}} = \frac{14 \times 0.361\,4}{800} = 63.2 \times 10^{-4} \text{ m}^2 = 63.2 \text{ cm}^2$$

$$\eta_N = \frac{h_{cr} - h_{2实}}{h_{cr} - h_2} = \frac{\frac{1}{2}(c_{2实}^2 - c_{cr}^2)}{\frac{1}{2}(c_2^2 - c_{cr}^2)} = \frac{800^2 - 524.5^2}{853.9^2 - 524.5^2} = 80.4\%$$

11-14　同 11-5 题,若流动过程有摩阻损失且速度系数 $\varphi=0.95$。试求:

(1) 出口处蒸汽的压力、温度和速度;

(2) 与无摩阻情况相比动能的损失;

(3) 流动过程的熵增量。

解:无摩阻及有摩阻过程分别为 1-2 及 1-2′,如图 11-3 所示。

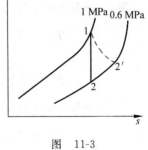

图　11-3

(1) 由题 11-5 知,$h_1=3\,052\ \text{kJ/kg}$,$h_2=2\,928\ \text{kJ/kg}$

且 $\varphi=0.95$,

则有摩阻时出口焓,

$$
\begin{aligned}
h_{2'} &= h_1 - \varphi^2(h_1 - h_2) \\
&= 3\,052 - 0.95^2 \times (3\,052 - 2\,928) \\
&= 2\,940\ \text{kJ/kg}
\end{aligned}
$$

由 $p_2=0.6\ \text{MPa}$ 及 $h_{2'}$ 查得

$$
\begin{aligned}
t_{2'} &= 242\text{℃} \\
v_{2'} &= 0.418\ \text{m}^3/\text{kg} \\
s_{2'} &= 7.171\ \text{kJ/(kg·K)}
\end{aligned}
$$

所以 $c_{2'}=\sqrt{2(h_1-h_{2'})}=\sqrt{2\times(3\,052-2\,940)\times1\,000}=473\ \text{m/s}$

$$
\dot{m}' = \frac{A_2 c_{2'}}{v_{2'}} = \frac{0.003 \times 473}{0.418} = 3.4\ \text{m/s}
$$

(2) 动能损失

$$
\begin{aligned}
\Delta E_k &= \frac{1}{2}(\dot{m}c_2^2 - \dot{m}'c_{2'}^2) \\
&= \frac{1}{2}(3.6 \times 498^2 - 3.4 \times 473^2) \\
&= 66\ \text{kJ/s}
\end{aligned}
$$

(3) 由 $p_1=1\ \text{MPa}$ 和 $t_1=300\text{℃}$,查得 $s_1=7.125\ \text{kJ/(kg·K)}$,则

$$
\Delta s_{12'} = s_{2'} - s_1 = 7.171 - 7.125 = 0.046\ \text{kJ/(kJ·K)}
$$

11-15　压力为 0.2 MPa,温度为 40℃的空气流经扩压管升压到 0.24 MPa。试问空气进入扩压管的初速度至少要多大?

解:绝热可逆过程,需要的速度最小,

$$
\begin{aligned}
c_{1\min} &= \sqrt{\frac{2k}{k-1}RT_1\left[\left(\frac{p_2}{p_1}\right)^{\frac{k-1}{k}}-1\right]} \\
&= \sqrt{\frac{2\times1.4}{1.4-1}\times287\times313\times\left[\left(\frac{2.4}{2}\right)^{\frac{0.4}{1.4}}-1\right]} \\
&= 183\ \text{m/s}
\end{aligned}
$$

11-16 压力为 0.1 MPa,温度为 20℃的空气,分别以 100 m/s,200 m/s,400 m/s 的速度流动。当空气完全滞止时,试求空气的滞止温度、滞止压力。

解: $c_1 = 100$ m/s 时

$$T_1^* = T + \frac{c_1^2}{2c_p} = 293 + \frac{100^2}{2 \times 1\,005} = 298 \text{ K}$$

$$p_1^* = p \left(\frac{T_1^*}{T}\right)^{\frac{k}{k-1}} = 0.1 \times 10^6 \times \left(\frac{298}{293}\right)^{\frac{1.4}{0.4}} = 1.06 \times 10^5 \text{ Pa}$$

$c_2 = 200$ m/s 时

$$T_2^* = T + \frac{c_2^2}{2c_p} = 293 + \frac{200^2}{2 \times 1\,005} = 313 \text{ K}$$

$$p_2^* = p \left(\frac{T_2^*}{T}\right)^{\frac{k}{k-1}} = 0.1 \times 10^6 \times \left(\frac{313}{293}\right)^{\frac{1.4}{0.4}} = 1.26 \times 10^5 \text{ Pa}$$

$c_3 = 400$ m/s 时

$$T_3^* = T + \frac{c_3^2}{2c_p} = 293 + \frac{400^2}{2 \times 1\,005} = 373 \text{ K}$$

$$p_3^* = p \left(\frac{T_3^*}{T}\right)^{\frac{k}{k-1}} = 0.1 \times 10^6 \times \left(\frac{373}{293}\right)^{\frac{1.4}{0.4}} = 2.33 \times 10^5 \text{ Pa}$$

11-17 空气定熵流经出口截面积为 10 cm² 的渐缩喷管。初状态 $p_1 = 2.5$ MPa, $t_1 = 500℃$, $c_1 = 177$ m/s,背压 $p_b = 1.365$ MPa,试用滞止参数计算出口截面的压力、温度、速度以及质量流量。

解:

$$T_1^* = T + \frac{c^2}{2c_p} = 773 + \frac{177^2}{2 \times 1\,005} = 788.6 \text{ K}$$

$$p_1^* = p \left(\frac{T_1^*}{T}\right)^{\frac{k}{k-1}} = 25 \times 10^5 \times \left(\frac{788.6}{773}\right)^{\frac{1.4}{0.4}} = 26.8 \times 10^5 \text{ Pa}$$

$$p_{cr} = p_1^* \gamma_{cr} = 26.8 \times 10^5 \times 0.528 = 14.15 \times 10^5 \text{ Pa}$$

所以 $p_2 = p_{cr} = 14.15 \times 10^5$ Pa

$$v_2 = v_1^* \left(\frac{p_1^*}{p_2}\right)^{\frac{1}{k}} = \frac{RT_1^*}{p_1^*}\left(\frac{p_1^*}{p_2}\right)^{\frac{1}{k}} = \frac{287 \times 788.6}{26.8 \times 10^5} \times \left(\frac{26.8}{14.15}\right)^{\frac{1}{1.4}} = 0.133 \text{ m}^3/\text{kg}$$

$$T_2 = \frac{p_2 v_2}{R} = \frac{14.15 \times 10^5 \times 0.133}{287} = 656 \text{ K}$$

$$c_2 = \sqrt{2c_p(T_1^* - T_2)} = \sqrt{2 \times 1\,005 \times (788.6 - 656)} = 516 \text{ m/s}$$

$$\dot{m} = \frac{A_2 c_2}{v_2} = \frac{0.001 \times 516}{0.133} = 3.88 \text{ kg/s}$$

化学热力学基础

12-1 本章主要要求

掌握化学热力学基本概念:热效应,反应热,燃料热值,标准生成焓,理论燃烧温度,物理㶲,化学㶲,化学㶲的基准点、平衡判据,自发反应方向,化学平衡常数,温度和压力对化学平衡的影响等;理解反应热、热值、理论燃烧温度、反应度、平衡常数等的计算方法。

12-2 本章内容精要

12-2-1 热力学第一定律在化学反应中的应用

化学反应方程一般式

$$aA + bB = cC + dD \tag{12-1}$$

其中 A、B 和 C、D 分别为反应物与生成物,而 a, b 和 c, d 则分别是反应物与生成物的化学计量系数。化学计量系数要满足反应前后物质各元素的原子数守恒。

伴有化学反应热力系统的平衡条件,除了满足热与力的平衡外,还要达到化学反应平衡。所以要确定其状态,需要 2 个以上状态参数。

1. 化学反应系统的热力学第一定律表达式

(1)化学反应闭口系统

$$Q = U_P - U_R + W \tag{12-2}$$

式中 Q 为反应过程中系统与外界交换的热量,称为**反应热**;W 为反应过程中系统与外界交换的功量;U_R 和 U_P 分别为反应前后系统的总内能。下标 P 和 R 分别代表生成物和反应物。

(2)开口系统

有化学反应的稳定流动开口系统,且忽略由于化学变化引起的其他功时,

$$Q = \sum_P H_{\text{out}} - \sum_R H_{\text{in}} + W_t \tag{12-3}$$

其中 Q 和 W_t 分别为开口系统与外界交换的反应热和技术功。

2. 化学反应热效应与燃料热值

(1)化学反应热效应

系统经历一个化学反应过程,反应前后温度相等,并且只作容积变化

功而无其他形式的功时,1 kmol 主要反应物或生成物所吸收或放出的热量称为**反应热效应**,简称**热效应**。规定系统吸热时热效应为正。

当化学反应分别在定压定温和定容定温条件下进行时,相应的热效应分别称为**定压热效应** Q_p 和**定容热效应** Q_V。

$$Q_p = H_P - H_R \qquad\qquad (12\text{-}4)$$

$$Q_V = U_P - U_R \qquad\qquad (12\text{-}5)$$

热效应既与反应前后物质种类有关,也与反应前后物质所处状态有关。101.325 kPa 和 25℃时的定压热效应称为**标准定压热效应** Q_p°,可在有关手册或书籍中查到。一般 Q_p 与 Q_V 一般相差很小,在燃烧过程常用 Q_p。

热效应是特殊的反应热,是状态量,而反应热是过程量。

赫斯定律:反应前后物质的种类给定时,热效应只取决于反应前后的状态,而与中间经历的反应途径无关。

根据赫斯定律或热效应是状态量这一性质,可利用一些已知反应的热效应计算出某些难以直接测定的反应的热效应。

(2) 燃烧热值

1 kmol 燃料完全燃烧时热效应的相反值(负的热效应值)称为燃料的**发热量**或**热值**,用 $[-\Delta H_f]$ 或 $[-\Delta U_f]$ 表示。显然,放热时燃烧热值为正。

含氢燃料燃烧产物中都有 H_2O,当反应物中的 H_2O 呈液态时的热值称为**高热值** $[-\Delta H_f^h]$;而呈蒸汽态时为**低热值** $[-\Delta H_f^l]$。

两者之差为对应温度时 1 kmol 水蒸气的汽化潜热值。

3. 标准生成焓

在化学反应系统中,由于有物质的消失和产生,各生成物和反应物的焓、内能等的计算必须统一基准点。为此引入**标准生成焓**。

取标准状态即 101.325 kPa 和 25℃为基准点,规定:

(1) 任何化学单质在此标准状态下焓值为零;

(2) 由有关单质在此标准状态下发生化学反应生成 1 kmol 化合物所吸收的热量称之为该化合物的**标准生成焓**,用符号 $\bar{h}_f^\circ$ 表示。

则任意温度和压力下每千摩尔物质的焓 $H_{T,p,m}$ 可表示为

$$H_{T,p,m} = \bar{h}_f^\circ + (H_{T,p,m} - H_m^\circ)$$

$$= \bar{h}_f^\circ + \Delta H_m \qquad\qquad (12\text{-}6)$$

式中,ΔH_m 代表任意状态与标准状态之间化合物的千摩焓差。焓差的计算可直接利用前面介绍理想气体及实际工质的处理方法。

这样,利用标准生成焓就可以计算反应热等,例如化学反应式(12-1)的开口系定压反应热可由下式计算。

$$Q = (cH_{mC} + dH_{mD})_{\text{out}} - (aH_{mA} + bH_{mB})_{\text{in}}$$
$$= [c(\Delta H_m)_C + d(\Delta H_m)_D]_{\text{out}} - [a(\Delta H_m)_A + b(\Delta H_m)_B]_{\text{in}}$$
$$+ [c(\bar{h}_f^\circ)_C + d(\bar{h}_f^\circ)_D]_{\text{out}} - [a(\bar{h}_f^\circ)_A + b(\bar{h}_f^\circ)_B]_{\text{in}}$$

4. 理论空气量和理论燃烧温度

理论空气量：实际燃烧过程，与燃料反应的氧气来源于空气。空气中的氮气等虽不参加化学反应，但影响燃烧过程的能量交换。而且为了使燃料完全燃烧往往向提供比理论配比更多的空气。通常把完全燃烧反应配比所需氧气相对应的空气量称为**理论空气量**；实际空气量与理论空气量之比定义为**过量空气系数**。

理论燃烧温度：忽略位能和动能变化、对外不作功的绝热燃烧反应，所产生的热全部用于加热燃烧产物，且在理论空气量的条件下进行完全绝热反应，则燃烧产物可达到的最高温度。显然，不完全燃烧或过量空气都会使燃烧产物的温度低于理论燃烧温度。

12-2-2　化学反应过程的热力学第二定律分析

1. 化学反应过程的最大有用功

稳定流动系统（忽略动、位能变化）经历可逆定温化学反应反应，系统对外作的最大有用功等于系统吉布斯函数的减少，

$$W_{\max} = -(\Delta H - T\Delta S)$$
$$= -\Delta(H - TS) = -\Delta G \tag{12-7}$$

针对系统的反应物与生成物，上式可表示为

$$W_{\max} = \sum_R n_{\text{in}} G_{m,\text{in}} - \sum_P n_{\text{out}} G_{m,\text{out}} \tag{12-8}$$

式中 G_m 代表相应的反应物或生成物的千摩尔吉布斯函数值。

2. 标准生成吉布斯函数

用式(12-8)计算可逆定温反应过程系统对外作的最大有用功时，同样需要统一吉布斯函数的基准。为此，类似于生成焓，作如下规定：

(1) 标准状态(298.15 K,101.325 kPa)下单质的吉布斯函数为零；

(2) 由有关单质在标准状态下生成 1 千摩尔化合物时，生成反应的吉布斯函数变化称为该化合物**标准生成吉布斯函数**，以符号 $\bar{g}_f^\circ$ 表示。

则任意状态 (T,p) 下，物质的千摩吉布斯函数 $G_m(T,p)$ 可表示为

$$G_m(T,p) = \bar{g}_f^\circ + [G_m(T,p) - \bar{g}_f^\circ]$$

或

$$G_m(T,p) = \bar{g}_f^\circ + [G_m(T,p) - G_m(298.15\text{ K},101.325\text{ kPa})]$$
$$= \bar{g}_f^\circ + \Delta G_m \tag{12-9}$$

式中，ΔG_m 代表任意状态与标准状态之间化合物的千摩吉布斯函数差值，可由下式计算：

$$\Delta G_m = \left[H_m(T, p) - H_m(298.15 \text{ K}, 101.325 \text{ kPa}) \right]$$
$$- \left[T S_m(T, p) - 298.15 S_m(298.15 \text{ K}, 101.325 \text{ kPa}) \right] \quad (12\text{-}10)$$

式中，S_m 也必须采用一个共同的基准。为此规定 0 K 时稳定平衡态物质的熵为零。S_m 是相对于此基准的，称为绝对熵，热力学第三定律将讨论绝对熵。

表 12-1 列出几种常用化合物的标准生成焓、标准生成吉布斯函数和 101.35 kPa，25℃下的绝对熵。

表 12-1　几种常用化合物的标准生成焓、标准生成吉布斯函数和绝对熵（101.325 kPa，25℃）

物质	分子式	M	物态	$\bar{h}_f^\circ/(\text{kJ/kmol})$	$\bar{g}_f^\circ/(\text{kJ/kmol})$	$\bar{S}_m^\circ/(\text{kJ/(kmol·K)})$
一氧化碳	CO	28.011	气	−110 529	−137 182	197.653
二氧化碳	CO_2	44.011	气	−393 522	−394 407	213.795
水	H_2O	18.015	气	−241 827	−228 583	188.833
水	H_2O	18.015	液	−285 838	−237 146	69.940
甲烷	CH_4	16.043	气	−74 873	−50 783	186.256
乙炔	C_2H_2	26.038	气	+226 731	+209 169	200.958
乙烯	C_2H_4	28.054	气	+52 283	+68 142	219.548
乙烷	C_2H_6	30.070	气	−84 667	−32 842	229.602
丙烷	C_3H_8	44.097	气	−103 847	−23 414	270.019
正丁烷	C_4H_{10}	58.124	气	−126 148	−17 044	310.227
正辛烷	C_8H_{18}	114.23	气	−208 447	+16 599	466.835
正辛烷	C_8H_{18}	114.23	液	−249 952	+6 713	360.896
碳	C	12.011	固	0	0	5.686

3. 化学㶲

本书第 4 章讨论的㶲都是指系统经可逆物理过程达到与环境的温度、压力相平衡的状态（或称物理死态）时所能提供的最大有用功，通常称为**物理㶲**。

系统与环境之间由物理死态经可逆物理（扩散）或化学（反应）过程达到与环境化学平衡时所能提供的那部分最大有用功称为**化学㶲**。

化学㶲的零点：压力 p_0 为 101.325 kPa，温度 T_0 为 298.15 K 的饱和湿空气，即该湿空气各组元在 T_0 及其分压力 p_i 下的㶲值为零。

尽管标准状态下的纯氧、纯氮、纯 H_2O 及纯 CO_2 的物理㶲为零，但它们的化学㶲并不为零，而由下式确定：

$$E_{xmi}(298.15 \text{ K}, 101.325 \text{ kPa}) = -R_m T_0 \ln x_i^\circ \quad (12\text{-}11)$$

是等于各自摩尔成分 x_i 从 1 变为 x_i° 时的㶲值。其中 x_i° 是各气体在化学㶲零点，即标准压力和温度下饱和湿空气中相应气体的摩尔成分。

12-2-3　化学平衡

以下运用热力学第二定律分析化学反应的方向、条件与限度。为简明起见，仅讨论理想气体的简单可压缩反应系统。

1. 化学反应方向和限度的判据

（1）孤立系的熵判据

$$dS_{iso} \geqslant 0 \qquad (12\text{-}12)$$

孤立系内一切不可逆反应或一切自发的反应总是沿着熵增加的方向进行，直到熵达到极大值即系统达到平衡状态为止。所以孤立系的平衡判据为

$$dS = 0, \quad d^2S < 0 \qquad (12\text{-}13)$$

（2）亥姆霍兹函数判据（定温定容反应系统）

$$d(U - TS) = dF \leqslant 0 \qquad (12\text{-}14)$$

自发的定温定容反应总是朝着亥姆霍兹函数减少的方向进行，直到达到其极小值的平衡态为止，即定温定容简单可压缩反应系统的平衡判据为

$$dF = 0, \quad d^2F > 0 \qquad (12\text{-}15)$$

（3）吉布斯函数判据（定温定压反应系统）

$$d(H - TS) = dG \leqslant 0 \qquad (12\text{-}16)$$

自发的定温定压反应总是朝着吉布斯函数减少的方向进行，直到达到其极小值的平衡态为止。定温定压简单可压缩反应系统的平衡判据为

$$dG = 0, \quad d^2G > 0 \qquad (12\text{-}17)$$

2. 化学反应等温方程式

反应度：设系统中某主要反应物的最大摩尔数与最小摩尔数分别为 n_{max} 与 n_{min}，而某一瞬间时该反应物的摩尔数 n，则此时的反应度为

$$\varepsilon = \frac{n_{max} - n}{n_{max} - n_{min}} \qquad (12\text{-}18)$$

离解度，又称分解度，以 α 表示，它与反应度 ε 之间的关系为

$$\alpha = 1 - \varepsilon \qquad (12\text{-}19)$$

对于理想气体定温定压反应

$$aA + bB = cC + dD$$

若系统发生了微小变化 $d\varepsilon$，可得系统的吉布斯函数变化，

$$\begin{aligned}
dG_{T,p} &= G_{mC}\,dn_C + G_{mD}\,dn_D + G_{mA}\,dn_A + G_{mB}\,dn_B \\
&= \left[\Delta G^\circ + R_m T \ln \frac{(p_C/p_0)^c \ (p_D/p_0)^d}{(p_A/p_0)^a \ (p_B/p_0)^b} \right] d\varepsilon
\end{aligned}$$

式中

$$\Delta G^\circ = cG_{mC}^\circ + dG_{mD}^\circ - aG_{mA}^\circ - bG_{mB}^\circ \qquad (12\text{-}20)$$

为标准压力 p_0 下该化学反应的吉布斯函数变化。若令

$$\ln K_p \equiv -\frac{\Delta G^\circ}{R_m T} = f(T) \qquad (12\text{-}21)$$

则可得化学反应的等温方程式

$$dG_{T,p} = R_m T \left[-\ln K_p + \ln \frac{p_C^c p_D^d}{p_A^a p_B^b} \cdot (p_0)^{(a+b-c-d)} \right] d\varepsilon \qquad (12-22)$$

由此可判断化学反应的方向以及是否处于平衡：

$K_p > \dfrac{p_C^c p_D^d}{p_A^a p_B^b}(p_0)^{(a+b-c-d)}$ 时，　　　$dG_{T,p} < 0$，　　　反应能自发正向进行；

$K_p < \dfrac{p_C^c p_D^d}{p_A^a p_B^b}(p_0)^{(a+b-c-d)}$ 时，　　　$dG_{T,p} > 0$，　　　反应能自发地逆向进行；

$K_p = \dfrac{p_C^c p_D^d}{p_A^a p_B^b}(p_0)^{(a+b-c-d)}$ 时，　　　$dG_{T,p} = 0$，　　　反应处于平衡状态。

式中，p_C，p_D，p_A 与 p_B 分别为此混合气体系统中各组元在反应某瞬间的分压力，当处于平衡状态时，为平衡时的分压力（平衡分压力）。p_0 为标准状态压力（101.325 kPa）。

3. 化学平衡常数

当化学反应达平衡时，K_p 与各组元的平衡分压力有下列关系：

$$-\frac{\Delta G^\circ}{R_m T} \equiv K_p = \frac{p_C^c p_D^d}{p_A^a p_B^b} \cdot (p_0)^{(a+b-c-d)} = f(T) \qquad (12-23)$$

K_p 值越大，生成物的数量越多，正向反应越充分。K_p 被称为**化学平衡常数**。若确定了 K_p 值，即可求出化学反应的平衡组成。常用反应不同温度下的 $\ln K_p$ 值可查表（教材附表 8）。

用摩尔成分表示的平衡常数 K_x 为

$$K_x = \frac{x_C^c x_D^d}{x_A^a x_B^b} = K_p \left(\frac{p}{p_0} \right)^{(a+b-c-d)} = f(T, p) \qquad (12-24)$$

当 $a+b-c-d=0$ 时，$K_x = K_p$。

对于平衡常数等，应注意如下几点。

(1) K_p 和 K_x 都是无量纲量，其中 $K_p = f(T)$，而 $K_x = f(T, p)$。

(2) K_p 与化学反应方程式的写法与方向有关。例如

对于 $\qquad\qquad\qquad\qquad CO + \dfrac{1}{2}O_2 \rightleftharpoons CO_2$

则 $\qquad\qquad K_{p,1} = \dfrac{p_{CO_2}}{p_{CO} p_{O_2}^{\frac{1}{2}}} \cdot (p_0)^{(1+\frac{1}{2}-1)} = \dfrac{p_{CO_2}}{p_{CO} p_{O_2}^{\frac{1}{2}}} \cdot p_0^{\frac{1}{2}}$

而对于 $\qquad\qquad\qquad\qquad 2CO + O_2 \rightleftharpoons 2CO_2$

则 $\qquad\qquad\qquad\qquad K_{p,2} = \dfrac{p_{CO_2}^2}{p_{CO}^2 p_{O_2}} \cdot p_0$

若 $\qquad\qquad\qquad\qquad CO_2 \rightleftharpoons CO + \dfrac{1}{2}O_2$

则 $\qquad\qquad\qquad\qquad K_{p,3} = \dfrac{p_{CO} p_{O_2}^{\frac{1}{2}}}{p_{CO_2}} \cdot p_0^{-\frac{1}{2}}$

显然 $K_{p,1} = (K_{p,3})^{-1} = (K_{p,2})^{\frac{1}{2}}$。

（3）K_p 的大小反映了反应的深度，通常，如 $K_p < 0.001$，表示基本上无反应；而 $K_p > 1\,000$，则表示反应基本可按正向完成。

（4）若在反应系统中加入惰性气体如 N_2 等，势必使系统总压力升高，但 K_p 不变。此时会影响反应度 ε 与平衡时的各组成气体的分压力或成分，故要用 K_x 来分析。

（5）某些复杂的化学反应的平衡常数，可利用已知的简单化学反应的平衡常数来计算。例如 $CO + H_2O \Longrightarrow CO_2 + H_2$ 的平衡常数 $K_{p,1}$ 可利用 $CO + \frac{1}{2}O_2 \Longrightarrow CO_2$ 的平衡常数 $K_{p,2}$ 与 $H_2 + \frac{1}{2}O_2 \Longrightarrow H_2O$ 的平衡常数 $K_{p,3}$ 来确定，这三个平衡常数之间的关系为

$$K_{p,1} = \frac{K_{p,2}}{K_{p,3}}。$$

4. 温度、压力对平衡常数的影响

（1）温度对 K_p 的影响

对于正向吸热反应，K_p 随温度升高而增大，即化学平衡向正向移动，或者说正向反应更完全，因而也将吸收更多的热量以阻止温度继续上升，直到达到新的平衡。

对于正向放热反应，当温度升高时 K_p 会减小，正向反应越不完全，因而放热量也随之减小，阻止温度进一步上升，直到达到新的平衡。

（2）总压力对 K_x 的影响

由于 $K_x = K_p \left(\dfrac{p}{p_0}\right)^{(a+b-c-d)}$，

对于 $(a+b-c-d) > 0$ 的反应，若总压力 p 增加，则 K_x 随之增大，说明平衡向产生生成物或使系统总摩尔数减小的方向移动；

对于 $(a+b-c-d) < 0$ 的反应，总压力增加，K_x 随之减小，说明平衡向产生反应物或使系统总摩尔数减小的方向移动。

总之，提高压力，平衡总是向使系统容积减小的方向移动，以阻止压力的继续升高。

（3）平衡移动原理

由上述温度及压力对平衡常数的影响可见，改变平衡态的某一因素后，将使平衡态向着削弱该因素影响的方向转移。该原理称为**化学反应平衡移动原理**。

12-2-4　热力学第三定律与绝对熵

1. 热力学第三定律

热力学第三定律重要的意义在于解决了熵的基准点选择与绝对熵的计算。热力学第三定律的两种表述如下。

（1）开尔文温度趋近零度时，凝聚系统经过任何可逆等温过程，其熵的改变趋于零，即

$$\lim_{T \to 0} (\Delta S)_T = 0 \qquad (12\text{-}25)$$

(2) 绝对零度不可达到，或不可能靠有限的步骤使物体的温度达到绝对零度。

2. 绝对熵及其应用

热力学第三定律的最重要推论就是绝对熵的导出和计算。

根据热力学第三定律可算得各种物质在标准大气压 p_0(101.325 kPa)下的绝对熵，任意温度和压力下理想气体的熵，可由下式计算：

$$S_m(T, p) = S_m^\circ(T) - R_m \ln \frac{p}{p_0} \qquad (12\text{-}26)$$

对于理想混合气体，则

$$S_{m,\text{mix}} = \sum_i x_i S_{mi} \qquad (12\text{-}27)$$

其中

$$S_{mi}(T, p_i) = S_{mi}^\circ(T) - R_m \ln \frac{x_i p}{p^\circ_0}$$

12-3 思考题及解答

12-1 气体燃料甲烷在定温定压与定温定容下燃烧，试问定压热效应与定容热效应哪个大？

答：对于理想气体，在同一温度下的定压与定容热效应之差由 $Q_p - Q_V = (n_p - n_R)R_m T$ 决定。

甲烷燃烧可近似作为理想气体处理，反应式为：

$$CH_4 + 2O_2 = 2H_2O + CO_2$$

反应前后总摩尔数不变，因此其定压热效应与定容热效应相等。

12-2 反应热与热效应有何区别？

答：热效应专指定温过程且除容积变化功外无其他形式功时的反应热，是状态量；反应热泛指反应过程中系统与外界交换的热量，其与反应过程有关，是过程量。

12-3 标准状态下进行定温定压放热反应 $CO + \dfrac{1}{2}O_2 = CO_2$，其标准定压热效应是否就是 CO_2 的标准生成焓？

答：不是。由单质在标准状态下发生化学反应生成 1 kmol 化合物所吸收的热量称为该化合物的标准生成焓。而 $CO + \dfrac{1}{2}O_2 = CO_2$ 中反应物 CO 不是单质，故该反应的标准定压热效应不等于 CO_2 的标准生成焓。

12-4 过量空气系数的大小会不会影响理论燃烧温度？会不会影响热效应？

答：过量空气系数为 1 是获得理论燃烧温度的前提。理论燃烧温度是指在没有位能和动能变化并且对外不做功的系统中进行绝热化学反应，燃烧所产生的热全部加热燃烧产物，且在理论空气量下燃烧时,产物可达到的最高温度。不完全燃烧或者过量空气都会使燃烧产物的温度低于理论燃烧温度。

过量空气系数的大小不会影响热效应,因为定压(或定容)热效应是定温过程生成物的焓(或内能)与反应物的焓(或内能)之差,而理想气体的焓(或内能)只与温度有关,过量的空气在等温反应前后焓(或内能)不变,所以不影响热效应。

12-5 过量空气系数的大小会不会影响化学反应的最大有用功? 会不会影响化学反应过程的㶲损失?

答:系统进行可逆定温反应过程时,系统对外做的功最大,等于吉布斯函数的减少。只要保证完全燃烧,那么过量空气系数的大小不会影响化学反应的最大有用功。因为定温条件下,反应前后过量空气的吉布斯函数不变。

但过量空气系数会影响化学反应过程的㶲损失。因为过量空气会使燃烧产物的温度降低,从而使得㶲损失增加。

12-6 已知 $C(石墨) + O_2 \Longrightarrow CO_2$ 的 $Q_p^\circ = -393.514\ kJ/kmol$,因此只要将 1 kmol C(石墨)与 1 kmol O_2 在标准状态下发生定温定压反应就能放出 393.514 kJ/kmol 的热量,你认为这种说法对不对?

答:不对。对反应热效应还有一个重要的限定条件:只做容积变化功而无其他形式的功,而题中缺此限定条件,故不对。

12-7 根据定义 $G_m = H_m - TS_m$,试问 $\bar{g}_f^\circ$ 是否等于 $(\bar{h}_f^\circ - 298.15 S_m^\circ)$?

答:不等于。因为 $\bar{g}_f^\circ$、$\bar{h}_f^\circ$ 和 S_m° 三者的零点所对应的温度不一样。$\bar{g}_f^\circ$ 和 $\bar{h}_f^\circ$ 的零点是 25℃,而 S_m° 的零点是 0 K。

12-8 某反应在 25℃ 时的 $\Delta G^\circ = 0$,则 K_p 值是多少? 此时是否一定为平衡态?

答:由式 $\ln K_p \equiv -\dfrac{\Delta G^\circ}{R_m T}$ 可知 $\Delta G^\circ = 0$ 时,$K_p = 1$。而此时是否为平衡态并不能确定,需根据分压力进行计算,仅当 $K_p = \dfrac{p_C^c p_D^d}{p_A^a p_B^b} \cdot (p_0)^{(a+b-c-d)}$ 时才处于平衡态。

12-4　习题详解及简要提示

12-1 设有下列理想气体反应

$$a\mathrm{A} + b\mathrm{B} \Longrightarrow c\mathrm{C} + d\mathrm{D}$$

求证定容反应过程对外热量交换为

$$Q_V = (cH_{mC} + dH_{mD}) - (aH_{mA} + bH_{mB}) - R_m[(c+d)T_p - (a+b)T_R]$$

解:对于化学反应 $a\mathrm{A} + b\mathrm{B} = c\mathrm{C} + d\mathrm{D}$

则　　　　　　　　$Q_V = (cU_{mC} + dU_{mD}) - (aU_{mA} + bU_{mB})$

而对于理想气体,

$$U_m = H_m - pV_m = H_m - R_m T$$

所以 $Q_V = c(H_{mC} - R_m T_p) + d(H_{mD} - R_m T_p) - a(H_{mA} - R_m T_R) - b(H_{mB} - R_m T_R)$

$\quad = (cH_{mC} + dH_{mD}) - (aH_{mA} + bH_{mB}) - R_m[(c+d)T_p - (a+b)T_R]$

12-2 利用标准生成焓表 12-1 和平均比热表计算 CO 在 500℃时的热值$[\ \Delta H_f]$。

解：依题意，有化学反应式 $CO + \dfrac{1}{2} O_2 == CO_2$，则

$Q_p = \Delta H_f = (H_m)_{CO_2} - \left[(H_m)_{CO} + \dfrac{1}{2}(H_m)_{O_2} \right]$

$\quad = (\Delta H_m)_{CO_2} \Big|_{25}^{500} - (\Delta H_m)_{CO} \Big|_{25}^{500} - \dfrac{1}{2}(\Delta H_m)_{O_2} \Big|_{25}^{500} + \left[(h_f^0)_{CO_2} - (h_f^0)_{CO} - \dfrac{1}{2}(h_f^0)_{O_2} \right]$

$\quad = M_{CO_2}(c_{p,CO_2} \Big|_0^{500} \times 500 - c_{p,CO_2} \Big|_0^{25} \times 25) - M_{CO}(c_{p,CO} \Big|_0^{500} \times 500 - c_{p,CO} \Big| \times 25_0^{25})$

$\qquad - \dfrac{M_{O_2}}{2}(c_{p,O_2} \Big|_0^{500} \times 500 - c_{p,O_2} \Big|_0^{25} \times 25) + \left[(h_f^0)_{CO_2} - (h_f^0)_{CO} - \dfrac{1}{2}(h_f^0)_{O_2} \right]$

将各气体平均定压比热值和标准生成焓代入得：

$\Delta H_f = 44.01 \times (1.013 \times 500 - 0.828 \times 25) - 28.01 \times (1.075 \times 500 - 1.04 \times 25)$

$\qquad - 16 \times (0.979 \times 500 - 0.917 \times 25) + (-393\,522) - (-110\,529) - 0$

$\qquad = -283\,405 \text{ kJ/kmol}$

故 CO 在 500℃时的热值$[-\Delta H_f] = 283\,405$ kJ/kmol

12-3 一氧化碳与过量空气系数为 1.10 的空气量在标准状态下分别进入燃烧室，在其中经历定压绝热完全燃烧反应。试计算燃烧气体的温度。已知 N_2 与 CO_2 从 298.15 K 到 T K 的 ΔH_m 数据如下：

T	2 500 K	2 600 K	2 700 K
$(\Delta H_m)_{N_2}$	74 312	77 973	81 650
$(\Delta H_m)_{CO_2}$	121 926	128 085	134 256

解：依题意化学反应式应为

$$CO + 1.10 \times \dfrac{1}{2}(O_2 + 3.76 N_2) \Longrightarrow CO_2 + 0.05 O_2 + 2.068 N_2$$

因为绝热燃烧，则 $\sum\limits_R H_m = \sum\limits_P H_m$

即 $(\bar{h}_f^0)_{CO} + 0.22(\bar{h}_f^0)_{O_2} + 2.068(\bar{h}_f^0)_{N_2} = (\bar{h}_f^0 + \Delta H_m)_{CO_2} + 0.05(\bar{h}_f^0 + \Delta H_m)_{O_2}$

$\qquad\qquad + 2.068(\bar{h}_f^0 + \Delta H_m)_{N_2}$

查表得 $\qquad\qquad (\bar{h}_f^0)_{CO} = -110\,529$ kJ/kmol

$\qquad\qquad\qquad (\bar{h}_f^0)_{CO_2} = -393\,522$ kJ/kmol

$\qquad\qquad\qquad (\bar{h}_f^0)_{N_2} = 0, \quad (\bar{h}_f^0)_{O_2} = 0$

代入上式，整理得

$$(\Delta H_m)_{CO_2} + 0.05(\Delta H_m)_{O_2} + 2.068(\Delta H_m)_{N_2} = (\overline{h}_f^0)_{CO} - (\overline{h}_f^0)_{CO_2}$$
$$= -110\ 529 + 393\ 522 = 282\ 993$$

设 $T_{p1} = 2\ 500\ \mathrm{K}$，由题给表知 $(\Delta H_m)_{CO_2} = 121\ 926$，$(\Delta H_m)_{N_2} = 74\ 312$

而 $(\Delta H_m)_{O_2} = M_{O_2}\left[c_{p,O_2}\big|_0^{2\ 500-273} \times (2\ 500-273) - c_{p,O_2}\big|_0^{25} \times 25\right]$
$$= 32 \times (1.11\ 035 \times 2\ 227 - 0.917 \times 25) = 78\ 394$$

所以左侧 $= 121\ 926 + 0.05 \times 78\ 394 + 2.068 \times 74\ 312 = 279\ 523$

设 $T_{p2} = 2\ 600\ \mathrm{K}$，由题给表知 $(\Delta H_m)_{CO_2} = 128\ 085$，$(\Delta H_m)_{N_2} = 77\ 973$

而 $(\Delta H_m)_{O_2} = M_{O_2}\left(c_{p,O_2}\big|_0^{2\ 600-273} \times (2\ 600-273) - c_{p,O_2}\big|_0^{25} \times 25\right)$
$$= 32 \times (1.115\ 1 \times 2\ 327 - 0.917 \times 25) = 82\ 301$$

左侧 $= 128\ 085 + 0.05 \times 82\ 301 + 2.068 \times 77\ 973 = 293\ 448$

则
$$\frac{T_p - 2\ 500}{2\ 600 - 2\ 500} = \frac{282\ 993 - 279\ 523}{293\ 448 - 279\ 523}$$

解得燃烧气体的温度 $T_p = 2\ 525\ \mathrm{K}$

12-4 （1）求 25℃时液态甲苯的生成焓；

（2）液苯（25℃）与 500 K 的空气以稳态稳定流动流入燃烧室并燃烧，产物被冷却至 1 400 K 流出，其摩尔成分如下：

CO₂ 10.7%； CO 3.6%； O₂ 5.3%； N₂ 80.4%

求单位燃料的传热量。

解：

（1）查流体热物理性质可得，甲苯标准生成焓 $(h_f^0)_{甲苯} = 48\ 983\ \mathrm{kJ/kmol}$

（2）依题意，设有以下反应方程式：

$$C_6H_6(液) + zO_2 + 3.76zN_2 \Longrightarrow xCO_2 + yCO + 3.76zN_2 + \frac{2z-2x-y-3}{2}O_2 + 3H_2O$$

由 C 平衡，则
$$x + y = 6$$

又依题意，有
$$\frac{x}{y} = \frac{x_{CO_2}}{x_{CO}} = \frac{10.7\%}{3.6\%}$$

$$\frac{\frac{2z-2x-y-3}{2}}{3.76z} = \frac{x_{O_2}}{x_{N_2}} = \frac{5.3\%}{80.4\%}$$

由以上三式，解得 $x = 4.5$，$y = 1.5$，$z = 9$

则反应方程式为：

$$C_6H_6(液) + 9O_2 + 3.76 \times 9N_2 \Longrightarrow 4.5CO_2 + 1.5CO + 3.76 \times 9N_2 + 2.25O_2 + 3H_2O$$

对于稳定流动开口系：

$$Q = \sum_P n_{out}(\bar{h}_f^0 + \Delta H_m)_{out} - \sum_R n_{in}(\bar{h}_f^0 + \Delta H_m)_{in}$$

$$= 4.5(\bar{h}_f^0 + \Delta H_m)_{CO_2} + 1.5(\bar{h}_f^0 + \Delta H_m)_{CO} + 33.84(\bar{h}_f^0 + \Delta H_m)_{N_2}$$

$$+ 2.25(\bar{h}_f^0 + \Delta H_m)_{O_2} - (\bar{h}_f^0 + \Delta H_m)_{C_6H_6} - 9(\bar{h}_f^0 + \Delta H_m)_{O_2} - 33.84(\bar{h}_f^0 + \Delta H_m)_{N_2}$$

查表：$(\bar{h}_f^0)_{CO_2} = -393\ 522\ \text{kJ/kmol}$，$(\bar{h}_f^0)_{CO} = -110\ 529\ \text{kJ/kmol}$

$(\bar{h}_f^0)_{C_6H_6} = -82\ 879\ \text{kJ/kmol}$，$(\bar{h}_f^0)_{O_2} = 0$，$(\bar{h}_f^0)_{N_2} = 0$

生成物在 298～1 400 K 间熵的变化量，

$(\Delta H_m)_{CO_2} = 55\ 907\ \text{kJ/kmol}$，$(\Delta H_m)_{CO} = 35\ 338\ \text{kJ/kmol}$

$(\Delta H_m)_{N_2} = 34\ 936\ \text{kJ/kmol}$，$(\Delta H_m)_{O_2} = 36\ 966\ \text{kJ/kmol}$

298～500 K 间，空气中 O_2 及 N_2 熵的变化量

$(\Delta H_m)_{O_2} = 6\ 088\ \text{kJ/kmol}$，$(\Delta H_m)_{N_2} = 5\ 912\ \text{kJ/kmol}$

对于 25℃ 液苯 $\Delta H_m = 0$

则：$Q = 4.5 \times (-393\ 522 + 55\ 907) + 1.5 \times (-110\ 529 + 35\ 338) + 33.84 \times (0 + 34\ 936)$

$+ 2.25 \times (0 + 36\ 966) - (-82\ 879) - 9 \times (0 + 6\ 088) - 33.84 \times (0 + 5\ 912)$

$= -1\ 270\ 300\ \text{kJ/kmol}$

12-5 丁烷与过量空气系数为 1.5 的空气在 25℃，250 kPa 下进入燃烧室，燃烧产物在 1 000 K，250 kPa 下离开燃烧室。假设是完全燃烧，试确定每千摩尔丁烷的传热量和过程的㶲损失。

解：过量空气系数为 1.5，完全燃烧，则化学反应式为

$C_4H_{10} + 1.5 \times 6.5O_2 + 1.5 \times 6.5 \times 3.76N_2 = 4CO_2 + 5H_2O + 3.25O_2 + 36.66N_2$

或

$C_4H_{10} + 9.75O_2 + 36.66N_2 == 4CO_2 + 5H_2O + 3.25O_2 + 36.66N_2$

对于稳定流动，且无功，则

$$Q = \sum_P H_{out} - \sum_R H_{in} = \sum_P n_{out}(\bar{h}_f^0 + \Delta H_m)_{out} - \sum_R n_{in}(\bar{h}_f^0 + \Delta H_m)_{in}$$

查表得到各物质的 $\bar{h}_f^0$ 及 25℃ 与 1 000 K 之间的 ΔH_m，如下：

$(\bar{h}_f^0)_{C_4H_{10}} = -126\ 148\ \text{kJ/kmol}$，$(\Delta H_m)_{CO_2} = 33\ 405\ \text{kJ/kmol}$

$(\bar{h}_f^0)_{O_2} = 0$，$(\Delta H_m)_{H_2O} = 25\ 978\ \text{kJ/kmol}$

$(\bar{h}_f^0)_{N_2} = 0$，$(\Delta H_m)_{O_2} = 22\ 707\ \text{kJ/kmol}$

$(\bar{h}_f^0)_{CO_2} = -393\ 522\ \text{kJ/kmol}$，$(\Delta H_m)_{N_2} = 21\ 460\ \text{kJ/kmol}$

$(\bar{h}_f^0)_{H_2O} = -241\ 827\ \text{kJ/kmol}$，

则 $\sum_P n_{out}(\bar{h}_f^0 - \Delta H_m)_{out} = 4 \times (\bar{h}_f^0 + \Delta H_m)_{CO_2} + 5 \times (\bar{h}_f^0 + \Delta H_m)_{H_2O}$

$$+3.25 \times (\bar{h}_f^0 + \Delta H_m)_{O_2} + 36.66 \times (\bar{h}_f^0 + \Delta H_m)_{N_2}$$
$$= -1\ 659\ 192\ \text{kJ/kmol}$$

$$\sum_R n_{in}(\bar{h}_f^0 - \Delta H_m)_{in} = (\bar{h}_f^0)_{C_4 H_{10}} = -126\ 148\ \text{kJ/kmol}$$

故传热量　$Q = -1\ 659\ 192 - (-126\ 148) = -1\ 533\ 044\ \text{kJ/kmol}$

过程㶲损失

$$\prod = T_0 \Delta S_{iso} = T_0 \left(\sum_P n_{out} S_{m,out} - \sum_R n_{in} S_{m,in} + \frac{-Q}{T_0} \right)$$

$$= T_0 \left(\sum_P n_{out} S_{m,out} - \sum_R n_{in} S_{m,in} \right) - Q$$

化学反应按题设为定压反应,首先不考虑分压,如下图所示,计算㶲损失。

各处于 {
$T = 298\ \text{K}$
$P = 250\ \text{kPa}$
} {
$C_4 H_4 \rightarrow$
$O_2 \rightarrow$
$N_2 \rightarrow$
} 定压反应 {
$\rightarrow CO_2$
$\rightarrow H_2 O$
$\rightarrow O_2$
$\rightarrow N_2$
} 各处于 {
$T = 1000\ \text{K}$
$P = 250\ \text{kPa}$
}

$$\sum_P n_{out} S_{m,out} = 4 S_{m,CO_2}(1\ 000\ \text{K}, 250\ \text{kPa}) + 5 S_{m,H_2 O}(1\ 000\ \text{K}, 250\ \text{kPa})$$
$$+ 3.25 S_{m,O_2}(1\ 000\ \text{K}, 250\ \text{kPa}) + 36.66 S_{m,N_2}(100\ \text{K}, 250\ \text{kPa})$$

$$\sum_R n_{in} S_{m,in} = S_{m,C_4 H_{10}}(298\ \text{K}, 250\ \text{kPa}) + 9.75 S_{m,O_2}(298\ \text{K}, 250\ \text{kPa})$$
$$+ 36.66 S_{m,N_2}(298\ \text{K}, 250\ \text{kPa})$$

查教材表 12-1 及附表 7 得各物质标准压力下,298 K 和 1 000 K 下的绝对熵 S_m^0(kJ/kmol·K)

$$S_{m,C_4 H_{10}}^0(298\ \text{K}) = 310.227, \quad S_{m,CO_2}^0(1\ 000\ \text{K}) = 269.325$$

$$S_{m,O_2}^0(298\ \text{K}) = 205.142, \quad S_{m,H_2 O}^0(1\ 000\ \text{K}) = 232.706$$

$$S_{m,N_2}^0(298\ \text{K}) = 191.611, \quad S_{m,O_2}^0(1\ 000\ \text{K}) = 243.585$$

$$S_{m,N_2}^0(1\ 000\ \text{K}) = 228.167$$

而理想气体压力 p 下的熵与同温度 p_0 下的熵有如下关系,

$$S_m(T,p) = S_m(T,p_0) - R_m \ln \frac{p}{p_0} = S_m^0(T) - R_m \ln \frac{p}{p_0}$$

则　　$S_m(T, 250\ \text{kPa}) = S_m^0(T) - 8.314 \ln \dfrac{250}{101.325} = S_m^0(T) - 7.509$

所以可得

$$S_{m,C_4 H_{10}}(298\ \text{K}, 250\ \text{kPa}) = 302.718, \quad S_{m,CO_2}(1\ 000\ \text{K}, 250\ \text{kPa}) = 261.816$$

$$S_{m,O_2}(298\ \text{K}, 250\ \text{kPa}) = 197.633, \quad S_{m,H_2 O}(1\ 000\ \text{K}, 250\ \text{kPa}) = 225.197$$

$$S_{m,N_2}(298\ \text{K}, 250\ \text{kPa}) = 184.102, \quad S_{m,O_2}(1\ 000\ \text{K}, 250\ \text{kPa}) = 236.076$$

$$S_{m,N_2}(1\ 000\ \text{K}, 250\ \text{kPa}) = 220.658$$

故 $\displaystyle\prod = 298 \times (4 \times 261.816 + 5 \times 225.197 + 3.25 \times 236.076 + 36.66 \times 220.658$

$- 302.718 - 9.75 \times 197.633 - 36.66 \times 184.102) + 1\,533\,044 = 2\,174\,591$ kJ

以下考虑混合气体各组元的分压计算㶲损失。

入口与出口各组元的摩尔成分：

入口：$x_{C_4H_{10}} = 0.021\,1$, $x_{O_2,in} = 0.205\,7$, $x_{N_2,in} = 0.773\,2$

出口：$x_{CO_2} = 0.081\,8$, $x_{H_2O} = 0.102\,2$, $x_{O_2,out} = 0.066\,4$, $x_{N_2,out} = 0.749\,6$

过程㶲损失

$$\prod = T\Delta S_{iso}$$

$$= T_0\left(\sum_p n_{out}S_{m,out} - \sum_R n_{in}S_{m,in}\right) - Q$$

$$= T_0[4S_{m,CO_2}(1\,000\ K, 250x_{CO_2}\ kPa) + 5S_{m,H_2O}(1\,000\ K, 250x_{H_2O}\ kPa)$$

$$+ 3.25S_{m,O_2}(1\,000\ K, 250x_{O_2,out}\ kPa) + 36.66S_{m,N_2}(1\,000\ K, 250x_{N_2,out}\ kPa)$$

$$- S_{m,C_4H_4}(298\ K, 250x_{C_4H_{10}}\ kPa) - 9.75S_{m,O_2}(298\ K, 250x_{O_2,in}\ kPa)$$

$$- 36.66S_{m,N_2}(298\ K, 250x_{N_2,in}\ kPa)] - Q$$

查表 12-1 和附表 7 可得：

$S^0_{m,C_4H_{10}}(298\ K) = 310.227$ kJ/kmol, $\qquad S^0_{m,CO_2}(1\,000\ K) = 269.325$ kJ/kmol

$S^0_{m,O_2}(298\ K) = 205.142$ kJ/kmol, $\qquad S^0_{m,H_2O}(1\,000\ K) = 232.706$ kJ/kmol

$S^0_{m,N_2}(298\ K) = 191.611$ kJ/kmol, $\qquad S^0_{m,O_2}(1\,000\ K) = 243.585$ kJ/kmol

$\qquad\qquad\qquad\qquad\qquad\qquad\qquad\quad S^0_{m,N_2}(1\,000\ K) = 228.167$ kJ/kmol

不同压力下气体的熵由下式计算：$S_{mi}(T, p_i) = S^0_m(T) - R_m \ln\dfrac{x_i p}{p_0}$

计算结果列表如下（$p = 250$ kPa, $p_0 = 101.325$ kPa）

		x_1	$R_m \ln\dfrac{x_i p}{p_0}$
入口	C_4H_{10}	0.021 1	-24.571
	O_2	0.205 7	-5.639
	N_2	0.773 2	5.370
出口	CO_2	0.081 8	-13.305
	H_2O	0.102 2	-11.454
	O_2	0.066 4	-15.039
	N_2	0.749 6	5.112

故

$$S_{m,C_4H_{10}}(298\ K, 250x_{C_4H_{10}}\ kPa) = 334.798\ \text{kJ/kmol}$$

$$S_{m,O_2}(298 \text{ K}, 250x_{O_2,in} \text{ kPa}) = 210.781 \text{ kJ/kmol}$$

$$S_{m,N_2}(298 \text{ K}, 250x_{N_2,in} \text{ kPa}) = 186.241 \text{ kJ/kmol}$$

$$S_{m,CO_2}(1\,000 \text{ K}, 250x_{CO_2} \text{ kPa}) = 282.630 \text{ kJ/kmol}$$

$$S_{m,H_2O}(1\,000 \text{ K}, 250x_{H_2O} \text{ kPa}) = 244.160 \text{ kJ/kmol}$$

$$S_{m,O_2}(1\,000 \text{ K}, 250x_{O_2,out} \text{ kPa}) = 258.624 \text{ kJ/kmol}$$

$$S_{m,N_2}(1\,000 \text{ K}, 250x_{N_2,out} \text{ kPa}) = 223.055 \text{ kJ/kmol}$$

所以㶲损失为

$$\prod = 298.15 \times (4 \times 282.630 + 5 \times 244.160 + 3.25 \times 258.624 + 36.66 \times 223.055)$$

$$- 298.15 \times (334.798 + 9.75 \times 210.781 + 36.66 \times 186.241) + 1\,533\,044$$

$$= 3\,267\,542 \text{ kJ/kmol}$$

注意：可见按气压计算的㶲损失不同于考虑分压计算的㶲损失，后者大于前者，因为混合导致熵增，且后者是正确的。

12-6　计算水蒸气在 2 000 K 时的 ΔG° 和 K_p。已知水蒸气的分解反应方程式为

$$H_2O \Longrightarrow H_2 + \frac{1}{2}O_2$$

解：对于 $H_2O \Longrightarrow H_2 + \frac{1}{2}O_2$

$$\Delta G^0_{2\,000\,K} = (\bar{g}^0_f + \Delta G^0_m|^{2\,000}_{298})_{H_2} + 0.5(\bar{g}^0_f + \Delta G^0_m|^{2\,000}_{298})_{O_2} - (\bar{g}^0_f + \Delta G^0_m|^{2\,000}_{298})_{H_2O}$$

而 $\Delta G^0_m|^{2\,000}_{298} = \Delta(H^0_m - TS^0_m)|^{2\,000}_{298}$

$$= (H^0_{m2\,000} - \bar{h}^0_f) - (2\,000 S^0_{m2\,000} - 298 S^0_{m298})$$

所以 $(\Delta G^0_m|^{2\,000}_{298})_{H_2} = (H^0_{m2\,000} - h^0_f)_{H_2} - (2\,000 S^0_{m2\,000} - 298.15 s^0_{m298.15})_{H_2}$

$$= 52\,932 - (2\,000 \times 188.406 - 298.15 \times 130.684)$$

$$= -284\,917 \text{ kJ/kmol}$$

$(\Delta G^0_m|^{2\,000}_{298})_{O_2} = (H^0_{m2\,000} - h^0_f)_{O_2} - (2\,000 S^0_{m2\,000} - 298.15 S^0_{m298.15})_{O_2}$

$$= 59\,199 - (2\,000 \times 268.764 - 298.15 \times 205.142)$$

$$= -417\,166 \text{ kJ/kmol}$$

$(\Delta G^0_m|^{2\,000}_{298})_{H_2O} = (H^0_{m2\,000} - h^0_f)_{H_2O} - (2\,000 S^0_{m2\,000} - 298.15 S^0_{m298.15})_{H_2O}$

$$= 72\,689 - (2\,000 \times 264.681 - 298.15 \times 188.833)$$

$$= -4\,000\,327 \text{ kJ/kmol}$$

所以 $\Delta G^0_{2\,000} = -284\,917 + 0.5 \times (-417\,166) - (-228\,583 - 4\,000\,372) = 135\,455.5 \text{ kJ/kmol}$

而　　　　$(\ln K_P)_{2\,000} = -\Delta G^0_{2\,000}/R_m T = \dfrac{-135\,455.5}{8.314\,4 \times 2\,000} = -8.146$

则　　　　$K_P = 0.0\,002\,899$

12-7 1 kmol N_2 和 3 kmol H_2 在 450 K，202.65 kPa 的反应室内达到化学平衡。已知化学反应方程式为 $\frac{1}{2}N_2 + \frac{3}{2}H_2 \Longrightarrow NH_3$，450 K 时的平衡常数 $K_p = 1.0$，问 N_2，H_2 和 NH_3 的分压力和摩尔数各是多少？

解：设平衡时 N_2 已反应的摩尔数为 a，则

$$\frac{1}{2}N_2 + \frac{3}{2}H_2 \Longrightarrow NH_3$$

反应前的 kmol 数：　　　　1　　　3　　　0

平衡时的 kmol 数：　　　$1-a$　$3-3a$　$2a$

所以平衡时总的 kmol 数为 $4-2a$，平衡时各组元的摩尔成分分别为：

$$x_{N_2} = \frac{1-a}{4-2a}, \quad x_{H_2} = \frac{3-3a}{4-2a}, \quad x_{NH_3} = \frac{2a}{4-2a}$$

因此：$K_p = \dfrac{x_{NH_3}}{x_{N_2}^{\frac{1}{2}} \cdot x_{H_2}^{\frac{3}{2}}}\left(\dfrac{p}{p_0}\right)^{1-\frac{1}{2}-\frac{3}{2}} = \dfrac{\dfrac{2a}{4-2a}}{\left(\dfrac{1-a}{4-2a}\right)^{\frac{1}{2}}\left(\dfrac{3-3a}{4-2a}\right)^{\frac{3}{2}}} \times \left(\dfrac{202.65}{101.325}\right)^{-1} = 1.0$

解得　　　　　　　　　　　　$a = 0.473\ 3$

故平衡时各组元的摩尔数为：

$$n_{N_2} = 1-a = 0.526\ 7\ \text{kmol}$$

$$n_{H_2} = 3-3a = 1.610\ \text{kmol}$$

$$n_{NH_3} = 2a = 0.946\ 6\ \text{kmol}$$

总摩尔数：$n_{总} = 4-2a = 3.053\ \text{kmol}$

分压力为

$$p_{N_2} = \frac{n_{N_2}}{n_{总}}p = \frac{0.526\ 7}{3.053} \times 202.65 = 34.96\ \text{kPa}$$

$$p_{H_2} = \frac{n_{H_2}}{n_{总}}p = \frac{1.610}{3.053} \times 202.65 = 104.87\ \text{kPa}$$

$$p_{NH_3} = \frac{n_{NH_3}}{n_{总}}p = \frac{0.946\ 6}{3.053} \times 202.65 = 62.82\ \text{kPa}$$

12-8 在水煤气反应式 $CO_2 + H_2 \Longrightarrow CO + H_2O$ 中，给定反应初始混合物由 2 kmol CO_2，1 kmol H_2 组成，求 1 200 K 达到化学平衡时混合物中各组元的摩尔数、摩尔成分和反应度。

解：题设化学反应 $CO_2 + H_2 \Longrightarrow CO + H_2O$ 的平衡常数为

$$K_p = \frac{x_{CO} \cdot x_{H_2O}}{x_{CO_2} \cdot x_{H_2}}\left(\frac{p}{p_0}\right)^{1+1-1-1} = \frac{x_{CO} \cdot x_{H_2O}}{x_{CO_2} \cdot x_{H_2}}$$

且查得　　　　　$K_p = 1.365$

设化学平衡时有 n 摩尔 CO 生成，则

$$2CO_2 + H_2 \longrightarrow nCO + nH_2O + (2-n)CO_2 + (1-n)H_2$$

平衡时总摩尔数：$\sum n_i = n + n + 2 - n + 1 - n = 3$

各组元的摩尔成分数为：$x_{CO} = x_{H_2O} = \dfrac{n}{3}$，　$x_{CO_2} = \dfrac{2-n}{3}$，　$x_{H_2} = \dfrac{1-n}{3}$

所以　　　　　　　　$K_p = \dfrac{\dfrac{n}{3} \cdot \dfrac{n}{3}}{\dfrac{2-n}{3} \cdot \dfrac{1-n}{3}} = 1.365$

解得　　　　　　　　$n = 0.712, n = 10.5(舍去)$

平衡时各组元摩尔数：

$$n_{CO} = n_{H_2O} = 0.712$$
$$n_{CO_2} = 2 - 0.712 = 1.288$$
$$n_{H_2} = 1 - 0.712 = 0.288$$

摩尔成分：

$$x_{CO} = x_{H_2O} = \dfrac{0.712}{3} = 0.237$$
$$x_{CO_2} = 0.429$$
$$x_{H_2} = 0.096$$

反应度：

$$\varepsilon = \dfrac{n_{CO_2}(max) - n_{CO_2}}{n_{CO_2}(max) - n_{CO_2}(min)} = \dfrac{2 - 1.288}{2 - 1} = 0.712$$

12-9　反应方程式 $CO + \dfrac{1}{2}O_2 =\!=\!= CO_2$，在 2 500 K，101.325 kPa 时达到化学平衡，试求：

(1) CO_2 的离解度；

(2) 各组元的分压力；

(3) 各组元的摩尔成分。

解：题设化学反应 $CO + \dfrac{1}{2}O_2 =\!=\!= CO_2$ 的平衡常数为

$$K_p = \dfrac{x_{CO_2}}{x_{CO} \cdot x_{O_2}^{\frac{1}{2}}} \left(\dfrac{p}{p_0}\right)^{1-1-\frac{1}{2}} = \dfrac{x_{CO_2}}{x_{CO} \cdot x_{O_2}^{\frac{1}{2}}}$$

查得：　　　　　　　$K_p = 27.54$

设离解度为 α，则 $CO + \dfrac{1}{2}O_2 \longrightarrow (1-\alpha)CO_2 + \alpha CO + \dfrac{1}{2}\alpha O_2$

平衡时总摩尔数：$\sum n_i = (1-\alpha) + \alpha + \dfrac{1}{2}\alpha = 1 + \dfrac{1}{2}\alpha$

各组元摩尔成分：$x_{CO_2} = \dfrac{1-\alpha}{1+\frac{1}{2}\alpha}$，$x_{CO} = \dfrac{\alpha}{1+\frac{1}{2}\alpha}$，$x_{O_2} = \dfrac{\alpha}{2+\alpha}$

则有 $\qquad K_p = \dfrac{\dfrac{1-\alpha}{1+\frac{1}{2}\alpha}}{\dfrac{u}{1+\frac{1}{2}\alpha}\left(\dfrac{\alpha}{2+\alpha}\right)^{\frac{1}{2}}} = \dfrac{(1-\alpha)\sqrt{2+\alpha}}{\alpha^{\frac{3}{2}}} = 27.54$

可解得 $\qquad \alpha = 0.128\,7$

则各组元摩尔成分：$x_{CO_2} = \dfrac{1-0.128\,7}{1+\frac{0.128\,7}{2}} = 0.818\,6$

$$x_{CO} = \dfrac{0.128\,7}{1+\dfrac{0.128\,7}{2}} = 0.120\,9$$

$$x_{O_2} = \dfrac{\dfrac{0.128\,7}{2}}{1+\dfrac{0.128\,7}{2}} = 0.060\,5$$

各组元分压力：

$$p_{CO_2} = x_{CO_2}p = 0.818\,6 \times 101.325 = 82.94 \text{ kPa}$$

$$p_{CO} = x_{CO}p = 0.120\,9 \times 101.325 = 12.25 \text{ kPa}$$

$$p_{O_2} = x_{O_2}p = 0.060\,5 \times 101.325 = 6.13 \text{ kPa}$$

12-10 CO 与理论空气量在 101.325 kPa 下燃烧 3 000 K 时达到化学平衡，试求其平衡组成。若在 506.625 kPa 下燃烧，平衡组成又怎样？

解：查教材中附表 8 可知 3 000 K 时 $2CO_2 \Longrightarrow 2CO+O_2$ 的 $\ln K'_p = -2.222$，即 $K'_p =$

$0.108\,4$，所以对于 $2CO+O_2 \Longrightarrow 2CO_2$，其 $K_p = \dfrac{1}{K'_p} = 9.225\,1$

CO 与理论空气量反应，则反应式为

$2CO+O_2+3.76N_2 \Longrightarrow 2CO_2+3.76N_2$

	CO	O_2	CO_2	N_2
反应前摩尔数	2	1	0	3.76
平衡时摩尔数	$2-2\alpha$	$1-\alpha$	2α	3.76

总摩尔数 $n_{总} = 2-2\alpha+1-\alpha+2\alpha+3.76 = 6.76-\alpha$

平衡常数 $K_p = \dfrac{x_{CO_2}^2}{x_{CO}^2 \cdot x_{O_2}}\left(\dfrac{p}{p_0}\right)^{2-2-1} = \dfrac{\left(\dfrac{2\alpha}{6.76-\alpha}\right)^2}{\left(\dfrac{2-2\alpha}{6.76-\alpha}\right)^2\left(\dfrac{1-\alpha}{6.76-\alpha}\right)}\left(\dfrac{p}{p_0}\right)^{2-2-1}$

$$= \frac{4\alpha^2 (6.76-\alpha)}{(2-2\alpha)^2 (1-\alpha)} \left(\frac{p}{p_0}\right)^{-1} = \frac{\alpha^2 (6.76-\alpha)}{(1-\alpha)^3} \cdot \frac{p_0}{p} = 9.225\,1$$

当 $p = p_0 = 101.325 \text{ kPa}$

则 $\dfrac{\alpha^2 (6.76-\alpha)}{(1-\alpha)^3} = 9.225\,1$

解得 $\alpha = 0.468\,8$

故平衡时组元摩尔成分：

$$x_{CO_2} = \frac{2\alpha}{6.76-\alpha} = \frac{2 \times 0.468\,8}{6.76 - 0.468\,8} = 0.149$$

$$x_{CO} = \frac{2-2\alpha}{6.76-\alpha} = 0.168\,9$$

$$x_{O_2} = \frac{1-\alpha}{6.76-\alpha} = 0.084\,44$$

$$x_{N_2} = \frac{3.76}{6.76-\alpha} = 0.597\,7$$

当 $p = 506.625 \text{ kPa} = 5p_0$ 时

则 $\dfrac{\alpha^2 (6.76-\alpha)}{5(1-\alpha)^3} = 9.225\,1,$

解得 $\alpha = 0.626\,4$

故平衡时组元摩尔成分：

$$x_{CO_2} = \frac{2\alpha}{6.76-\alpha} = 0.204\,3$$

$$x_{CO} = \frac{2-2\alpha}{6.76-\alpha} = 0.121\,8$$

$$x_{O_2} = \frac{1-\alpha}{6.76-\alpha} = 0.060\,9$$

$$x_{N_2} = \frac{3.76}{6.76-\alpha} = 0.613\,0$$